VDE-Schriftenreihe ***132***

W0363835

Zum Autor

Bauoberrat Dipl.-Ing. **Joachim Jackisch** arbeitet seit mehr als 20 Jahren als Regierungsbaumeister der Fachrichtung Maschinenwesen/Elektrotechnik bei der Staatsbauverwaltung des Freistaats Bayern. In dieser Zeit war er elf Jahre als Leiter der Abteilung Elektrotechnik an verschiedenen staatlichen Bauämtern und drei Jahre als Referent für Elektrotechnik an der Regierung von Niederbayern für die fachgerechte und gesetzeskonforme Planung und Abwicklung von elektrotechnischen Baumaßnahmen des Bundes, des Freistaates Bayern und der Kommunen sowie für das erfolgreiche Zusammenwirken von Bauherren, Planern und Fachfirmen während des Bauablaufs verantwortlich. Seit dem Jahr 2009 ist er bei der Regierung von Oberbayern für die baufachliche Begutachtung und zuwendungsrechtliche Prüfung von Vorhaben im öffentlichen Personennahverkehr zuständig.

VDE-Schriftenreihe Normen verständlich **132**

Regelungen im Bauordnungsrecht für die Elektrotechnik

Das Zusammenwirken der am Bau Beteiligten

unter Berücksichtigung der Bauordnung, Bauvorlagenverordnung, Feuerungsverordnung, Hochhausrichtlinie, Garagenstellplatzverordnung, Verkaufsstättenverordnung, Versammlungsstättenverordnung und anderer wichtiger Verordnungen

2., vollständig überarbeitete und erweiterte Auflage

Dipl.-Ing. Joachim Jackisch

VDE VERLAG GMBH

Auszüge aus DIN-Normen mit VDE-Klassifikation sind für die angemeldete limitierte Auflage wiedergegeben mit Genehmigung 012.015 des DIN Deutsches Institut für Normung e. V. und des VDE Verband der Elektrotechnik Elektronik Informationstechnik e. V. Für weitere Wiedergaben oder Auflagen ist eine gesonderte Genehmigung erforderlich.

Die zusätzlichen Erläuterungen geben die Auffassung der Autoren wieder. Maßgebend für das Anwenden der Normen sind deren Fassungen mit dem neuesten Ausgabedatum, die bei der VDE VERLAG GMBH, Bismarckstr. 33, 10625 Berlin und der Beuth Verlag GmbH, Burggrafenstr. 6, 10787 Berlin erhältlich sind.

Bibliografische Information der Deutschen Nationalbibliothek
Die Deutsche Nationalbibliothek verzeichnet diese Publikation in der Deutschen Nationalbibliografie; detaillierte bibliografische Daten sind im Internet über http://dnb.dnb.de abrufbar.

ISBN 978-3-8007-3666-9
ISSN 0506-6719

Druck: CPI – Ebner & Spiegel GmbH, Ulm
Printed in Germany 2015-01

Vorwort

Die Baurechtsmaterie in der Bundesrepublik Deutschland ist durch das Baugesetzbuch (BauGB) und durch die Bauordnungen der 16 Bundesländer in verselbstständigte Teilgebiete des Baurechts zerteilt worden. Trotz der Musterbauordnung ist es nicht gelungen, die Bauordnungen der Länder zu vereinheitlichen. Die europäische Integration schreitet voran. Große Bauprojekte sind europaweit auszuschreiben. Oft liegen die Bauprojekte im Zuständigkeitsbereich der jeweiligen Landesbauordnungen. In jeder größeren baulichen Anlage sind elektrotechnische Anlagen integriert, die das Funktionieren der Gesamtanlage unterstützen bzw. sicherstellen. Für Fachplaner und Fachfirmen im Bereich der Elektrotechnik im In- und Ausland bedeutet das sechzehnfach in Deutschland dargebotene Bauordnungsrecht im Fall der Beauftragung eine große Herausforderung.

Der erste Teil des Buchs soll eine Hilfestellung für das Zusammenwirken der am Bau Beteiligten bieten. Einleitend werden bauordnungsrechtliche Grundpflichten, Grundsätze und Forderungen an den Bauherrn, Entwurfsverfasser und die ausführende Firma als Vergleich der Paragrafen der Musterbauordnung mit den Artikeln der BayBO beschrieben.

Es folgen wichtige Hinweise für zu treffende Regelungen beim Zusammenarbeiten der am Bau Beteiligten, wie Inhaltsfragen des Ingenieurvertrags, Grundlagen, Aufbau und begründende Unterlagen einer Honorarrechnung, Kriterien zur Erstellung eines Leistungsverzeichnisses (mit Beispiel), wichtigen Fragen zur Angebotsprüfung, Aufbau einer Rechnung, bezogen auf das vertragliche Leistungsverzeichnis (mit Beispiel). Eine rechtliche Wertung erfolgt nicht.

Am Beispiel eines Startgesprächs für den Bau einer Telefonanlage werden notwendige Abstimmungen und Aufgabenverteilungen zwischen Bauherrn, Planer und Firma gezeigt. Wie umfangreich die notwendigen Abstimmungen zwischen den einzelnen Fachplanern sind, um einen anlagentechnischen Brandschutz zu schaffen, wird abschließend am Beispiel Flughafen München Terminal 2 beschrieben.

Im zweiten Teil des Buchs wird einleitend dargestellt, wann Forderungen an und für sicherheitstechnische Anlagen der Bauordnung und der aus ihr hervorgegangenen Verordnungen umzusetzen sind. Weiterhin werden im zweiten Teil des Buchs wichtige Verordnungen und Richtlinien, die aufgrund der BayBO herausgegeben wurden, betrachtet. Im Einzelnen sind dies die Bauvorlagenverordnung, die Feuerungsverordnung, die Garagenverordnung, die Hochhausrichtlinie, die Verkaufsstättenverordnung und die Versammlungsstättenverordnung.

Am Beispiel der Bauvorlagenverordnung Bayern werden alle wesentlichen Merkmale und Anforderungen an Bauvorlagen beschrieben und Zusammenhänge zu den Verordnungen dargestellt. Für die genannten Vorschriften gibt es einleitend eine Inhaltsübersicht. Es folgt die Darstellung der Anforderungen für und an die elektrotechnischen Anlagen mittels Bildern und Zitaten. In den Bildern werden Ort,

Lage, die dort geforderte elektrotechnische Anlage und die Schaltungsanforderungen dokumentiert. Abschließend wird gezeigt, in welchen Bundesländern es die jeweilige Verordnung oder ähnliche Regelungen gibt.

Das Buch gibt für Auszubildende, Studenten, Lehrkräfte, Meister der Fachrichtung Elektrotechnik sowie Hersteller und Anbieter von elektrotechnischen Anlagen und Bauprodukten im In- und Ausland einen fachbezogenen Einblick in die Materie des Bauordnungsrechts. Es soll den am Bau Beteiligten helfen, zielsicher die Anforderungen an die Elektrotechnik in den Verordnungen und Richtlinien der verschiedenen Landesbauordnungen zu erfragen und Anregungen bei der Umsetzung geben.

Inhalt

1 Die am Bau Beteiligten

Die bislang gewohnte Betreuung durch die Behörden ist durch die Novellierungen der Bauordnungen stark reduziert worden. Für alle am Bau Beteiligten ist deshalb ein generelles Umdenken notwendig. An die Stelle der gewohnten Rundumbetreuung durch die Behörden ist die hohe Eigenverantwortung aller am Bau Beteiligten bei einer Baumaßnahme getreten, um eine hohe Bauqualität zu erreichen. Die Bauqualität umfasst:

- die Bautechnik,
- die Entwurfsqualität,
- die Nutzungsqualität,
- technische Qualitäten,
- Unterhalt einer baulichen Anlage,
- Betrieb einer baulichen Anlage.

Im folgenden Abschnitt werden Anregungen und Instrumente für die Bewältigung dieser neuen Aufgabe eigenverantwortlichen Handelns beim Bau beispielhaft dargestellt und erläutert. Es werden allgemeine Schnittstellen und Verantwortlichkeiten der am Bau Beteiligten gezeigt. Wesentliche Punkte, die die Zusammenarbeit zwischen Bauherr und Planer für die Elektrotechnik regeln und in einem Vertrag zu fixieren sind, werden genannt. Die zu einer Ingenieurrechnung notwendigen Grundlagen, Angaben und begründenden Unterlagen folgen.

Anforderungen an ein Leistungsverzeichnis als Basis für einen späteren Firmenauftrag sowie Kriterien für die Aufstellung und Prüfungen von Aufmaß und Rechnung sind an Beispielen für den Bereich Elektrotechnik dargestellt. Am Beispiel, dem Bau einer Telefonanlage, stellen Bilder dar, welche Aufgaben Nutzer, Planer, Bauleiter und ausführende Firma dabei zu erledigen haben. Das Beispiel zur Planung und Errichtung einer Brandmeldeanlage dokumentiert, wie notwendig das koordinierte und abgestimmte Zusammenwirken der am Bau beteiligten Fachplaner ist.

1.1 Grundpflichten

1.1.1 Gegenüberstellung § 52 MBO und Art. 49 BayBO [1, 2]

Was sind die Grundpflichten nach dem Bauordnungsrecht für die am Bau Beteiligten?

Die bauordnungsrechtlichen Grundpflichten der am Bau Beteiligten werden in § 52 MBO und Art. 49 BayBO beschrieben. Beide Gesetzestexte sind in **Tabelle 1.1** gegenübergestellt.

Musterbauordnung § 52 Grundpflichten	**Bayerische Bauordnung Art. 49 Grundpflichten**
Bei der Errichtung, Änderung, Nutzungsänderung und der Beseitigung von Anlagen sind der Bauherr und, im Rahmen ihres Wirkungskreises, die anderen am Bau Beteiligten dafür verantwortlich, dass die öffentlich-rechtlichen Vorschriften eingehalten werden.	*Bei der Errichtung, Änderung, Nutzungsänderung und der Beseitigung von Anlagen sind der Bauherr und, im Rahmen ihres Wirkungskreises, die anderen am Bau Beteiligten dafür verantwortlich, dass die öffentlich-rechtlichen Vorschriften eingehalten werden.*

Tabelle 1.1 Gegenüberstellung Art. 49 BayBO und § 52 MBO

Die Grundpflichten für die am Bau Beteiligten sind in der Musterbauordnung und in der Bayerischen Bauordnung gleich formuliert (Tabelle 1.1).

1.1.2 Literatur zu 1.1

[1] Musterbauordnung (MBO) vom November 2002 – zuletzt geändert September 2012. Berlin: ARGEBAU – Arbeitskreis der für das Bauwesen verantwortlichen Landesminister (Online-Dokument unter www.is-argebau.de/Dokumente/423015872.pdf)

[2] Bayerische Bauordnung (BayBO)[1] in der Fassung der Bekanntmachung vom 14. August 2007. BayGVBl. 81 (2007) Nr. 18, S. 588–624 – zuletzt geändert durch Bayerische Bauordnung 2013 (BayBO 2013). Gesetz zur Änderung der Bayerischen Bauordnung und des Baukammerngesetzes vom 11. Dezember 2012. BayGVBl. 86 (2012) Nr. 23, S. 633–640. – ISSN 0005-7134

[1] Die Verpflichtungen aus der Richtlinie 98/34/EG des Europäischen Parlaments und des Rates vom 22. Juni 1998 über ein Informationsverfahren auf dem Gebiet der Normen und technischen Vorschriften (ABl. EG Nr. L 204 S. 37), geändert durch die Richtlinie 98/48/EG des Europäischen Parlaments und des Rates vom 20. Juli 1998 (ABl. EG Nr. L 217 S. 18), jetzt Richtlinie des Europäischen Parlaments und des Rates über ein Informationsverfahren auf dem Gebiet der Normen und technischen Vorschriften und der Vorschriften für die Dienste der Informationsgesellschaft, sind insbesondere für die notifizierungsrelevanten Vorschriften der Art. 15 bis 23 beachtet worden.

1.2 Grundsatz

1.2.1 Gegenüberstellung § 59 MBO und Art. 55 BayBO [1, 2]

Welche grundsätzlichen Festlegungen gibt es im Bauordnungsrecht?

Grundsätzliche Festlegungen zur Baugenehmigung und Genehmigungsfreiheit bei der Errichtung, Änderung und Nutzungsänderung von Anlagen werden in § 59 MBO und Art. 55 BayBO getroffen (**Tabelle 1.2**).

Musterbauordnung **§ 59** **Grundsatz**	**Bayerische Bauordnung** **Art. 55** **Grundsatz**
(1) Die Errichtung, Änderung und Nutzungsänderung von Anlagen bedürfen der Baugenehmigung, soweit in den §§ 60 bis 62, 76 und 77 nichts anderes bestimmt ist. *(2) Die Genehmigungsfreiheit nach Abs. 1, den §§ 60 bis 62, 76 und 77 Abs. 1 Satz 3 sowie die Beschränkung der bauaufsichtlichen Prüfung nach §§ 63, 64, 66 Abs. 4 und 77 Abs. 3 entbinden nicht von der Verpflichtung zur Einhaltung der Anforderungen, die durch öffentlich-rechtliche Vorschriften an Anlagen gestellt werden, und lassen die bauaufsichtlichen Eingriffsbefugnisse unberührt.*	*(1) Die Errichtung, Änderung und Nutzungsänderung von Anlagen bedürfen der Baugenehmigung, soweit in Art. 56 bis 58, 72 und 73 nichts anderes bestimmt ist.* *(2) Die Genehmigungsfreiheit nach Art. 56 bis 58, 72 und 73 Abs. 1 Satz 3 sowie die Beschränkung der bauaufsichtlichen Prüfung nach Art. 59, 60, 62 Abs. 4 und Art. 73 Abs. 2 entbinden nicht von der Verpflichtung zur Einhaltung der Anforderungen, die durch öffentlich-rechtliche Vorschriften an Anlagen gestellt werden, und lassen die bauaufsichtlichen Eingriffsbefugnisse unberührt.*

Tabelle 1.2 Gegenüberstellung Art. 55 BayBO und § 59 MBO

Die Grundsätze sind in der Musterbauordnung und in der Bayerischen Bauordnung gleich formuliert (Tabelle 1.2).

1.2.2 Literatur zu 1.2

[1] Musterbauordnung (MBO) vom November 2002 – zuletzt geändert September 2012. Berlin: ARGEBAU – Arbeitskreis der für das Bauwesen verantwortlichen Landesminister (Online-Dokument unter www.is-argebau.de/Dokumente/423015872.pdf)

[2] Bayerische Bauordnung (BayBO)[2] in der Fassung der Bekanntmachung vom 14. August 2007. BayGVBl. 81 (2007) Nr. 18, S. 588–624 – zuletzt geändert durch Bayerische Bauordnung 2013 (BayBO 2013).

---

[2] Die Verpflichtungen aus der Richtlinie 98/34/EG des Europäischen Parlaments und des Rates vom 22. Juni 1998 über ein Informationsverfahren auf dem Gebiet der Normen und technischen Vorschriften (ABl. EG Nr. L 204 S. 37), geändert durch die Richtlinie 98/48/EG des Europäischen Parlaments und des Rates vom 20. Juli 1998 (ABl. EG Nr. L 217 S. 18), jetzt Richtlinie des Europäischen Parlaments und des Rates über ein Informationsverfahren auf dem Gebiet der Normen und technischen Vorschriften und der Vorschriften für die Dienste der Informationsgesellschaft, sind insbesondere für die notifizierungsrelevanten Vorschriften der Art. 15 bis 23 beachtet worden.

Gesetz zur Änderung der Bayerischen Bauordnung und des Baukammerngesetzes vom 11. Dezember 2012. BayGVBl. 86 (2012) Nr. 23, S. 633–640. – ISSN 0005-7134

1.3 Bauherr

1.3.1 Gegenüberstellung § 53 MBO und Art. 50 BayBO [1, 2]

Welche Aufgaben hat der Bauherr nach dem Bauordnungsrecht zu erfüllen?

Für Bauvorhaben bzw. Beseitigungen, bei denen ein bauordnungsrechtliches Verfahren durchzuführen ist, hat der Bauherr Aufgaben zu erfüllen. Diese sind in § 53 MBO bzw. Art. 50 BayBO geregelt. Beide Gesetzestexte sind in **Tabelle 1.3** gegenübergestellt.

Musterbauordnung **§ 53** **Bauherr**	**Bayerische Bauordnung** **Art. 50** **Bauherr**
(1) 1 Der Bauherr hat zur Vorbereitung, Überwachung und Ausführung eines nicht verfahrensfreien Bauvorhabens sowie der Beseitigung von Anlagen geeignete Beteiligte nach Maßgabe der §§ 54 bis 56 zu bestellen, soweit er nicht selbst zur Erfüllung der Verpflichtungen nach diesen Vorschriften geeignet ist. 2 Dem Bauherrn obliegen außerdem die nach den öffentlich-rechtlichen Vorschriften erforderlichen Anträge, Anzeigen und Nachweise. 3 Er hat vor Baubeginn den Namen des Bauleiters und während der Bauausführung einen Wechsel dieser Person unverzüglich der Bauaufsichtsbehörde schriftlich mitzuteilen. 4 Wechselt der Bauherr, hat der neue Bauherr dies der Bauaufsichtsbehörde unverzüglich schriftlich mitzuteilen. *(2) 1 Treten bei einem Bauvorhaben mehrere Personen als Bauherr auf, so kann die Bauaufsichtsbehörde verlangen, dass ihr gegenüber ein Vertreter bestellt wird, der die dem Bauherrn nach den öffentlich-rechtlichen Vorschriften obliegenden Verpflichtungen zu erfüllen hat. 2 Im Übrigen findet § 18 Abs. 1 Sätze 2 und 3 sowie Abs. 2 Verwaltungsverfahrensgesetz* entsprechende Anwendung.*	*(1) 1 Der Bauherr hat zur Vorbereitung, Überwachung und Ausführung eines nicht verfahrensfreien Bauvorhabens sowie der Beseitigung von Anlagen geeignete Beteiligte nach Maßgabe der Art. 51 und 52 zu bestellen, soweit er nicht selbst zur Erfüllung der Verpflichtungen nach diesen Vorschriften geeignet ist. 2 Dem Bauherrn obliegen außerdem die nach den öffentlich-rechtlichen Vorschriften erforderlichen Anträge, Anzeigen und Nachweise. 3 Wechselt der Bauherr, hat der neue Bauherr dies der Bauaufsichtsbehörde unverzüglich schriftlich mitzuteilen.* *(2) 1 Treten bei einem Bauvorhaben mehrere Personen als Bauherr auf, so kann die Bauaufsichtsbehörde verlangen, dass ihr gegenüber ein Vertreter bestellt wird, der die dem Bauherrn nach den öffentlich-rechtlichen Vorschriften obliegenden Verpflichtungen zu erfüllen hat. 2 Im Übrigen finden Art. 18 Abs. 1 Sätze 2 und 3 sowie Abs. 2 des Bayerischen Verwaltungsverfahrensgesetzes (BayVwVfG) entsprechende Anwendung.*
* nach Landesrecht	

Tabelle 1.3 Gegenüberstellung Art. 50 BayBO und § 53 MBO

Die Aufgaben des Bauherrn sind in der Musterbauordnung und in der Bayerischen Bauordnung gleich formuliert (Tabelle 1.3). In der Musterbauordnung wird gegenüber der BayBO die unverzügliche schriftliche Mitteilungspflicht des Namens des Bauleiters vor Baubeginn und bei Wechsel der Person während der Bauphase bei der Bauaufsichtsbehörde gefordert.

1.3.2 Literatur zu 1.3

[1] Musterbauordnung (MBO) vom November 2002 – zuletzt geändert September 2012. Berlin: ARGEBAU – Arbeitskreis der für das Bauwesen verantwortlichen Landesminister (Online-Dokument unter www.is-argebau.de/Dokumente/423015872.pdf)

[2] Bayerische Bauordnung (BayBO)[3] in der Fassung der Bekanntmachung vom 14. August 2007. BayGVBl. 81 (2007) Nr. 18, S. 588–624 – zuletzt geändert durch Bayerische Bauordnung 2013 (BayBO 2013). Gesetz zur Änderung der Bayerischen Bauordnung und des Baukammerngesetzes vom 11. Dezember 2012. BayGVBl. 86 (2012) Nr. 23, S. 633–640. – ISSN 0005-7134

1.4 Entwurfsverfasser

1.4.1 Gegenüberstellung § 54 MBO und Art. 51 BayBO [1, 2]

Welche Pflichten und Aufgaben hat der Entwurfsverfasser nach dem Bauordnungsrecht zu erfüllen?

Der Bauherr hat für die Vorbereitung seines Bauvorhabens einen Entwurf zu erstellen. Dafür muss er einen Entwurfsverfasser bestellen. Dieser muss nach Sachkunde und Erfahrungen zur Vorbereitung der Baumaßnahme in der Lage sein. Die bauordnungsrechtlichen Pflichten und Aufgaben des Entwurfsverfassers werden in § 54 MBO und Art. 51 BayBO geregelt (**Tabelle 1.4**).

Die Aufgaben und Verantwortungen des Entwurfsverfassers sind in der Musterbauordnung und in der Bayerischen Bauordnung gleich formuliert. Gegenüber der MBO sind nach der BayBO die geeigneten Fachplaner auf Veranlassung des Entwurfsplaners durch den Bauherrn heranzuziehen (Tabelle 1.4).

---

[3] Die Verpflichtungen aus der Richtlinie 98/34/EG des Europäischen Parlaments und des Rates vom 22. Juni 1998 über ein Informationsverfahren auf dem Gebiet der Normen und technischen Vorschriften (ABl. EG Nr. L 204 S. 37), geändert durch die Richtlinie 98/48/EG des Europäischen Parlaments und des Rates vom 20. Juli 1998 (ABl. EG Nr. L 217 S. 18), jetzt Richtlinie des Europäischen Parlaments und des Rates über ein Informationsverfahren auf dem Gebiet der Normen und technischen Vorschriften und der Vorschriften für die Dienste der Informationsgesellschaft, sind insbesondere für die notifizierungsrelevanten Vorschriften der Art. 15 bis 23 beachtet worden.

Musterbauordnung **§ 54** **Entwurfsverfasser**	**Bayerische Bauordnung** **Art. 51** **Entwurfsverfasser**
(1) 1 Der Entwurfsverfasser muss nach Sachkunde und Erfahrung zur Vorbereitung des jeweiligen Bauvorhabens geeignet sein. 2 Er ist für die Vollständigkeit und Brauchbarkeit seines Entwurfs verantwortlich. 3 Der Entwurfsverfasser hat dafür zu sorgen, dass die für die Ausführung notwendigen Einzelzeichnungen, Einzelberechnungen und Anweisungen den öffentlich-rechtlichen Vorschriften entsprechen. *(2) 1 Hat der Entwurfsverfasser auf einzelnen Fachgebieten nicht die erforderliche Sachkunde und Erfahrung, so sind geeignete Fachplaner heranzuziehen. 2 Diese sind für die von ihnen gefertigten Unterlagen, die sie zu unterzeichnen haben, verantwortlich. 3 Für das ordnungsgemäße Ineinandergreifen aller Fachplanungen bleibt der Entwurfsverfasser verantwortlich.*	*(1) 1 Der Entwurfsverfasser muss nach Sachkunde und Erfahrung zur Vorbereitung des jeweiligen Bauvorhabens geeignet sein. 2 Er ist für die Vollständigkeit und Brauchbarkeit seines Entwurfs verantwortlich. 3 Der Entwurfsverfasser hat dafür zu sorgen, dass die für die Ausführung notwendigen Einzelzeichnungen, Einzelberechnungen und Anweisungen den öffentlich-rechtlichen Vorschriften entsprechen.* *(2) 1 Hat der Entwurfsverfasser auf einzelnen Fachgebieten nicht die erforderliche Sachkunde und Erfahrung, so hat er den Bauherrn zu veranlassen, geeignete Fachplaner heranzuziehen. 2 Diese sind für die von ihnen gefertigten Unterlagen, die sie zu unterzeichnen haben, verantwortlich. 3 Für das ordnungsgemäße Ineinandergreifen aller Fachplanungen bleibt der Entwurfsverfasser verantwortlich.*

Tabelle 1.4 Gegenüberstellung Art. 51 BayBO und § 54 MBO

1.4.2 Literatur zu 1.4

[1] Musterbauordnung (MBO) vom November 2002 – zuletzt geändert September 2012. Berlin: ARGEBAU – Arbeitskreis der für das Bauwesen verantwortlichen Landesminister (Online-Dokument unter www.is-argebau.de/Dokumente/423015872.pdf)

[2] Bayerische Bauordnung (BayBO)[4] in der Fassung der Bekanntmachung vom 14. August 2007. BayGVBl. 81 (2007) Nr. 18, S. 588–624 – zuletzt geändert durch Bayerische Bauordnung 2013 (BayBO 2013). Gesetz zur Änderung der Bayerischen Bauordnung und des Baukammerngesetzes vom 11. Dezember 2012. BayGVBl. 86 (2012) Nr. 23, S. 633–640. – ISSN 0005-7134

[4] Die Verpflichtungen aus der Richtlinie 98/34/EG des Europäischen Parlaments und des Rates vom 22. Juni 1998 über ein Informationsverfahren auf dem Gebiet der Normen und technischen Vorschriften (ABl. EG Nr. L 204 S. 37), geändert durch die Richtlinie 98/48/EG des Europäischen Parlaments und des Rates vom 20. Juli 1998 (ABl. EG Nr. L 217 S. 18), jetzt Richtlinie des Europäischen Parlaments und des Rates über ein Informationsverfahren auf dem Gebiet der Normen und technischen Vorschriften und der Vorschriften für die Dienste der Informationsgesellschaft, sind insbesondere für die notifizierungsrelevanten Vorschriften der Art. 15 bis 23 beachtet worden.

1.5 Unternehmer

1.5.1 Gegenüberstellung § 55 MBO und Art. 52 BayBO [1, 2]

Welche Pflichten und Verantwortlichkeiten hat der Unternehmer nach dem Bauordnungsrecht?

Jeder Unternehmer ist dafür verantwortlich, dass die Ausführung der von ihm übernommenen Arbeiten mit den öffentlich-rechtlichen Anforderungen übereinstimmt. Er ist insoweit auch für die ordnungsgemäße Errichtung und den sicheren Betrieb der Baustelle verantwortlich. **Tabelle 1.5** zeigt die Pflichten des Unternehmers in einer Gegenüberstellung von § 55 MBO und Art. 52 BayBO.

Musterbauordnung **§ 55** **Unternehmer**	**Bayerische Bauordnung** **Art. 52** **Unternehmer**
(1) 1 Jeder Unternehmer ist für die mit den öffentlich-rechtlichen Anforderungen übereinstimmende Ausführung der von ihm übernommenen Arbeiten und insoweit für die ordnungsgemäße Einrichtung und den sicheren Betrieb der Baustelle verantwortlich. 2 Er hat die erforderlichen Nachweise über die Verwendbarkeit der verwendeten Bauprodukte und Bauarten zu erbringen und auf der Baustelle bereitzuhalten. *(2) Jeder Unternehmer hat auf Verlangen der Bauaufsichtsbehörde für Arbeiten, bei denen die Sicherheit der Anlage in außergewöhnlichem Maß von der besonderen Sachkenntnis und Erfahrung des Unternehmers oder von einer Ausstattung des Unternehmens mit besonderen Vorrichtungen abhängt, nachzuweisen, dass er für diese Arbeiten geeignet ist und über die erforderlichen Vorrichtungen verfügt.*	*(1) 1 Jeder Unternehmer ist für die mit den öffentlich-rechtlichen Anforderungen übereinstimmende Ausführung der von ihm übernommenen Arbeiten und insoweit für die ordnungsgemäße Einrichtung und den sicheren Betrieb der Baustelle verantwortlich. 2 Er hat die erforderlichen Nachweise über die Verwendbarkeit der verwendeten Bauprodukte und Bauarten zu erbringen und auf der Baustelle bereitzuhalten.* *(2) Jeder Unternehmer hat auf Verlangen der Bauaufsichtsbehörde für Arbeiten, bei denen die Sicherheit der Anlage in außergewöhnlichem Maß von der besonderen Sachkenntnis und Erfahrung des Unternehmers oder von einer Ausstattung des Unternehmens mit besonderen Vorrichtungen abhängt, nachzuweisen, dass er für diese Arbeiten geeignet ist und über die erforderlichen Vorrichtungen verfügt.*

Tabelle 1.5 Gegenüberstellung von § 55 MBO und Art. 52 BayBO

Die Anforderungen an den Unternehmer sind in der Musterbauordnung und in der Bayerischen Bauordnung gleich formuliert (Tabelle 1.5).

1.5.2 Literatur zu 1.5

[1] Musterbauordnung (MBO) vom November 2002 – zuletzt geändert September 2012. Berlin: ARGEBAU – Arbeitskreis der für das Bauwesen verantwortlichen Landesminister (Online-Dokument unter www.is-argebau.de/Dokumente/423015872.pdf)

[2] Bayerische Bauordnung (BayBO)[5] in der Fassung der Bekanntmachung vom 14. August 2007. BayGVBl. 81 (2007) Nr. 18, S. 588–624 – zuletzt geändert durch Bayerische Bauordnung 2013 (BayBO 2013). Gesetz zur Änderung der Bayerischen Bauordnung und des Baukammerngesetzes vom 11. Dezember 2012. BayGVBl. 86 (2012) Nr. 23, S. 633–640. – ISSN 0005-7134

1.6 Regelungen für das Zusammenwirken der am Bau Beteiligten

1.6.1 Allgemeine Betrachtung [1]

Welche Bereiche bedürfen einer festgeschriebenen Regelung zwischen den am Bau Beteiligten?

Wird in einem Gebäude eine elektrische Anlage, ein Datennetz oder eine Telekommunikationsanlage errichtet, erweitert oder saniert, so handelt es sich um eine Baumaßnahme. Bei einer Baumaßnahme ist der Bauherr bestrebt, ein Projekt nach dem neuesten Stand der Technik unter Einhaltung der geltenden Sicherheitsvorschriften zu errichten. Die zur Verfügung stehenden Gelder setzen oft die Grenzen für den Ausstattungsgrad der Anlagen.

Da gerade bei elektrotechnischen Anlagen der Aspekt der Sicherheit und des Brandschutzes eine grundlegende Rolle spielt, beauftragen die verantwortlich handelnden Bauherrn fachkundige Ingenieurbüros für die Planung, Ausschreibung, Vergabe, Bauleitung, Abnahme und Kostenkontrolle mit Rechnungslegung. Die Leistungen werden dann von einer fachkundigen und leistungsfähigen Firma ausgeführt.

Die vertraglichen Regelungen zwischen Bauherr, Fachingenieur und Unternehmer bei der Abwicklung einer Baumaßnahme sind in das private Baurecht einzuordnen (siehe VDE-Schriftenreihe 131 [2]). Zum erfolgreichen Gelingen eines solchen Bauvorhabens ist es wichtig, dass zwischen den Beteiligten, Bauherr, Planer, ausführende Firma, die wesentlichen vertraglichen Regelungen getroffen werden. Im BGB steht dazu – Zitat:

§ 631 BGB Wesen des Werkvertrags

(1) Durch den Werkvertrag wird der Unternehmer zur Herstellung des versprochenen Werkes, der Besteller zur Entrichtung der vereinbarten Vergütung verpflichtet.

---

[5] Die Verpflichtungen aus der Richtlinie 98/34/EG des Europäischen Parlaments und des Rates vom 22. Juni 1998 über ein Informationsverfahren auf dem Gebiet der Normen und technischen Vorschriften (ABl. EG Nr. L 204 S. 37), geändert durch die Richtlinie 98/48/EG des Europäischen Parlaments und des Rates vom 20. Juli 1998 (ABl. EG Nr. L 217 S. 18), jetzt Richtlinie des Europäischen Parlaments und des Rates über ein Informationsverfahren auf dem Gebiet der Normen und technischen Vorschriften und der Vorschriften für die Dienste der Informationsgesellschaft, sind insbesondere für die notifizierungsrelevanten Vorschriften der Art. 15 bis 23 beachtet worden.

(2) Gegenstand des Werkvertrags kann sowohl die Herstellung oder Veränderung einer Sache als auch ein anderer durch Arbeit oder Dienstleistung herbeizuführender Erfolg sein.

Dabei sollen die konkreten Definitionen der Aufgaben, der Schnittstellen für die von jedem Einzelnen zu erbringenden Leistungen und die Abgrenzungen der Verantwortungsbereiche genau beschrieben werden. Die schriftliche Vertragsform ist zu empfehlen.

1.6.2 Der Fachplaner

1.6.2.1 Der Ingenieurvertrag [3, 4]

1.6.2.1.1 Vertragsbestandteile

Was sind wichtige Vertragsbestandteile in einem Ingenieurvertrag?

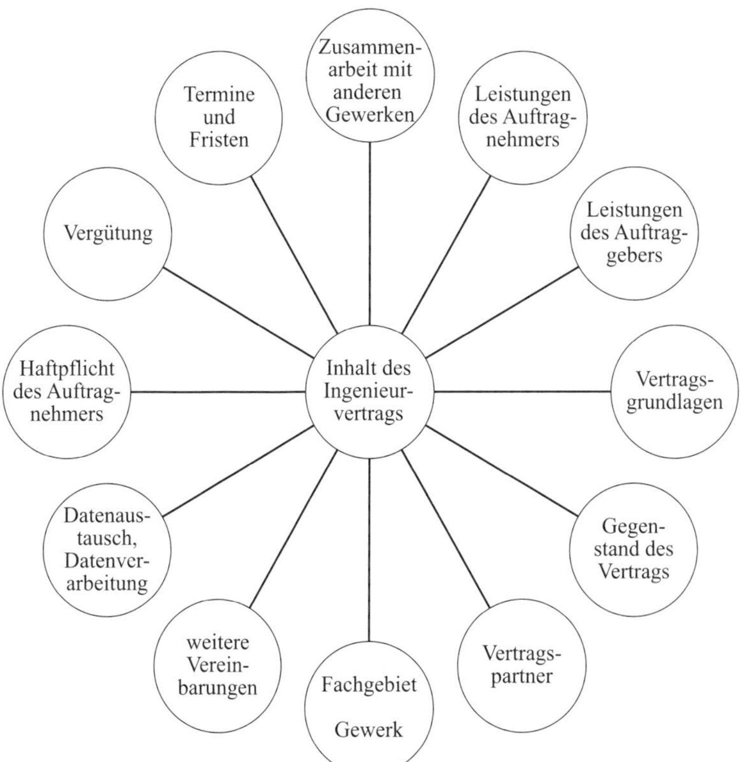

Bild 1.1 Übersicht wichtiger Vertragsbestandteile eines Ingenieurvertrags für eine Baumaßnahme

Der Fachplaner übernimmt dafür die Verantwortung, gemäß Werkvertragsrecht BGB §§ 633 ff., dem Bauherrn die Planung eines funktionierenden Werks vertraglich zuzusichern. Wichtige Bestandteile eines Vertrags, zwischen dem Bauherrn und dem Fachplaner, zeigt **Bild 1.1**.

Zur Erstellung des Vertrags ist die einschlägige Rechtsliteratur heranzuziehen. Die nachfolgenden Fragen und Erläuterungen sollen einen Einblick in die möglichen Regelungen eines Ingenieurvertrags für eine Baumaßnahme geben.

Ist der Vertrag klar gegliedert?

Falls keine Mustervertragsvorlagen zur Verfügung stehen, ist es üblich, den Vertrag in Paragrafen zu gliedern.

Beispiel: Angabe in § 1 bis § *n*.

Zu welchem Fachgebiet wird der Ingenieurvertrag abgeschlossen?

Die genaue Benennung der Fachrichtung im Ingenieurvertrag ist notwendig.

Beispiel: Elektrotechnik

Zwischen wem wird der Vertrag geschlossen?

Im Vertrag sind klar festzuschreiben:

- die Angabe des Auftraggebers und ggf. seines Vertreters,
- die Angabe des Auftragnehmers und ggf. seines Vertreters.

Zu den Angaben gehören

- Name,
- Anschrift,
- Telefonnummer/Fax.

Unter den Vertragstext kommen unter Angabe des Auftraggebers

- Ort,
- Datum,
- rechtsverbindliche Unterschrift.

Daneben unter den Vertragstext kommen unter Angabe des Auftragnehmers

- Ort,
- Datum,
- rechtsverbindliche Unterschrift.

Was ist Gegenstand des Vertrags?

Im Vertrag sind:

- die genaue Bezeichnung der Baumaßnahme und
- die Bezeichnung des Gebäudes bzw. der Ingenieurbauwerke, in dem das Werk errichtet werden soll, zu schreiben,
- ein Lageplan mit diesen Angaben sollte als Anlage des Vertrags beiliegen,
- die zu planenden und zu errichtenden Anlagen bzw. Anlagengruppen nach HOAI sind im Vertag zu benennen.

Welche Vertragsgrundlagen sind zu vereinbaren?

Als Vertragsgrundlagen sind u. a. zu regeln:

- Was hat der Auftragnehmer seinen Leistungen zugrunde zu legen?
- Welche Aufgaben hat der Auftraggeber zu erfüllen?

Welche Leistungen hat der Auftragnehmer zu erbringen?

- Neben den infrage kommenden Leistungen nach HOAI sind alle Leistungen im Detail zu benennen.

Wie ist die Vergütung geregelt?

- Die Grundlagen der Honorarermittlung sollten nach der HOAI festgelegt werden.

Was für einen Umfang sollte die Haftpflichtversicherung des Auftragnehmers haben?

In der Praxis sind z. B. folgende Regelungen im Vertrag wichtig:

- Der Auftragnehmer hat u. a. für die abzuwickelnde Baumaßnahme eine Berufshaftpflichtversicherung abzuschließen bzw. nachzuweisen.
- Die Höhe der abzusichernden Schadenssummen sollte sich nach der Höhe der voraussichtlichen honorarfähigen Herstellungskosten richten.
- Der Auftraggeber hat darüber hinaus sicherzustellen, dass für das beauftragte Objekt die Deckung uneingeschränkt erhalten bleibt. Hierfür ist eine objektbezogene Haftpflichtversicherung nachzuweisen.

Diese Forderungen sind mit Festlegung der Deckungssummen in den Vertrag aufzunehmen.

Welche Anforderungen werden an den Datenaustausch und die Datenverarbeitung gestellt?

- Der Auftraggeber hat Vorgaben zu machen über die Form der zu liefernden Bauunterlagen und den Ablauf des Datenaustauschs über eine IT-Plattform, die Vertragsbestandteil werden sollten.
- Die Regelungen und Verantwortung des Auftragnehmers für den Austausch der Daten ist im Vertrag zu definieren.

Wird die Zusammenarbeit mit anderen Fachbereichen notwendig?

Nachfolgende Regelungen sollten dazu mind. im Vertrag enthalten sein:

- Eine Auflistung der fachlich Beteiligten und die von ihnen zu erbringenden Leistungen sollten Vertragsbestandteil sein.
- Es ist festzulegen und im Vertrag zu vereinbaren, wer die Koordination zwischen den Planungsbüros leitet und dafür verantwortlich ist sowie die Honorierung für diese übergeordnete Koordination.

Welche Termine und Fristen sind einzuhalten?

Beispielsweise sind nachstehende Regelungen wichtige Vertragspunkte:

- Für die vertraglich vereinbarten Leistungen sind Termine und Fristen stufenweise zu vereinbaren.
- Dabei sind Forderungen nach Vollständigkeit und Mängelfreiheit bei relevanten Punkten mit Fristbindung zu formulieren.
- Es ist festzulegen, welcher Terminplan der Baumaßnahme bindend ist.
- Es ist festzulegen, dass über Termine und Fristen für die Lieferung der Pläne, Leistungsverzeichnisse und sonstiger Unterlagen in Planungsbesprechungen und Baubesprechungen dem Bauherrn eine Niederschrift vom Auftragnehmer zu erstellen und unverzüglich zuzuleiten ist. Mit schriftlicher Zustimmung durch den Auftraggeber werden diese Termine und Fristen Vertragsbestandteil.

Welche ergänzenden Vereinbarungen sind notwendig?

Zu folgenden Punkten sollte es im Vertrag Festlegungen geben:

- **Pauschal- und Festhonorar**: Angaben, ob es vereinbart wird.
- **Zahlungen**: Angabe, wie die Zahlungen des Honorars geregelt sind.
- **Allgemeine Rechte und Pflichten des Ingenieurs**: Es wird festgeschrieben, dass der Ingenieur alle geltenden und für die Maßnahme anzuwendenden gesetzlichen Bestimmungen, anerkannten Regeln der Baukunst, den Grundsatz der Wirtschaftlichkeit, auch hinsichtlich der späteren Betriebsführung und Unterhaltung, zu beachten und umzusetzen hat. Die Festlegung der rechtlichen Stellung gegenüber

dem Bauherrn in Bezug auf die am Bau beteiligten Firmen und anderen Planern steht im Vertrag. Das Ingenieurbüro wird zur Kostenkontrolle gemäß HOAI verpflichtet, und es sollte geregelt sein, wie die Haftung bei Kostenüberschreitung abläuft.

- **Haftung**: Haftungsregelung für Mängel und Bauwerksschäden festschreiben.
- **Verjährung und Abnahme**: Verjährungsregelung nach BGB festschreiben.
- **Urheberrecht**: Regelung der Handhabung der erstellten Unterlagen des Ingenieurs durch den Bauherrn.
- **Kündigung**: Regelung der Möglichkeiten der beiderseitigen Vertragskündigungen.

Für Erstellung des Vertrags wird auf die einschlägige Fachliteratur verwiesen.

1.6.2.1.2 Grundlagen der Honorarrechnung

Die wesentlichen rechtlichen Punkte, die für die Zusammenarbeit zwischen dem Bauherrn und dem Planer geregelt werden sollten, sind im vorigen Abschnitt aufgezeigt. Nun ist es noch wichtig, die Honorierung festzulegen. Dafür legt der Planer ein Honorarangebot vor, in dem z. B. folgende Angaben enthalten sind:

- das Honorarangebot des Büros …,
- Datum,
- die Ansätze für die Honorarzone,
- die Höhe der Nebenkostenansätze,
- die Stundenlohnansätze des Büros,
- der Rechengang zur Ermittlung des Honorars, aus den sich künftig ergebenden anrechenbaren Kosten,
- die Ansätze in Prozent für die einzelnen Leistungsphasen nach HOAI,
- rechtsverbindliche Unterschrift.

Legt der Planer dem Bauherrn eine prüfbare Honorarrechnung vor, sollte die Rechnung entsprechend den vertraglichen Vereinbarungen aufgestellt sein. Für die Honorarberechnung wird auf die entsprechende Fachliteratur verwiesen.

1.6.2.1.3 Angaben in der Honorarrechnung

Welche Angaben sollte eine Honorarrechnung enthalten?
(Aufzählung erhebt keinen Anspruch auf Vollständigkeit)

- Liegt die Zusammenstellung der anrechenbaren Herstellungskosten der elektrischen Anlagen vor?
- Sind die Herstellungskosten gemäß Normenreihe DIN 276 aufgelistet?
- Liegen sonstige Rechnungsunterlagen vor?

- Wurden die Stundennachweise vorgelegt?
- Ist die Adressierung korrekt?
- Welche Rechnungsart liegt vor?
- Sind die Rechnungsunterlagen unterzeichnet?
- Wurde die gesamte Leistung erfasst?
- Wurden Angaben zu der Honorarzone, in die das Bauwerk eingeordnet werden soll, gemacht?
- Wurde das Gesamthonorar entsprechend den anrechenbaren Herstellungskosten unter Bezugnahme auf die Honorartafel errechnet?
- Wurde die erbrachte Leistung gemäß HOAI aufgeführt?
- Wurde bei den Teilleistungen nachprüfbar dargelegt, welche Prozentsätze der auf die jeweiligen Leistungsphasen entfallenden Teile des Gesamthonorars für diese Teilleistung berechnet wurden?

1.6.2.1.4 Begründende Unterlagen zur Honorarrechnung

Ingenieurvertrag – Rechnungslegung

Welche Vertragsunterlagen sind, bezogen auf den jeweiligen Einzelfall, der Rechnung beizulegen?
(Aufzählung erhebt keinen Anspruch auf Vollständigkeit)

- Angebotsanforderung,
- Angebot und Vertrag mit Begleitschreiben bzw. Erklärung des Ingenieurbüros zur Preisbeurteilung,
- Nachweise für die mögliche Anrechnung der Vorleistungen,
- Nachweis der Angemessenheit der vereinbarten Vergütung bei den „Von/bis"-Sätzen der Honorarzonen und der Nebenkosten,
- Schriftverkehr zur Klärung von Zweifelsfragen,
- gefertigte Stellungnahmen bei der Vergabe,
- aufgestellte Aktenvermerke zu den Vertragsverhandlungen, soweit diese nicht durch die Preisbeurteilung abgedeckt sind, und zu den Nebenkostenpauschalen,
- Nachweis für eine zulässige Bevorzugung,
- Unbedenklichkeitsbescheinigung/Erklärung zu den Steuern,
- Versicherungsnachweis,
- Auftragsschreiben,
- Zusatzangebote mit der Begründung und dem jeweils zugehörigen Auftragsschreiben,
- Berechnung der Aufteilung auf mehrere Objekte,
- Ermittlung der anrechenbaren Herstellungskosten,

- Zusatzverträge,
- ergänzende Vereinbarungen,
- Übernahmeverzeichnisse für Zeichnungen, Berechnungen und sonstige Arbeitsergebnisse des Auftragnehmers,
- nachweisender Schriftverkehr bezüglich anzurechnender Vorleistungen, Behinderungen, z. B. Bauzeitverlängerung, Minderungen, Vertragsstrafen,
- nachweisender Schriftverkehr bezüglich Änderungen bei Vertragsfristen, Art der Vertragsleistung, Leistungsumfang, Umplanung, verlorene Planung,
- Feststellung der Vertragserfüllung muss gegeben sein.

Für die Prüfung und Abrechnung der Honorarrechnung wird auf die Fachliteratur verwiesen. Die Auftragsabwicklung ist auf den konkreten Fall bezogen zu betrachten, unter Anwendung der jeweiligen Fachliteratur.

1.6.3 Die ausführende Firma [3, 5, 6, 7]

1.6.3.1 Das Leistungsverzeichnis (LV)

Der Planer stellt anhand der Grundlagenermittlung nach der HOAI den Anforderungskatalog zusammen, dessen Ergebnis ein Verzeichnis über die auszuführenden Arbeiten ist, ein Leistungsverzeichnis (LV). Das LV wird an die Firmen und Unternehmer versendet, die aufgrund ihrer Leistungsfähigkeit die Arbeiten ausführen könnten. Diese sollen anhand des LV dem Bauherrn ein verbindliches Angebot zur Ausführung der Arbeiten unterbreiten. Deshalb ist es wichtig, dass das LV mit besonderer Sorgfalt erstellt wird und nachfolgende Kriterien bei der LV-Erstellung (Bild 1.2) berücksichtigt werden. In jedem Fall können dadurch viele Missverständnisse bei der Baudurchführung und zusätzliche unerwartete Kosten vermieden werden. Ein gut aufgestelltes LV minimiert den Ärger und Streit während der Bauphase.

1.6.3.1.1 Kriterien für die LV-Erstellung

Was sind wichtige Kriterien zur LV-Erstellung?
(Aufzählung nicht abschließend)

- Zeitdruck sollte bei der Planung vermieden werden.
- In jedem Fall ist die Planung ausreichend fortzuschreiben.
- Die Grundlagen (z. B. Bestand der Anlagen, Zustand der Anlagen, Bausubstanz) sind sorgfältig zu ermitteln und zu untersuchen.
- Die Art der Ausführung ist mit dem Nutzer und allen Betroffenen, u. a. Denkmalschutz, abzustimmen.
- Die LV müssen nach den anerkannten Regeln der Technik fachtechnisch richtig sein.

- Die Mengenansätze entsprechen den örtlichen und vorgegebenen Anforderungen.
- Das LV muss eindeutig beschrieben sein.
- Eine Leistungsbeschreibung ist eindeutig, wenn sie
  - Art und Umfang der geforderten Leistungen mit allen dafür maßgebenden Bedingungen zweifelsfrei erkennen lässt, z. B. hinsichtlich:
    - Qualität,
    - Beanspruchungsgrad,
    - technische und bauphysikalische Bedingungen,
    - zu erwartende Erschwernisse,
    - besondere Bedingungen der Ausführung,
    - ggf. notwendige Regelungen zur Ermittlung des Leistungsumfangs;
  - keine Widersprüche enthält
    - in der Beschreibung selbst,
    - zu den Plänen,
    - zu anderen technischen Vorgaben,
    - zu vertragsrechtlichen Regelungen.
- Eine Leistungsbeschreibung ist vollständig, wenn sie Folgendes darstellt:
  - Art und Zweck der Leistung,
  - Art und Umfang aller zur Herstellung des Werks erforderlichen Teilleistungen,
  - alle für die Herstellung des Werks spezifischen Bedingungen und Anforderungen.
- Wiederholungen sind zu vermeiden.
- Das LV ist übersichtlich zu gliedern.
- Die Bezeichnung für ein Element soll im Textverlauf beinhaltet werden.
- Eine Aufstellung mit Trennung in Fachlose ist wichtig.
- Vollständige Leistungsbeschreibungen minimieren die Nachtragsbeauftragung.
- Das Ergebnis der Planung soll später für niedrige Betriebskosten und Unterhaltskosten garantieren.
- Auch ist darauf zu achten, dass zusätzliche Risikozuschläge/Zugeständnisse/Regelungen nicht in das LV aufgenommen werden.
- Bei einer fachkundigen Bauüberwachung werden schlechte Erfahrungen meist vermieden.
- Zu jeder Leistungsbeschreibung ist eine gewerkebezogene Baubeschreibung notwendig.
- Im Leistungsverzeichnis sind wegen der späteren Abrechnung mehrere gleiche Nummern der Positionen auszuschließen.

- Die Leistungen in der Leistungsbeschreibung müssen so beschrieben sein, dass jeder Zweifel auszuschließen ist. Dazu gehören auch die Angaben über Vorleistungen von weiteren Beteiligten, Altsubstanz und Untergrund/Sparten.
- Bauliches, im Herstellungsverlauf notwendiges Zusammenwirken verschiedener Bauteile ist konstruktiv darzustellen.
- Die Ausschreibung soll für alle Bieter gleichermaßen verständlich sein. Deshalb sind Leistungen und Begriffe stets in der offiziell gültigen Bezeichnung und stets gleichlautend anzugeben.
- Mengen sind objektbezogen anzugeben.
- Je genauer die Mengenangabe eines Leistungsverzeichnisses ist, desto genauer bekommt man die finanzielle Übersicht.
- „Ca." vor den Mengenansätzen oder Abmessungen ist nicht zu verwenden, da die Abrechnung und sichere Kostenkontrolle dadurch gefährdet werden.
- Zur Kalkulation kann es bei bestimmten Teilen sinnvoll sein, notwendige Angaben (z. B. Abmessungen, Formen) als Zeichnungen zur Erleichterung des Verständnisses beizulegen. Der Bezug zur Positionsnummer (falls nötig) ist durch die Angabe der Zeichnungsnummer im Positionstext eindeutig festzulegen.
- Auch Details der örtlichen Besonderheiten, wie Hindernisse im Arbeitsbereich, sind entweder vor den Positionen, in der Position bzw. in der Zeichnung darzustellen und anzugeben.
- Es ist das Arbeitsergebnis und nicht das Arbeitsverfahren zu beschreiben.
- Tätigkeiten sind in der Form der Tätigkeit zu beschreiben, z. B. Spule austauschen, nicht: Spule wird ausgetauscht.
- Sollten Pauschalen für Leistungen vereinbart werden, setzt dies eine genaue Definition der Leistung voraus. Eine exakte Angabe der Maße und Mengen ist notwendig, alle Forderungen müssen bekannt und abgestimmt vorliegen.
- Alle öffentlich-rechtlichen Voraussetzungen müssen abschließend geklärt sein.
- Damit die Leistungen der Meister, Gesellen, Lehrlinge und Hilfskräfte entsprechend nachgewiesen und vergütet werden können, sind die Stundenlohnarbeiten, die Angabe als Stundensätze je nach Stoff- und Gerätearten anzugeben.

Für die LV-Erstellung ist je nach Art der Vergabe die entsprechende Fachliteratur heranzuziehen. Die fachkundige Bauüberwachung ist bei gegebener ordentlicher LV-Erstellung der Garant, wie gut bzw. schlecht ein Vertrag erfüllt wird.

1.6.3.1.2 LV-Beispiel für ein Datennetz (Auszug)

In **Bild 1.2** ist ein Auszug aus einem Leistungsverzeichnis für ein Datennetz dargestellt. Dieses Beispiel bildet die Grundlage für die weiteren Betrachtungen zum Angebot, Auftrag, Aufmaß und Rechnung.

Austausch von Datenleitungen im Verwaltungsgebäude Block 5
Titel 1

Position				**Einheitspreis**	**Preis**
1.3	Doppelsteckdosen austauschen, mit Beschriftung	210	Stück	€	€
1.4	Datenleitung Cat 6 STP/S PIMF 4·2·23 AWG	4230	Meter	€	€
1.5	Auflegen der Einzeladern je Leitungsende	272	Stück	€	€
1.6	Messung und Protokollierung je RJ45-Port	272	Stück	€	€
1.7	Vorhandene Sockelleisten demontieren/montieren	538,90	Meter	€	€
1.8	Vorhandene PVC-Kanäle öffnen und schließen	321,40	Meter	€	€
1.9	Vorhandene Stahlblechkanäle öffnen und schließen	33,20	Meter	€	€
1.10	Vorhandene Cat-Leitungen demontieren	4344	Meter	€	€
1.11	Vorhandene Cat-3-Doppeldosen demontieren	145	Stück	€	€
1.12	Vorhandene Patchfelder demontieren	7	Stück	€	€

Bild 1.2 Auszug aus einem Leistungsverzeichnis

1.6.3.2 Das Angebot

Das LV wird an die Firmen und Unternehmer versendet, die nach ihrer Leistungsfähigkeit die Arbeiten ausführen könnten. Diese sollen anhand des LV dem Bauherrn ein verbindliches Angebot zur Ausführung der Arbeiten unterbreiten.

Die eingegangenen Angebote sind zu prüfen und zu werten, d. h., sie sind weder auf- noch abzuwerten, sondern korrekt zu bearbeiten. Die Wertung findet das Angebot, das nach Bauausführung und Abrechnung als das Beste bestätigt wird. Das Verhältnis von Preis und Leistung ist hier das Günstigste.

1.6.3.2.1 Formale Prüfung

Was ist der Inhalt der formalen Prüfung? (Beispiele für Fragen zum Inhalt)

- Liegt die rechtsverbindliche Unterschrift auf dem Angebot vor?
- Sind die versandten Vergabeunterlagen unverändert?
- Ist die von der Firma gefertigte Abschrift des LV mit dem versendeten LV identisch (z. B. vgl. Bild 1.2 mit Bild 1.3)?
- Sind nur die Preise und die geforderten Erklärungen im Angebot enthalten?
- Sind Muster oder Proben als zum Angebot gehörend bezeichnet?

1.6.3.2.2 Prüfung auf Vollständigkeit

Sind die Angebotsunterlagen vollständig?

- Sind die Unterlagen vollständig ausgefüllt (Preise, Erzeugnisse, Erklärungen, Unterschriften)?
- Liegen die gekennzeichneten Nachweise, Bescheinigungen und Proben bei?

1.6.3.2.3 Rechnerische Prüfung

Was ist die Kernfrage der rechnerischen Prüfung?

- Ist das Zahlenwerk richtig?

1.6.3.2.4 Technische Prüfung

Was gehört zur technischen Prüfung? (Beispiele für Fragen)

- Werden die Anforderungen durch die angegebenen Erzeugnisse und technischen Erklärungen erfüllt?
- Entsprechen die Muster und Proben den gestellten Anforderungen?
- Sind die Nachweise gültig und auf das Objekt bezogen?

1.6.3.2.5 Wirtschaftliche Prüfung

Was beinhaltet die wirtschaftliche Prüfung?

- Ist die Umsatzsteuer angegeben?
- Sind die Preise preisrechtlich zulässig und angemessen?

Die Angemessenheit der Preise bezieht sich u. a. auf Berücksichtigung von

- Angebotsbedingungen, wie erschwerende Umstände, Örtlichkeiten usw.,
- Ausführungsfristen (Unterbrechungen, Witterung, Einzelfristen),
- ergänzende Angaben vom Bieter und der
- geforderten Leistung.

Die Prüfung ist günstigerweise farbig zu dokumentieren, z. B. grüner Haken oder Prüfvermerk. Angebote sind nur einen bestimmten Zeitraum bis zur Auftragserteilung gültig. Die Firma teilt es im Angebot mit. Deshalb sind Angebote sehr zeitnah zu prüfen.

Wann gilt ein Angebot als angemessen?

Als angemessen kann ein Angebot eingestuft werden, wenn es im konkreten Fall eine gerechtfertigte Gegenleistung für die geforderte Bauleistung darstellt. Dabei sind die individuelle Bauleistung und die Situation der Bieter zu berücksichtigen. Das niedrigste Angebot kann unangemessen hoch oder unangemessen niedrig sein. Im Fall großer Schwankungen sollte nach den Ursachen gesucht werden:

- Handelt es sich um ungewöhnliche Forderungen oder
- sind die Forderungen unklar gestellt in Bezug auf
  - Jahreszeit, Ausführungsfrist,
  - Risiken technischer oder rechtlicher Art,
  - Art der Leistung,
  - Mengenfehler als Folge von Schreibfehlern?

Unangemessene Preise für Einzelleistungen lassen keine sachliche Preisbildung erahnen. Hier ist besonders gut zu prüfen. Dabei kann einschlägige Literatur helfen.

Die Qualifikation des Bieters muss für die konkrete Leistung nachgewiesen (Vorlage von Nachweisen) werden. Dies geschieht unabhängig vom Preis. Das Angebot muss in allen Teilen schlüssig sein.

1.6.3.2.6 Angebotsbeispiel für ein Datennetz (Auszug)

Einen Auszug eines ausgefüllten Angebots für ein Datennetz zeigt **Bild 1.3**. Aufgefordert zur Angebotsabgabe wurde mit dem LV in Bild 1.2.

LV und Angebot sollten u. a. in Positionsnummern und Leistungsbeschreibung übereinstimmen (**Bild 1.4**).

Angebot für den Austausch von Datenleitungen im Verwaltungsgebäude Block 5
Titel 1

Position			Einheitspreis		Preis
1.3.	Doppelsteckdosen austauschen, mit Beschriftung	210	Stück	40,00 €	8 400,00 €
1.4.	Datenleitung Cat 6 STP/S PIMF 4·2·23 AWG	4 230	Meter	2,60 €	10 998,00 €
1.5.	Auflegen der Einzeladern je Leitungsende	272	Stück	8,00 €	576,00 €
1.6.	Messung und Protokollierung je RJ45-Port	272	Stück	7,00 €	1 940,40 €
1.7.	Vorhandene Sockelleisten demontieren/montieren	538,90	Meter	8,00 €	4 311,20 €
1.8.	Vorhandene PVC-Kanäle öffnen und schließen	321,40	Meter	2,00 €	642,40 €
1.9.	Vorhandene Stahlblechkanäle öffnen und schließen	33,20	Meter	2,00 €	66,40 €
1.10.	Vorhandene Cat-Leitungen demontieren	4 344	Meter	0,50 €	2 172,00 €
1.11.	Vorhandene Cat-3-Doppeldosen demontieren	145	Stück	3,00 €	435,00 €
1.12.	Vorhandene Patchfelder demontieren	7	Stück	30,00 €	210,00 €

Bild 1.3 Angebot für ein Datennetz (Auszug)

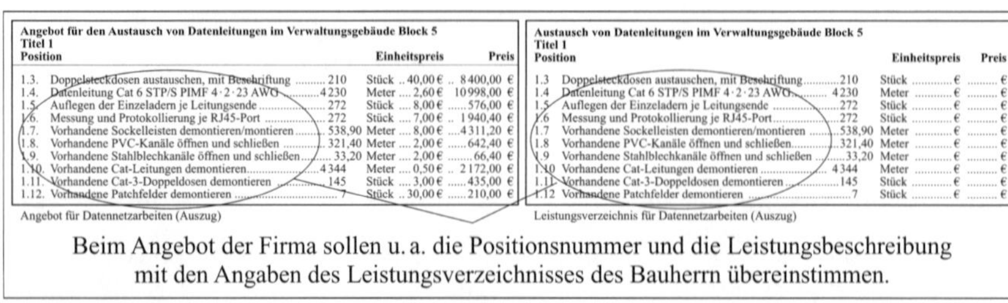

Bild 1.4 Vergleich LV (Bild 1.2) und Angebot (Bild 1.3)

Auftrag Nr. 1417, Datum 15.7.2007
Austausch von Datenleitungen im Verwaltungsgebäude Block 5
Titel 1

Position			Einheitspreis		Preis
1.3.	Doppelsteckdosen austauschen, mit Beschriftung	210	Stück	40,00 €	8 400,00 €
1.4.	Datenleitung Cat 6 STP/S PIMF 4·2·23 AWG	4 230	Meter	2,60 €	10 998,00 €
1.5.	Auflegen der Einzeladern je Leitungsende	272	Stück	8,00 €	576,00 €
1.6.	Messung und Protokollierung je RJ45-Port	72	Stück	7,00 €	1 940,40 €
1.7.	Vorhandene Sockelleisten demontieren/montieren	538,90	Meter	8,00 €	4 311,20 €
1.8.	Vorhandene PVC-Kanäle öffnen und schließen	321,40	Meter	2,00 €	642,40 €
1.9.	Vorhandene Stahlblechkanäle öffnen und schließen	33,20	Meter	2,00 €	66,40 €
1.10.	Vorhandene Cat-Leitungen demontieren	4 344	Meter	0,50 €	2172,00 €
1.11.	Vorhandene Cat-3-Doppeldosen demontieren	145	Stück	3,00 €	435,00 €
1.12.	Vorhandene Patchfelder demontieren	7	Stück	30,00 €	210,00 €

Bild 1.5 Auftrag für Datennetzarbeiten (Auszug)

Die Prüfung und Wertung und Beauftragung des konkreten Angebots richten sich nach den Vorgaben des Auftraggebers bei den versendeten Aufforderungen zur Abgabe eines Angebots. Die entsprechende Fachliteratur ist heranzuziehen.

In der Regel ist die Kostenaufstellung (Bild 1.3) Bestandteil des Auftrags (**Bild 1.5**) und damit Grundlage für die Rechnungsstellung.

1.6.3.3 Aufmaß

Wie ist der Begriff Aufmaß definiert?

Aufmaß ist die Feststellung des Umfangs einer Leistung bei einem Werk, insbesondere bei einem Bauvertrag. Es stellt aber, auch wenn es gemeinschaftlich vorgenommen wird, noch nicht die Abnahme des Werks dar. Es wird auf der Grundlage der Positionen des Auftrags und bezogen auf die Räume, in denen die Leistungen erbracht wurden, erstellt.

Was sind die wichtigsten Angaben in einem Aufmaßblatt?

- Name der ausführenden Firma,
- Adresse der ausführenden Firma,
- Telefon- und Faxnummer oder E-Mail-Adresse,
- Nummer des Aufmaßblatts,
- Bezeichnung der ausgeführten Leistung, die aufgemessen wird,
- Bezeichnung des Gebäudes, in dem die Leistung ausgeführt wurde,
- Angabe der Örtlichkeiten, z. B. Zimmernummern, in denen die Arbeiten verrichtet wurden,
- Titel und Positionsnummern der Leistungen, entsprechend dem Leistungsverzeichnis (LV) im Vertrag,
- Leistung mit Positionsnummer aus dem LV und Angabe der Menge (z. B. Stückzahl, Länge) zugeordnet der Örtlichkeit, wo die Leistung in dem Umfang erbracht wurde,
- Summierung der einzelnen Leistungen nach Positionsnummern des LV,
- Datum der Aufmaßerstellung,
- Unterschrift des Aufmaßerstellers der ausführenden Firma,
- Unterschrift des Bauleiters nach Angabenprüfung zur Anerkennung des Aufmaßes.

Bild 1.6 zeigt das Beispiel zu einem Aufmaß für Arbeiten am Datennetz (Auszug). Dabei bildet der Auftrag (Bild 1.5) die Grundlage.

Beispiel

Nr. 1 Firmenstempel mit Firmenname, Adresse, Telefon, Fax, E-Mail,
durchgeführte Arbeiten: Austausch von Datenleitungen.

Verwaltungsgebäude Block 5 / Positionen	**16er-Patchfeld**	**RJ45-Steckvorrichtung**	**Doppelsteckdose, mit Beschriftung**	**Datenleitung Cat. 6 STP/S PIMF 4·2·23 AWG**	**Auflegen der Einzeladern je Leitungsende**	**Messung und Protokollierung je RJ45-Port**	**Vorhandene Sockelleisten demontieren und wiederverwenden**	**Vorhandenen PVC-LF-Kanal bis 300 mm öffnen/schließen**	**Vorhandenen Stahlblech-LF-Kanal 200 mm öffnen/schließen**	**Vorhandene Cat-3-Leitung entfernen**	**Vorhandene Cat-3-Doppelsteckdose demontieren**	**Vorhandenes 32er-Patchfeld demontieren**
Titel 1 Position 1.1 bis 1.12	1.1	1.2	1.3	1.4	1.5	1.6	1.7	1.8	1.9	1.10	1.11	1.12
Menge	Stück	Stück	Stück	Meter	Stück	Stück	Meter	Meter	Meter	Meter	Stück	Stück
Raum 48	0	0	2	87	2	4	3,9	0	0	77	2	0
Raum 47	0	0	2	73	2	4	6,3	5,1	0	31	2	0
Raum 46	0	0	2	59	2	4	6,6	0	0	49	2	0
Raum 46B	0	0	2	45	2	4	6,7	0	0	36	2	0
Raum 44	0	0	1	15	1	2	3,3	0	0	0	1	0
Raum 42	0	0	1	10,5	1	2	3,6	0	0	5,5	1	0
Raum 39	0	0	1	42	1	2	1,3	0	0	37	1	0
Raum 41	0	0	2	73	2	4	4,5	0	0	63	2	0
Raum 43	0	0	2	77	2	4	13,3	2,8	0	67	2	0
Raum 45	0	0	2	52	2	4	7,5	0	0	73	2	0
Raum 49	0	0	2	32	2	4	6,7	0	0	79	2	0
Raum 51	0	0	3	17,5	3	6	0	5,6	0	116	3	0
Raum 52	0	0	14	0	14	0	0	8,4	0	0	1	0

Verwaltungsgebäude Block 5 / Positionen	**16er-Patchfeld**	**RJ45-Steckvorrichtung**	**Doppelsteckdose, mit Beschriftung**	**Datenleitung Cat. 6 STP/S PIMF 4·2·23 AWG**	**Auflegen der Einzeladern je Leitungsende**	**Messung und Protokollierung je RJ45-Port**	**Vorhandene Sockelleisten demontieren und wiederverwenden**	**Vorhandenen PVC-LF-Kanal bis 300 mm öffnen/schließen**	**Vorhandenen Stahlblech-LF-Kanal 200 mm öffnen/schließen**	**Vorhandene Cat-3-Leitung entfernen**	**Vorhandene Cat-3-Doppelsteckdose demontieren**	**Vorhandenes 32er-Patchfeld demontieren**
Titel 1 Position 1.1 bis 1.12	1.1	1.2	1.3	1.4	1.5	1.6	1.7	1.8	1.9	1.10	1.11	1.12
Menge	Stück	Stück	Stück	Meter	Stück	Stück	Meter	Meter	Meter	Meter	Stück	Stück
Raum 53	0	0	2	18	2	4	0	6,6	0	0	1	0
Raum 17	0	0	1	12,5	1	2	0	2,6	0	0	1	0
Raum 15	0	0	3	51,5	3	6	0	8,4	0	0	2	0
Raum 22	0	0	1	31,5	1	2	4	3,1	0,3	0	1	3
Raum 23	0	0	2	81	2	4	6,8	3	0,3	71	2	0
Raum 20	0	0	1	46,5	1	2	3,7	0	0	41,5	1	0
Raum 19	0	0	2	102	2	4	6,6	0	0	92	2	0
Raum 17	0	0	2	116	2	4	5,8	0	0	106	2	0
Raum 30	0	0	1	62	1	2	3,6	0	0	57	1	0
Raum 5	0	0	1	65	1	2	0,8	0	0	60	1	0
Raum 3	0	0	1	10	1	2	4,8	0	0	5	1	0
Summe	0	0	53	1 179	53	78	100,7	45,6	0,3	1 065	38	3

Aufmaß erstellt am ……….. aufgestellt von …………………… geprüft und anerkannt von …………………………..

Bild 1.6 Aufmaß für Arbeiten am Datennetz (Auszug) zum Auftrag in Bild 1.5

1.6.3.4 Die Rechnung

Nachdem die Firma gemäß dem jeweils angewandten Vergabeverfahren (nach BGB, VOB und dergleichen) ausgewählt und beauftragt wurde, erbringt sie die Leistungen. Für die vertragsgerecht erbrachte Leistung kann die Firma eine Rechnung stellen. Die Rechnungsstellung richtet sich nach den vertraglichen Vereinbarungen.

1.6.3.4.1 Wichtige Angaben in einer Rechnung

Welche wesentlichen Angaben enthält eine Rechnung?
(Aufzählung nicht abschließend)

- Angabe der Art der Rechnung (Rechnung, Abschlagsrechnung mit Nr., Schlussrechnung),
- Ort und Rechnungsdatum,
- Angabe des Gegenstands der Rechnung mit zugehörigem Auftrag,
- Titel und Positionen nach Leistungsverzeichnis (LV) des Auftrags,
- die in Rechnung zu stellenden Leistungen unter dem Titel und der jeweiligen Position im LV des Auftrags,
- die zu bezahlenden Massen (Stück, Meter) aus dem Aufmaß,
- die Kosten für die einzelnen Positionen, resultierend aus der Masse im Aufmaß und dem Einheitspreis im Auftrag,
- Bankverbindung.

1.6.3.4.2 Beispiel einer Rechnung

Bild 1.7 zeigt das Beispiel zu einer Rechnung für Arbeiten am Datennetz (Auszug). Die hier in Rechnung gestellten Leistungen sind unter dem Titel und der jeweiligen Position im LV des Auftrags (Bild 1.5) dargestellt. Die zu bezahlenden Massen (Stück, Meter) wurden aus dem Aufmaß (Bild 1.6) ermittelt. Die Kosten für die einzelnen Positionen resultieren aus den Massen im Aufmaß (Bild 1.6) und dem Einheitspreis im Auftrag (Bild 1.5).

Ort des Firmensitzes, mit Datum der Rechnung
Abschlagsrechnung Nr. 1
Austausch von Datenleitungen im Verwaltungsgebäude Block 5 laut Ihrem Auftrag Nr. A 1417 vom 15.7.2007
Titel 1

1.3	Doppelsteckdosen austauschen, mit Beschriftung	53	Stück	2 120,00 €
1.4	Datenleitung Cat 6 STP/S PIMF 4·2·23 AWG	1 179,00	Meter	3 065,40 €
1.5	Auflegen der Einzeladern je Leitungsende	53	Stück	424,00 €
1.6	Messung und Protokollierung je RJ45-Port	78	Stück	546,00 €
1.7	Vorhandene Sockelleisten demontieren/montieren	100,70	Meter	805,60 €
1.8	Vorhandene PVC-Kanäle öffnen und schließen	45,60	Meter	91,20 €
1.9	Vorhandene Stahlblechkanäle öffnen und schließen	0,30	Meter	0,60 €
1.10	Vorhandene Cat-Leitungen demontieren	1 065,00	Meter	532,50 €
1.11	Vorhandene Cat-3-Doppeldosen demontieren	38	Stück	114,00 €
1.12	Vorhandene Patchfelder demontieren	3	Stück	90,00 €

Summe inkl. Mehrwertsteuer 7 789,30 €

Bild 1.7 Rechnung für Datennetzarbeiten (Auszug)

Der Auftragnehmer sollte bei der Erstellung der Rechnung u. a. Folgendes beachten:

- Auf der Rechnung muss der zugehörige Auftrag nachvollziehbar sein (Angabe der Auftragsnummer/Bezeichnung/Datum).
- Die Positionsnummern und die Positionen der Leistungsbeschreibung aus dem Auftrag sollen im Aufmaß und in der Rechnung für die abzurechnenden Leistungen enthalten sein. Damit lässt sich die vertragsgerechte Ausführung und Abrechnung nachvollziehen.
- Die Menge der zu bezahlenden Leistung auf der Rechnung soll mit der Leistungsmenge aus dem Aufmaß zur Rechnung als Zahlungsbasis übereinstimmen und nachvollziehbar sein.

Die Auftragsabwicklung und Abrechnung ist auf den konkreten Fall bezogen zu betrachten, unter Anwendung der jeweiligen Fachliteratur.

1.6.4 Literatur zu 1.6

[1] Bürgerliches Gesetzbuch (BGB) vom 2. Januar 2002. BGBl. I 54 (2002) Nr. 2 vom 8.1.2002, S. 42–341 (Berichtigung BGBl. I 54 (2002) Nr. 53 vom 31.7.2002, S. 2 909 und BGBl. 55 (2003) Nr. 21 vom 30.5.2003, S. 738). – ISSN 0341-1095

[2] *Jackisch, J.*: Elektrische Anlagen und Bauordnungsrecht. VDE-Schriftenreihe 131. Berlin · Offenbach: VDE VERLAG, 2014. – ISBN 978-3-8007-3563-1, ISSN 0506-6719

[3] RBBau – Richtlinien für die Durchführung von Bauaufgaben des Bundes. Bundesministerium für Verkehr, Bau- und Stadtentwicklung – BMVBS (Hrsg.). Loseblattsammlung. Köln: Dt. Bundes-Verlag, 2014. – ISBN 978-3-923106-71-4

[4] *Locher, H.*; *Koeble, W.*; *Frik, W.*: Kommentar zur HOAI. Köln: Werner-Verlag, 2014. – ISBN 978-3-8041-4778-2

[5] *Creifelds, C.* (Begr.); *Weber, K.* (Hrsg.); *Cassardt, G.* (Bearb.) (u. a.): Rechtswörterbuch. München: C. H. Beck, 2014. – ISBN 978-3-406-63871-8

[6] Richtlinien 250 (Leistungsbeschreibung) in: VHB Bayern – Handbuch für die Vergabe und Durchführung von Bauleistungen durch Behörden des Freistaates Bayern. Oberste Baubehörde im Bayerischen Staatsministerium des Innern (Hrsg.). Stand: August 2014. München: Bayerisches Staatsministerium des Inneren, für Bau und Verkehr. – Onlinedokument unter: www.stmi.bayern.de/assets/stmi/buw/bauthemen/iiz5_vergabe_bauauftraege_vhb_vhb_bayern.pdf

[7] VHB Bayern – Handbuch für die Vergabe und Durchführung von Bauleistungen durch Behörden des Freistaates Bayern. Oberste Baubehörde im Bayerischen Staatsministerium des Innern (Hrsg.). Stand: August 2014. München: Bayerisches Staatsministerium des Inneren, für Bau und Verkehr. – Onlinedokument unter: www.stmi.bayern.de/assets/stmi/buw/bauthemen/iiz5_vergabe_bauauftraege_vhb_vhb_bayern.pdf

1.7 Zusammenwirken von Bauherr/Nutzer, Planer und ausführende Firma beim Bau einer Telefonanlage [1]

Für die klassische digitale Telefontechnik (**Bild 1.8**) wird derzeit teilweise noch eine eigene Infrastruktur im Gebäude errichtet. Dabei werden die Anlagenteile untereinander mit Kupferleitungen direkt verbunden. Die Endgeräte können auch über Schnittstellen mit Kupferleitungen direkt verbunden werden. Über leitungsgebundene definierte Schnittstellenprotokolle, wie S_0 oder S_{2M}, erfolgt die Verständigung der Anlagenteile untereinander.

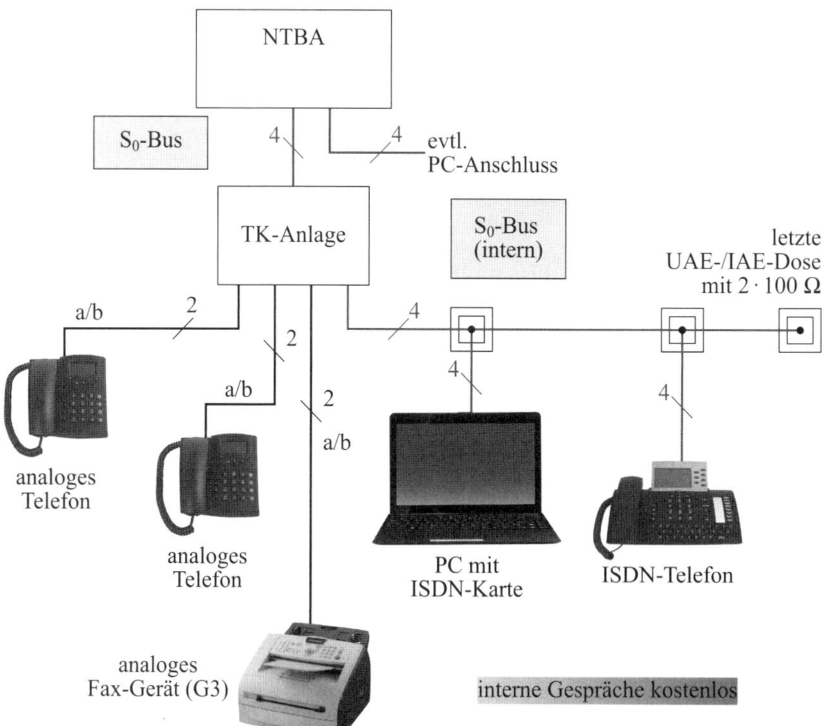

Bild 1.8 Aufbau einer digitalen Telefontechnik

Bei der Planung und Errichtung einer solchen TK-Anlage ist die enge Zusammenarbeit bereits während der Grundlagenermittlung und Definition der Rahmenbedingungen zwischen dem Nutzer, dem Planer und der Errichterfirma notwendig. Beispielhaft soll in diesem Abschnitt auf die zu klärenden Fragen vor dem Baubeginn einer Telefonanlage eingegangen werden.

1.7.1 Fragen vor dem Baubeginn

Welche Fragen sind vor Baubeginn einer Telefonanlage von allen Beteiligten Bauherr/Nutzer, Planer/Bauleiter, Auftragnehmer/ausführende Firma zu bearbeiten?

Der Nutzer hat u. a. nachstehende Fragen bei einer bestehenden Anlage zu klären:

- Wie ist der Zustand des vorhandenen Netzes?
- Kann die Dokumentation des vorhandenen Netzes gemäß Instandhaltungsvertrag vorgelegt werden?
- Gibt es Unterlagen, wie Baupläne und Schemata, zum vorhandenen HVT?
- Gibt es Planunterlagen für ggf. notwendigen neuen Standort?
- Kann die Anbindung zu ggf. notwendigen abgesetzten Anlagen innerhalb der Entfernung von 500 m erfolgen?
- Gibt es Festverbindungen, die von Dritten angemietet sind?
- Können die Festverbindungen, die von Dritten angemietet sind, in der Art weiterbetrieben werden?

Für die künftige Nutzung der neuen TK-Anlage sind vom Nutzer u. a. folgende Fragen zu den Nutzerdaten und notwendigen Festlegungen zu beantworten:

- Wer hat welche Berechtigungen?
- Wie sind die Merkmale bzw. Freigaben der Entgelterfassung geregelt?
- Kann der vorhandene Rufnummernplan und Rufnummernblock beibehalten werden?
- Welche organisatorischen Maßnahmen sind bei einer unumgänglichen Änderung des Rufnummernplans notwendig?
- Wie erfolgt die Handhabung der externen Rufumleitung?
- Ist ein bestehender Mietvertrag zu kündigen?
- Ist die Kündigung eines bestehenden Instandhaltungsvertrags notwendig?
- Sind die Netz-Zugangsziffern für Call-by-Call-Verbindungen gesperrt?
- Gibt es Kurzbeschreibungen für die Apparate zur Inbetriebnahme?

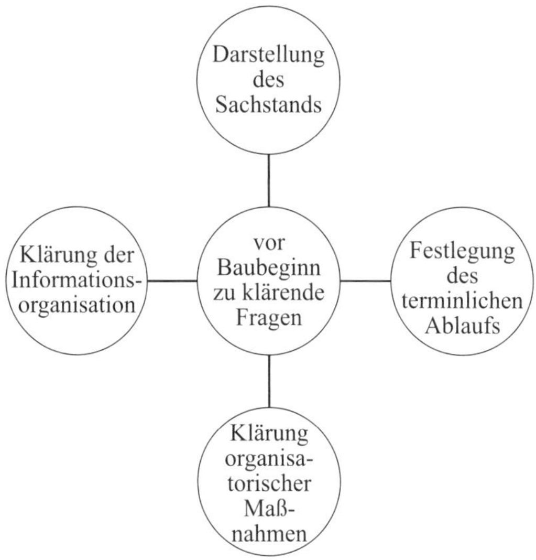

Bild 1.9 Vor Baubeginn einer Telefonanlage zu klärende Fragen

Sind vom Nutzer die o. g. Fragen beantwortet bzw. die in den Fragen enthaltenen Anforderungen und Aufgaben erfüllt, und ist eine Firma mit den Arbeiten beauftragt, sollte vor dem Baubeginn ein Gespräch aller Beteiligten – Bauherr/Nutzer, Planer/Bauleiter, Auftragnehmer/ausführende Firma – stattfinden, ein sog. „Startgespräch". Dabei sind die in **Bild 1.9** dargestellten Punkte zu klären und die Antworten festzuschreiben.

Beispielhaft werden im Folgenden wichtige Fragen, die beim „Startgespräch" zu beantworten sind, aufgelistet. Dabei erfolgt eine in der Praxis bewährte Zuordnung der Zuständigkeiten der am Projekt Beteiligten.

1.7.1.1 Darstellung des Sachstands

Der Planer gibt einen Sachstandbericht zum Anlagenumfang auf der Grundlage des Ausschreibungsergebnisses. Welche Fragen z. B. zu beantworten sind und wer das sinnvollerweise durchzuführen hat, ist in **Bild 1.10** dargestellt.

Wo befindet sich der Standort des HVT?	Wer klärt es?	Bauleiter, Nutzer, ausführende Firma
Ist das vorhandene Netz für die Ausführung geeignet?	Wer klärt es?	Bauleiter, Nutzer, ausführende Firma
Welche zusätzlichen Maßnahmen am Netz und/oder am Gebäude sind erforderlich?	Wer klärt es?	Bauleiter, Nutzer, ausführende Firma
Wie erfolgt die Stromversorgung mit Potentialausgleich und Trassenführung?	Wer klärt es?	Bauleiter, Nutzer, ausführende Firma mit beauftragtem Elektriker
Was ist für die Umschaltung abzuklären (Platzbedarf, Länge der Systemleitung usw.)?	Wer erledigt es?	ausführende Firma, Bauleiter, Nutzer
Womit wird die Redundanz während der Umschaltung geschaffen (z. B. schalttechnische Maßnahmen)?	Wer klärt es?	ausführende Firma, Bauleiter, Nutzer

Bild 1.10 Sachstandfragen und Zuständigkeiten beim Bau einer TK-Anlage

1.7.1.2 Klärung der Informationsorganisation

Um während der Abwicklung der Baumaßnahme Informationsverluste zwischen den Beteiligten zu vermeiden, ist der Informationsfluss klar zu regeln (**Bild 1.11**).

Wie findet der Informationsfluss zwischen den bei der Maßnahme Beteiligten statt?	Wer klärt es?	Planer, Nutzer

Bild 1.11 Informationsfluss und Zuständigkeiten beim Bau einer TK-Anlage

1.7.1.3 Festlegung des terminlichen Ablaufs

Die Erstellung eines festen Zeitplans mit Zwischenterminen ist für die Einhaltung des Inbetriebnahmetermins notwendig. Dazu sind beispielsweise die Fragen und Zuständigkeiten in **Bild 1.12** zu klären.

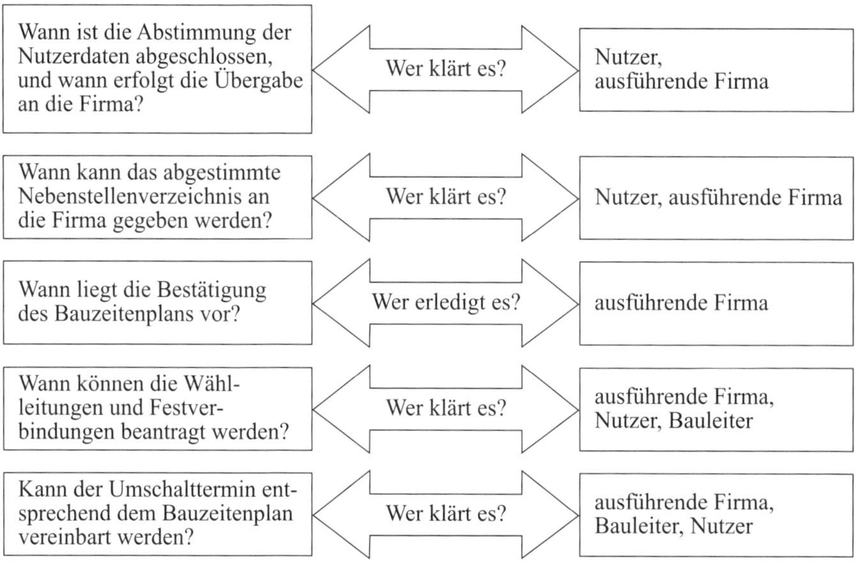

Bild 1.12 Fragen zum Terminablauf und Zuständigkeiten beim Bau einer TK-Anlage

1.7.1.4 Klärung organisatorischer Maßnahmen

In **Bild 1.13** werden beispielhaft wichtige Fragen zu organisatorischen Maßnahmen beim Bau einer TK-Anlage und die jeweiligen Zuständigkeiten dargestellt.

Wer hat der ausführenden Firma auf der Baustelle Anweisungen zu erteilen?

Hier ist es, wie die Praxis zeigt, wichtig, dass nur der vom Bauherrn beauftragte Bauleiter der Firma vor Ort weisungsberechtigt ist. Da alle Einzelheiten bei der Planung und beim ersten Gespräch mit dem Bauherrn/Nutzer, Planer und Auftragnehmer/ausführende Firma abgestimmt und festgelegt sind, hat der Bauleiter nur noch die Umsetzung zu koordinieren und zu überwachen. Anweisungen von Angehörigen/Bediensteten oder Angestellten des Nutzers an die Firma führen zu diesem Zeitpunkt zu Verwirrungen und gefährden den Erfolg der Maßnahme.

Wie erfolgt die Übergabe der Checklisten „Projektorganisation“ an den Nutzer?	Wer klärt es?	Planer/Bauleitung
Wer erstellt die Neuorganisation des Rufnummernplans?	Wer erledigt es?	Nutzer
Wie sind Form und Inhalt des Inkasso-Systems bzw. der Entgeltabrechnung zu gestalten?	Wer klärt es?	Nutzer, ausführende Firma
Wie erfolgt die Umstellung der Faxkennung an bestehenden Faxgeräten?	Wer klärt es?	Nutzer, ausführende Firma
Wie wird die Rufumleitung für bestehende Fax-Nummern bei Neuorganisation des Rufnummernplans sichergestellt?	Wer klärt es?	ausführende Firma, Bauleitung, Nutzer
Was beinhaltet die hausinterne Information über die Umstellung der TK-Anlage?	Wer klärt es?	ausführende Firma, Bauleitung, Nutzer
Wer erstellt die Kurzbeschreibung zur Bedienung der Apparate und Nebenstellen?	Wer erledigt es?	ausführende Firma, Nutzer
Wie erfolgt die Organisation des Zugangs und die Festlegung der Reihenfolge beim Austausch der Anlage?	Wer klärt es?	ausführende Firma, Bauleitung, Nutzer
Wie werden unumgängliche Regieleistungen abgewickelt, und wie kann deren Anzahl begrenzt werden?	Wer klärt es?	Bauleiter, ausführende Firma
Welche PIN/Code-Nummern werden festgelegt?	Wer klärt es?	ausführende Firma, Nutzer

Bild 1.13 Organisatorische Maßnahmen und Zuständigkeiten beim Bau einer TK-Anlage

Wie soll die Freischaltung von Privatgesprächen geregelt werden?	Wer klärt es?	ausführende Firma, Nutzer
Wie ist die Einweisung zu regeln?	Wer klärt es?	Nutzer, Bauleiter, ausführende Firma
Was ist bei der Abnahme und Übergabe an den Nutzer zu regeln?	Wer klärt es?	ausführende Firma, Bauleiter, Nutzer
Sind Festlegungen zum Netzverbund für abgesetzte Anlagen, S_0-FV, S_{2M}-FV usw. zu treffen?	Wer klärt es?	Nutzer, Auftragnehmer
Welche Festlegungen sind bei der Vermittlung in Bezug auf Anzahl der Vermittlungsplätze, Besetzteinrichtungen usw. ggf. durch eine Bemusterung zu treffen?	Wer klärt es?	Nutzer, Auftragnehmer
Welcher Instandhaltungsumfang ist notwendig festzulegen?	Wer klärt es?	Planer und Bauleiter, Nutzer
Wie soll bei umfangreichen Projekten die Erstellung und Prüfung der Rechnungen erfolgen?	Wer klärt es?	ausführende Firma, Bauleiter als Vertreter des Nutzers
Wie erfolgt die Abnahme und Übergabe der Anlage an den Nutzer?	Wer klärt es?	ausführende Firma, Bauleiter, Nutzer

Bild 1.13 (*Fortsetzung*) Organisatorische Maßnahmen und Zuständigkeiten beim Bau einer TK-Anlage

1.7.2 Literatur zu 1.7

[1] *Schmidt, S. A.*: VoIP (Voice over IP), Beispiel: Universität Passau. Vortrag anlässlich einer Fachtagung für Elektrotechnik der Bayerischen Staatsbauverwaltung im Jahr 2007 (nicht veröffentlicht). bbs-project AG, Tiefenbach (Landshut): www.bbs-project.ag

1.8 Zusammenwirken verschiedener Fachplaner bei der Planung und Errichtung einer Brandmeldeanlage [1]

1.8.1 Anforderungen an den Brandschutz

Welche Anforderungen werden an den Brandschutz gestellt?

Zu den Anforderungen an den Brandschutz zeigt **Bild 1.14** eine zusammenfassende Übersicht.

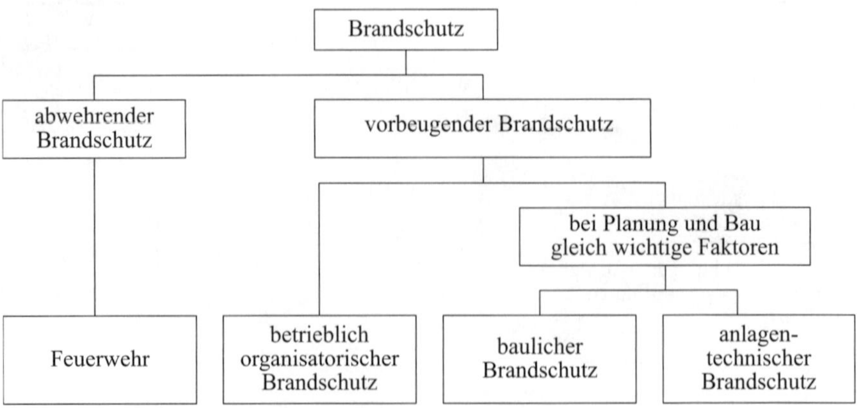

Bild 1.14 Einordnung von baulichem und anlagentechnischem Brandschutz

Am Beispiel des Flughafens München Terminal 2 soll im Folgenden die Komplexität des anlagentechnischen Brandschutzes dargestellt werden. Die bauliche Anlage hat acht Ebenen mit folgenden Funktionen:

Ebene 01: Tunnelbauwerke,

Ebene 02: Technikebene mit Anlieferung/Lager,

Ebene 03: Ankunftsebene/Gepäckförderanlage,

Ebene Z3: Gepäckförderanlage,

Ebene 04: Abflug mit zentralem Check-in/Sicherheitskontrolle, Schengen,

Ebene 05: Non-Schengen,

Ebene 06: Unclean-Ankunft, HCC, Dachtechnikzentralen,

Ebene 07: Besucherterrasse.

Die Grundrissflächen der am stärksten von Passagieren frequentierten Bereiche liegen in

Ebene 03: 75 000 m^2,
Ebene 04: 75 000 m^2,
Ebene 05: 57 000 m^2.

Diese sind für die brandschutztechnische Betrachtung von besonderer Bedeutung.

Woraus ergeben sich die Anforderungen für den anlagentechnischen Brandschutz?

- Das Terminal 2 ist ein Gebäude am Münchner Flughafen. Gebäude an Flugplätzen fallen in den Anwendungsbereich der Bayerischen Bauordnung (siehe VDE-Schriftenreihe 131 [2]).
- Nach Art. 2 BayBO ist es ein Gebäude besonderer Art und Nutzung (siehe VDE-Schriftenreihe 131 [2]).
- Das Gebäude hat eine große Ausdehnung.
- Es ist täglich mit großen Menschenansammlungen zu rechnen.
- Ein hoher Technisierungsgrad ist gegeben.
- Multifunktionalität ist typisch für die Nutzung.
- Für Abfertigungsgebäude an Flughäfen gibt es keine definierten Vorschriften.

Diese Gegebenheiten fließen in das Brandschutzkonzept ein. Basis der Planung ist ein speziell auf das Gebäude ausgelegtes schutzzielorientiertes Brandschutzkonzept (siehe VDE-Schriftenreihe 131 [2]). Die Baugenehmigung mit möglichen Auflagen zur Sachverständigenprüfung nach Sicherheitsanlagen-Prüfverordnung (SprüfV) ist ebenfalls Planungsgrundlage.

1.8.2 Anlagentechnischer Brandschutz

Bild 1.15 zeigt Beispiele für technische Anlagen, die bei der Planung des anlagentechnischen Brandschutzes für das Terminal 2 im Zusammenhang und in bestimmten Abhängigkeiten zueinander stehen.

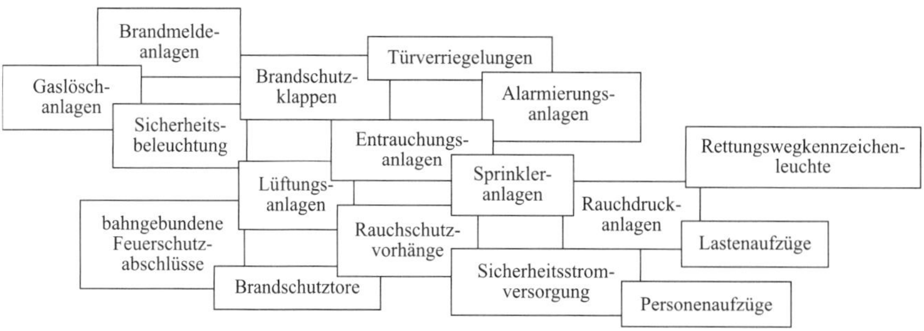

Bild 1.15 Bestandteile des anlagentechnischen Brandschutzes – Beispiele

Zu den Bestandteilen des anlagentechnischen Brandschutzes Bild 1.15 werden in **Tabelle 1.6** Schwerpunkte genannt und im Folgenden grob skizziert.

Gaslöschanlage Aufbau und Funktion Gaslöschanlage	**Feuerschutzrolltor** • Betrieb eines Feuerschutzrolltors, • Testmöglichkeit für an schwer zugänglichen Orten montierte Rauchmelder	**Entrauchungsanlage** natürliche Entrauchung • natürliche Entrauchung von Aufzugsschächten, • Installationsbeispiele des natürlichen Entrauchungssystems für – einen Standardschacht, – eine bauseitig vorhandene Brandmeldezentrale, – eine Sonderprojektierung Doppelschacht/eine Rauchabzugsöffnung, Schachthöhe max. 30 m
Sicherheitsbeleuchtung/ Rettungswegkennzeichenleuchte • Aufgaben der Sicherheitsbeleuchtung/Rettungswegkennzeichenleuchte	**Bahngebundene Feuerschutzabschlüsse** • System der Feuerschutzabschlüsse bei bahngebundenen Förderanlagen	**Sprinkleranlage** • Funktionsweise von Sprinkler und Sprinkleranlage
Personenaufzug/Lastenaufzug • wesentlicher Unterschied	**Rauchschutzvorhang** • Betrieb eines Rauchschutzvorhangs	**Rauchdruckanlage (RDA)** • Funktionsweise einer Rauchdruckanlage (RDA)
Türverriegelung • Systemübersicht für Einzel- und Mehrtürenlösungen, • Einbindung der Türsteuerung/ Verriegelung in LON, • mögliche Umsetzung der gegensätzlichen sicherheitstechnischen Anforderungen in Rettungswegen	**Rauchschutzvorhang** • Betrieb eines Rauchschutzvorhangs	**Sicherheitsstromversorgung** • Stromkreisaufteilung bei elektrischen Anlagen für Feuerlöschanlagen, Druckerhöhungsanlagen zur Löschwasserversorgung, Rauch- und Wärmeabzugsanlagen, Anlagen zur Rauchfreihaltung von Rettungswegen, Feuerwehraufzüge und Personenaufzüge mit Brandfallsteuerung, • Anforderungen an die Stromquelle für Sicherheitszwecke bei Einrichtungen für Sicherheitszwecke
	Lüftungsanlagen • Unterschied zwischen Klimaanlagen und Lüftungsanlagen, • Sensorik eines Lüftungskanals	**Brandmeldeanlagen** • Anforderungen sind nach DIN VDE 0833-2:2009-06 [3] für Brandmeldeanlagen, • Festlegungen für Anlagen zu Sprachalarmierung im Brandfall nach DIN VDE 0833-4:2014-10 [4]

Tabelle 1.6 Schwerpunkte zu Beispielen des anlagentechnischen Brandschutzes

Aus den nachstehenden Erläuterungen wird die technische Komplexität jedes einzelnen Bestandteils deutlich, die beim Zusammenführen zu einem funktionierenden technischen Brandschutzsystem in Einklang gebracht werden muss. Für die Planung und Errichtung eines anlagentechnischen Brandschutzes ist deshalb die enge Abstimmung und Mitarbeit aller Fachplaner zwingend notwendig, die für die Planung verantwortlich sind.

In den Verordnungen und Richtlinien in Kapitel 2 werden diese Anlagen bauordnungsrechtlich gefordert und jeweils schaltungstechnische Anforderungen gestellt.

1.8.2.1 Gaslöschanlagen

Bei baulichen Anlagen müssen nach Art. 12 BayBO „Brandschutz" wirksame Löscharbeiten möglich sein (**Bild 1.16**), siehe auch VDE-Schriftenreihe 131 [2]. Die Forderung kann z. B. durch Einbau der nachfolgend beschriebenen Technik

- Gaslöschanlage und
- Sprinkleranlage

erfüllt werden.

Bayerische Bauordnung Art. 12 **Brandschutz**
... Bauliche Anlagen sind so anzuordnen, zu errichten, zu ändern und instand zu halten, dass ... bei einem Brand ... wirksame Löscharbeiten möglich sind.

Bild 1.16 Auszug aus Art. 12 BayBO „Brandschutz", siehe auch VDE-Schriftenreihe 131 [2]

1.8.2.2 Wie gestalten sich Aufbau und Funktion einer Gaslöschanlage, Bild 1.17? [5]

Alle zu schützenden Gebäudebereiche werden durch ein druckloses Netz aus Rohrleitungen und offenen Löschdüsen abgedeckt. Das Löschmittel gelangt durch dieses Netz unter hohem Druck zu den Löschdüsen und verteilt sich im zu schützenden Gebäudebereich gleichmäßig. Die Löschwirkung beruht auf der Verdrängung des Sauerstoffs vom Brandherd. Das Feuer wird erstickt, und das Wärmebindungsvermögen der Löschgase wirkt zusätzlich.

Vor der Flutung mit dem Gas wird im zu schützenden Gebäudebereich ein Alarm ausgelöst und die Evakuierung eingeleitet. Gleichzeitig können technische Einrichtungen bedient und die Türen und andere Öffnungen geschlossen werden. Durch die Aktivierung weiterer lokaler Alarmsysteme wird eine Meldung an eine ständig besetzte Stelle (z. B. Feuerwehr) gesendet. Nach der Brandbekämpfung ist das System durch den Austausch der Gasflaschen schnell wieder betriebsbereit. Kohlendioxid (CO_2) ist ein anerkanntes Löschgas für den Schutz von Anlagentechnik und Räumen.

Bild 1.17 zeigt ein Beispiel für eine Gaslöschanlage.

a)

b)

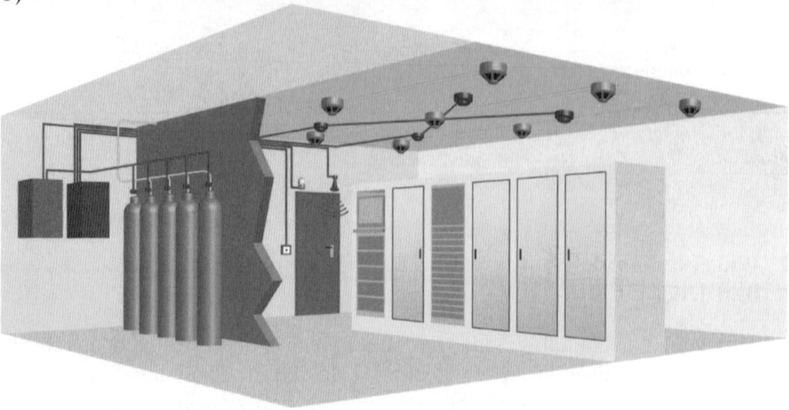

Bild 1.17 Beispiel einer Gaslöschanlage – a) Gasflaschen der Hauptbatterie, b) prinzipieller Aufbau Quelle: Calanbau Brandschutzanlagen GmbH, Sarstedt [5]

1.8.2.3 Sprinkleranlagen

Im **Bild 1.18** wird ein mögliches Anlagenschema der Sprinklertechnik gezeigt.

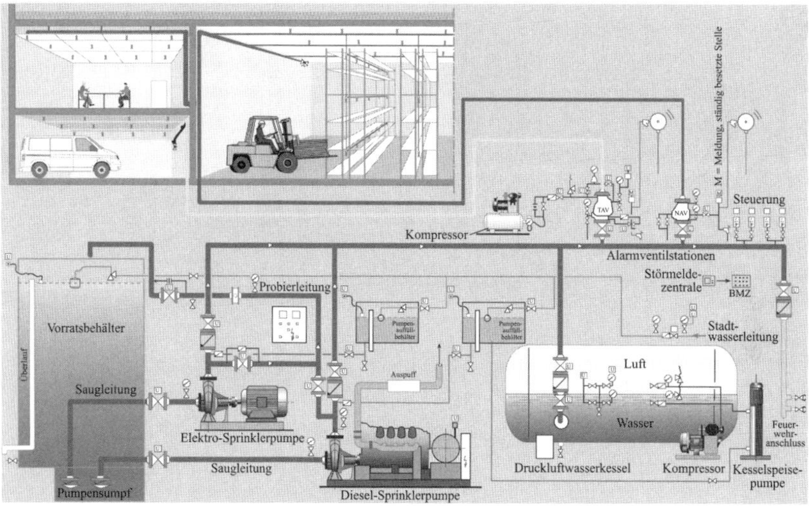

Bild 1.18 Anlagenschema einer Sprinkleranlage im Beispiel
Quelle: Calanbau Brandschutzanlagen GmbH, Sarstedt [5, 6]

Wie funktionieren Sprinkler und Sprinkleranlage? [6]

Das Verteilerrohrnetz und eine eigene gesicherte Wasserversorgung sind die wichtigsten Bestandteile einer Sprinkleranlage. Die Sprinkler befinden sich in den Strangrohren und werden entsprechend des Brandrisikos verteilt. Nur die Sprinkler, die sich unmittelbar in der Nähe des Feuers befinden, werden im Fall eines Brands ausgelöst. Ein Glasrohr, das eine Spezialflüssigkeit und einen geringen Anteil Luft enthält, ist in dem Sprinkler integriert. Die Spezialflüssigkeit dehnt sich bei Temperaturanstieg in dem Glas aus. Der Druckanstieg erfolgt so lange, bis die im Glas eingeschlossene Luft absorbiert ist. Bei weiterem Temperaturanstieg steigt der Druck schnell an, sodass das Glasrohr zerspringt und den Verschluss freigibt. Das Löschwasser wird in Form eines Spritzregens gleichmäßig über dem Brandherd verteilt. Maßgeblich für die Auslösung eines Sprinklers ist die Umgebungstemperatur.

In **Bild 1.19** wird die Funktionsweise einer Sprühwasserlöschanlage dargestellt, wie sie z. B. beim Objektschutz angewendet wird und für Großbühnen in der Versammlungsstättenverordnung (z. B. Bayern) gefordert wird, siehe Kapitel 2.7.2.10.

In Lagern und Hochregallagern werden die Sprinkler direkt in die Regale eingebaut, siehe **Bild 1.20**. Durch den dort installierten Sprinkler kann im Brandfall eine punktgenaue Löschung erfolgen. Das Feuer wird sofort unterdrückt und kann nicht auf andere Sektoren überspringen.

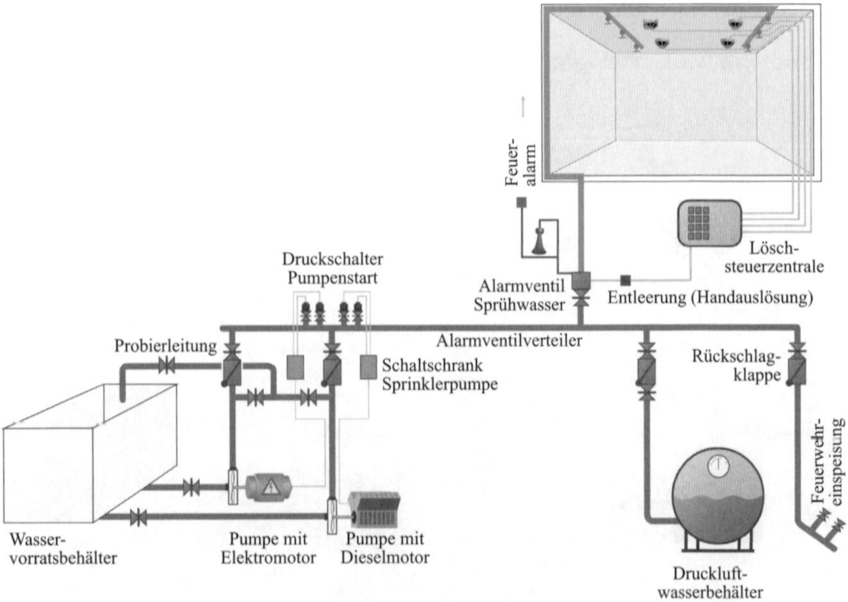

Bild 1.19 Beispiel einer Sprühwasserlöschanlage
Quelle: Calanbau Brandschutzanlagen GmbH, Sarstedt [5, 6]

Bild 1.20 Lager und Hochregallager mit direkt in die Regale eingebauten Sprinklern
Quelle: Calanbau Brandschutzanlagen GmbH, Sarstedt [5, 6]

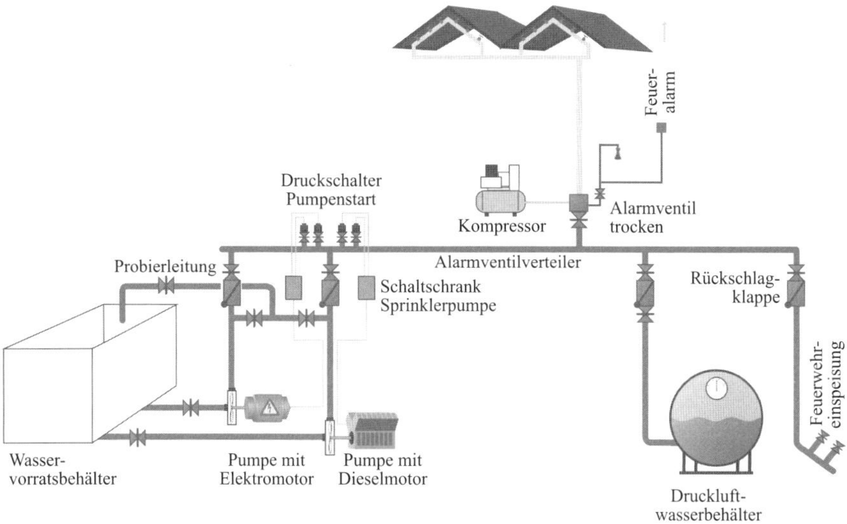

Bild 1.21 Beispiel einer Trockenanlage für frostgefährdete Bereiche
Quelle: Calanbau Brandschutzanlagen GmbH, Sarstedt [5, 6]

In den Bereichen, in denen Frostgefahr besteht und das Wasser, das in der Sprinklerleitung zur Löschung bereitsteht, eingefrieren könnte, kommen Trockenanlagen (siehe **Bild 1.21**) zum Einsatz. Bei diesen Anlagen ist das Rohrleitungsnetz, das den Umgebungen unter 5 °C ausgesetzt ist, ab dem auslösenden Sprinklerkopf mit Druckluft gefüllt. Löst ein Sprinklerkopf aus, wird die Anlage sofort mit Wasser gefüllt.

Anforderungen an das Zusammenschalten der Feuerlöschanlage und der Brandmeldeanlage sind in der DIN VDE 0833-2:2009-06 [3] enthalten, siehe Kapitel 2.6.2.4.

1.8.2.4 Sicherheitsbeleuchtung/Rettungswegkennzeichenleuchte [7]

Eine Sicherheitsbeleuchtung wird z. B. in Art. 33 BayBO (**Bild 1.22**) bzw. in den Verordnungen zur BayBO gefordert, siehe Kapitel 2. Die konkrete Ausführung wird z. B. in DIN EN 50172 (**VDE 0108-100**):2005-01 [7] geregelt. Hier wird das Zusammenwirken von Bauordnung und Energiewirtschaftsgesetz (EnWG [8]) deutlich (**Bild 1.23**), siehe auch VDE-Schriftenreihe 131 [2].

Bayerische Bauordnung Art. 33 **Notwendige Treppenräume, Ausgänge**
... *(7) ... 2 Notwendige Treppenräume ohne Fenster müssen in Gebäuden mit einer Höhe nach Art. 2 Abs. 3 Satz 2 von mehr als 13 m eine Sicherheitsbeleuchtung haben ...*

Bild 1.22 Auszug aus Art. 33 BayBO „Notwendige Treppenräume, Ausgänge“

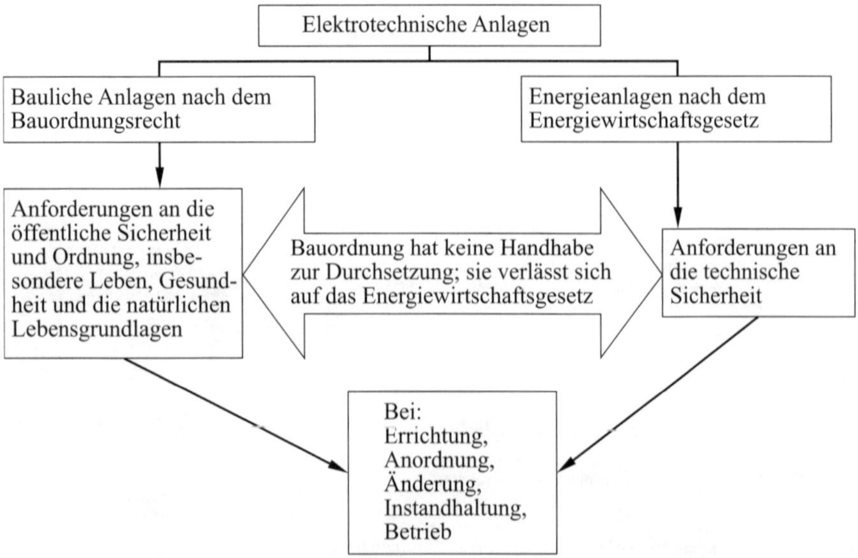

Bild 1.23 Zusammenhang Bauordnungsrecht und EnWG in Bezug auf Sicherheit bei elektrotechnischen Anlagen, siehe auch VDE-Schriftenreihe 131 [2]

Welche Aufgaben haben die Sicherheitsbeleuchtung/ Rettungswegkennzeichenleuchte? (Aufzählung nicht abschließend)

Nach DIN EN 50172 (**VDE 0108-100**):2005-01 [7], Abschnitt 4.1 „Allgemeines" stellt die Sicherheitsbeleuchtung sicher, dass bei Ausfall der allgemeinen Stromversorgung die Beleuchtung unverzüglich, automatisch und für eine vorgegebene Zeit in einem festgelegten Bereich zur Verfügung steht bzw. gestellt wird. Die Anlage ist so auszuführen, dass die Sicherheitsbeleuchtung folgende Funktionen erfüllt:

- Beleuchtung der Rettungswegzeichen (Rettungswegkennzeichenleuchte, siehe Bild 1.25),
- Beleuchtung der Wege zu den Ausgängen, um sicher in den sicheren Bereich zu gelangen (**Bild 1.24**),
- ausreichende Beleuchtung der Brandbekämpfungseinrichtungen und Meldeeinrichtungen entlang der Rettungswege,
- Erlauben von Arbeiten in Verbindung mit Sicherheitsmaßnahmen.

Die Sicherheitsbeleuchtung muss auch bei örtlichem Ausfall der allgemeinen Beleuchtung, z. B. Ausfall eines Endstromkreises, wirksam werden, nicht nur bei vollständigem Ausfall der allgemeinen Stromversorgung.

Die Sicherheitsbeleuchtung ist nicht zur Weiterführung der normalen Tätigkeiten bei Ausfall der allgemeinen Stromversorgung oder der Ersatzbeleuchtung ausgelegt.

Bild 1.24 Beispiel für Beleuchtung der Wege zu den Ausgängen mit ausreichender Beleuchtung, z. B. der Meldeeinrichtungen entlang der Rettungswege nach [7]
Quelle: Effertz Tore GmbH, Mönchengladbach [9]

1.8.2.5 Rettungswegkennzeichenleuchte

Ein Beispiel für eine Rettungswegkennzeichenleuchte zeigt **Bild 1.25**.

Bild 1.25 Beispiel für Rettungswegkennzeichenleuchte

Die Forderung von § 14 MBO und Art. 12 BayBO „Brandschutz", dass bei baulichen Anlagen der Ausbreitung von Feuer und Rauch (Brandausbreitung) vorgebeugt wird, kann u. a. mit Einsatz der nachfolgend beschriebenen Technik

- Feuerschutzrolltore,
- bahngebundene Feuerschutzabschlüsse,
- Rauchschutzvorhänge,
- Brandschutzklappen

erfüllt werden (**Bild 1.26**), siehe auch VDE-Schriftenreihe 131 [2].

Musterbauordnung § 14/Bayerische Bauordnung Art. 12 **Brandschutz**
Bauliche Anlagen sind so anzuordnen, zu errichten, zu ändern und instand zu halten, dass ... der Ausbreitung von Feuer und Rauch (Brandausbreitung) vorgebeugt wird ...

Bild 1.26 Auszug aus § 14 MBO/Art. 12 BayBO „Brandschutz“

1.8.2.6 Brandschutztor

Ein Feuerschutzrolltor der Feuerwiderstandsklasse T30 ist in **Bild 1.27** abgebildet.

Bild 1.27 Beispiel für ein Feuerschutzrolltor T30, geprüft nach DIN 4102-5 [10]
Quelle: Effertz Tore GmbH, Mönchengladbach [9]

Wie wird ein Feuerschutzrolltor betrieben? [11]

- Die Elektronik sorgt dafür, dass die Feuerschutzrolltore im normalen Betriebszustand offen gehalten werden, Bild 2.78 und Bild 2.79.
- Feuerschutzrolltore müssen Feststellanlagen haben, die bei Raucheinwirkung ein selbstständiges Schließen bewirken. Die zentrale Steuereinheit eines Feuerschutzrolltors ist die bauaufsichtlich zugelassene Feststellanlage, siehe auch VDE-Schriftenreihe 131 [2]. Anforderungen an das Zusammenwirken von Feststellanlagen und Brandmeldeanlagen sind in DIN VDE 0833-2:2009-06 [3] geregelt (siehe Kapitel 2.6.2.6).

- Für Fluchtwege sind ausschließlich Rauchmelder zulässig. Die Anzahl der Rauchmelder wird durch die Torbreite bestimmt, **Bild 1.28**.
- Im Alarmfall oder im Störungsfall schließen die Tore.
- Spricht ein Rauchmelder an oder wird die Notauslösung betätigt, wird die Energieversorgung für den Haltemagneten am Antrieb des Rolltors unterbrochen und die Antriebsbremse geöffnet.
- Das Feuerschutzrolltor schließt, reguliert über einen Fliehkraftregler im Antrieb, durch das Eigengewicht des Tors unabhängig von jeder Stromversorgung [11].
- Falls die Öffnung blockiert ist, ermöglicht die Schaltleiste ein Anhalten des sich schließenden Tors. Eine 24-V-Batterieversorgung hält bei Stromausfall diese Sicherheitseinrichtung funktionstüchtig.
- Eine Sirene, die im Auslösefall anspricht, befindet sich im Torbereich.
- Ein Beispiel für die Einbauverhältnisse für ein Feuerschutzrolltor T30 Typ II, feuerhemmend T30 nach DIN 4102-5, Zulassung Nr. Z-6.20-1939 von Fa. Effertz zeigt **Bild 1.30**.
- **Bild 1.29** zeigt beispielhaft die schematische Darstellung eines Feuerschutzrolltors. Die brandschutztechnischen Anforderungen an die Wärmebeständigkeit werden im Einzelfall durch das Brandschutzkonzept und die anzuwendenden Vorschriften bestimmt.

Bild 1.28 Brandschutzrolltor mit Rauchmeldern
Quelle: Effertz Tore GmbH, Mönchengladbach [9]

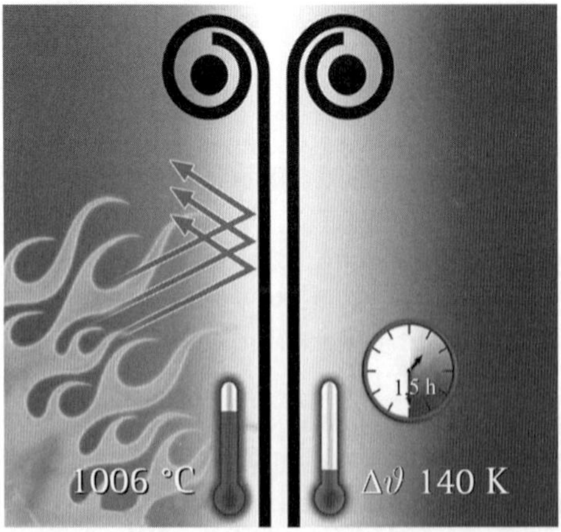

Bild 1.29 Beispiel schematische Darstellung eines Feuerschutzrolltors
Quelle: Effertz Tore GmbH, Mönchengladbach [9]

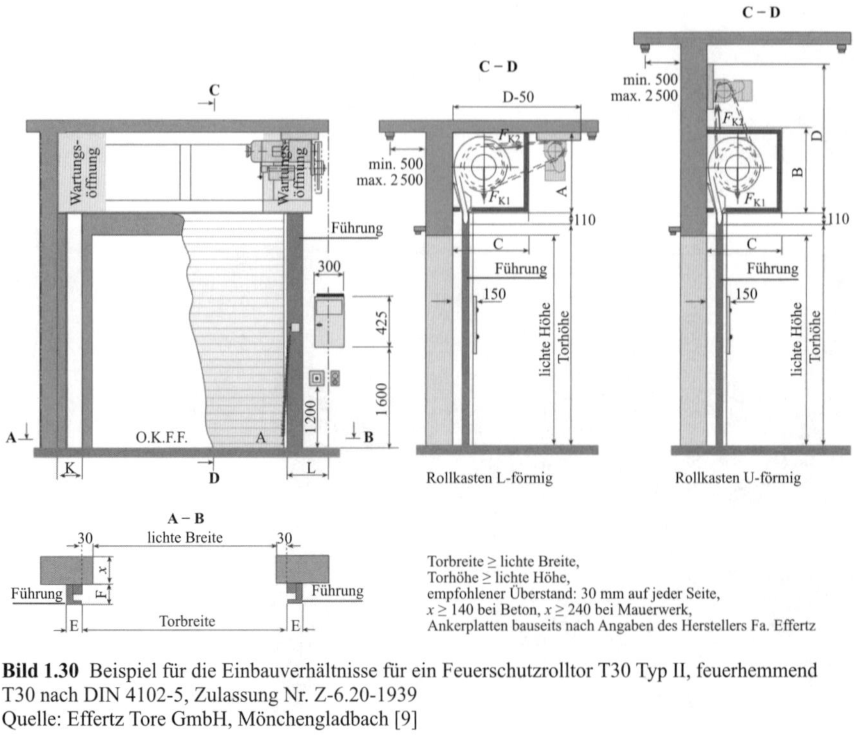

Bild 1.30 Beispiel für die Einbauverhältnisse für ein Feuerschutzrolltor T30 Typ II, feuerhemmend T30 nach DIN 4102-5, Zulassung Nr. Z-6.20-1939
Quelle: Effertz Tore GmbH, Mönchengladbach [9]

Wie können an schwer zugänglichen Orten montierte Rauchmelder getestet werden? [11]

Rauchmelder sind entsprechend den anzuwendenden Vorschriften, ggf. auch bei der Überprüfung der Brandmeldeanlage, auf Funktion zu testen. In großen Räumen mit hohen Decken (**Bild 1.31**) sowie in Zwischendecken (**Bild 1.32**) sind Rauchmelder schwer zugänglich.

Zum Test an schwer zugänglichen Orten montierter Rauchmelder gibt es die Möglichkeit, einen Tester in der Nähe des Rauchmelders fest zu montieren (**Bild 1.33**).

Bild 1.31 Rauchmelder in großen Räumen mit hohen Decken
Quelle: Effertz Tore GmbH, Mönchengladbach [9]

Bild 1.32 Rauchmelder in Zwischendecken
Quelle: Effertz Tore GmbH, Mönchengladbach [9]

Ein Beispiel ist der Smoke-Tester Easy III der Fa. Effertz (Bild 1.33) mit folgender Funktionsweise (aus der Leistungsbeschreibung des Hersteller [12]):

„*Der EASY III Smoke-Tester wird vor dem Rauchmelder montiert* (**Bild 1.34**). *Durch eine weltweit zum Patent angemeldete Technik wird ein festes Prüfmedium in Sekunden so erhitzt, dass Prüfrauch entsteht. Ein in dem Tester integrierter Lüfter bläst den erzeugten Rauch in die Prüfkammer des Rauchmelders. Unmittelbar danach löst ein funktionsfähiger Rauchmelder aus. Der Lüfter des Testgeräts läuft noch ca. 30 s weiter. Dadurch wird die Prüfkammer wieder freigeblasen. Die Installation der EASY III Smoke-Tester ist einfach und ohne großen Zeitaufwand durchzuführen.*

Bild 1.33 Easy III, Smoke-Tester
Quelle: Effertz Tore GmbH, Mönchengladbach [9]

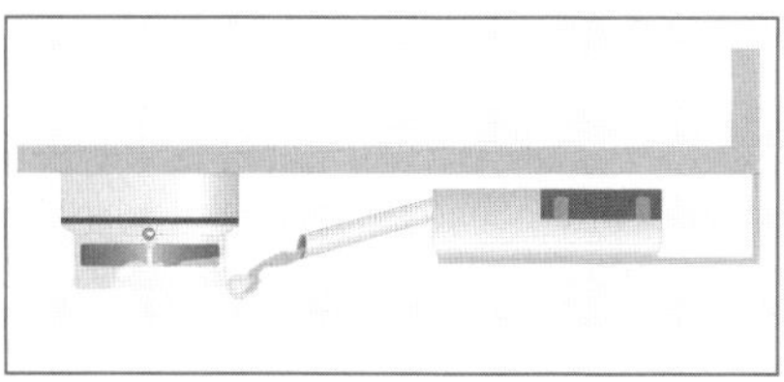

Raucherzeugung

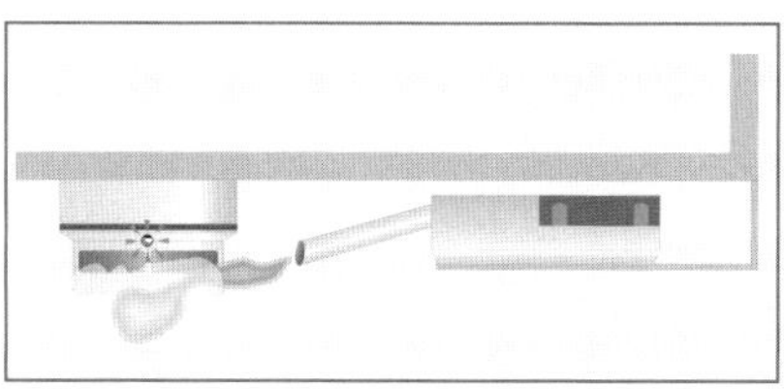

Auslösung

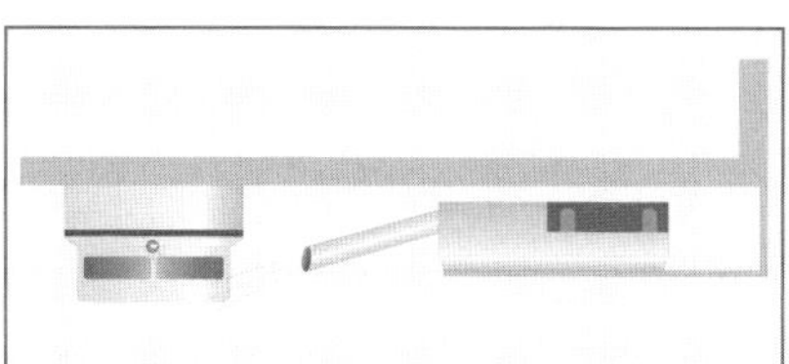

und Freiblasen in 30 s

Bild 1.34 Funktionsprinzip des EASY III Smoke-Testers
Quelle: Effertz Tore GmbH, Mönchengladbach [9]

Jeder Rauchmelder hat ein separates Prüfgerät, das mit einer Steuerzentrale verbunden ist. Von dort werden alle Prüfungen ausgelöst. Die Standard-Steuerzentrale ist für zehn Testgeräte ausgelegt. So kann jederzeit, auch bei großen Brandmeldeanlagen, in Sichtweite der zu prüfenden Rauchmelder gearbeitet werden.

Die Vorteile:

- *Die Prüfgeräte müssen nicht nachgefüllt werden, keine Kosten für Prüfmittel.*
- *Enorme Zeiteinsparung bei der Überprüfung von Brandmeldeanlagen.*
- *Kontrolle ohne Hilfsmittel, z. B. Leitern, Gerüste oder Steiger.*
- *Die Prüfung kann durch nur einen Mitarbeiter durchgeführt werden.*
- *Kein aufwendiger Ausbau von Deckenteilen oder Zwischenböden nötig.*
- *Einfache Installation der Effertz-Smoke-Tester.*
- *Nachrüsten von bestehenden Anlagen möglich."*

1.8.2.7 Bahngebundene Feuerschutzabschlüsse

Bahngebundene Feuerschutzabschlüsse kommen z. B. bei bahngebundenen Förderanlagen zum Einsatz. Bild 1.36. Sie ähneln den Feuerschutztoren. Bahngebundene Feuerschutzabschlüsse sind speziell für die Wandöffnungen konzipiert, die von den Förderanlagen durchdrungen werden. Bahngebundene Feuerschutzabschlüsse bilden mit ihren Bestandteilen ein zusammenhängendes System (**Bild 1.35**).

Förderanlagenabschlüsse müssen an die jeweiligen Einbaubedingungen angepasst sein und von einer vom Deutschen Institut für Bautechnik (DIBt [13]) festgelegten Stelle abgenommen werden. Nachzuprüfen ist bei der Prüfung das ordnungsgemäße Zusammenspiel des Abschlusses mit der Feststellanlage und der Förderanlage.

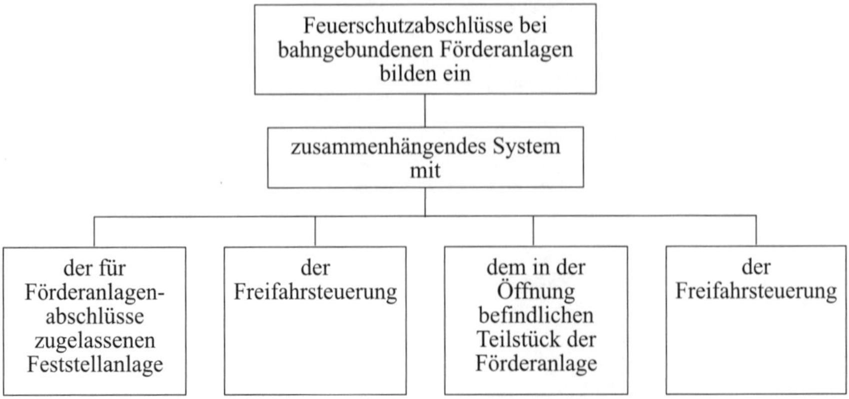

Bild 1.35 System der Feuerschutzabschlüsse bei bahngebundenen Förderanlagen [14]

In den DIBt-Richtlinien für die Zulassung von Feuerschutzabschlüssen im Zuge von bahngebundenen Förderanlagen sowie DIN EN 1366-7 [15] wird Weiteres geregelt. **Bild 1.36** zeigt ein Beispiel für einen bahngebundenen Feuerschutzabschluss.

Bild 1.36 Beispiel Feuerschutzabschlüsse für bahngebundene Förderanlagen
Quelle: Effertz Tore GmbH, Mönchengladbach [9]

1.8.2.8 Rauchschutzvorhänge

Rauchschutzvorhänge werden rauchdicht geprüft nach DIN 18095-2 [16] und DIN EN 1634-3 [17]. **Bild 1.37** und **Bild 1.38** zeigen mögliche Einsatzorte wie Flughäfen und Foyers.

Bild 1.37 Flughafen-Terminal Stuttgart, Rollkasten optimal integriert [12]
Quelle: Effertz Tore GmbH, Mönchengladbach [9]

Bild 1.38 Rauchschutzvorhang in einem Foyer [12]
Quelle: Effertz Tore GmbH, Mönchengladbach [9]

Bild 1.39 Schematische Darstellung eines Rauchschutzvorhangs
Quelle: Effertz Tore GmbH, Mönchengladbach [9]

Wie wird ein Rauchschutzvorhang betrieben? [12]

- Die zentrale Steuereinheit eines bauaufsichtlich zugelassenen Rauchschutzvorhangs ist die bauaufsichtlich zugelassene Feststellanlage.
- Für Rauchschutzabschlüsse sind ausschließlich Rauchmelder zulässig. Die Anzahl der Rauchmelder wird durch die Vorhangbreite bestimmt.
- Die Elektronik sorgt dafür, dass die Rauchschutzvorhänge im normalen Betriebszustand offen gehalten werden (Bild 1.37).
- Im Alarmfall oder im Störungsfall schließen die Vorhänge.
- Spricht ein Rauchmelder an oder wird die Notauslösung betätigt, wird die Energieversorgung am Antrieb des Vorhangs unterbrochen und die Antriebsbremse geöffnet. Der Rauchschutzvorhang schließt, reguliert über einen Geschwindigkeitsregler im Antrieb, durch das Eigengewicht des Vorhangs unabhängig von jeder Stromversorgung [12], Bild 1.38.
- Falls die Öffnung blockiert ist, ermöglicht die Schaltleiste ein Anhalten des sich schließenden Vorhangs. Eine 24-V-Batterieversorgung hält diese Sicherheitseinrichtung bei Stromausfall funktionstüchtig.
- Eine Sirene, die im Auslösefall anspricht, befindet sich am Rauchschutzantrieb.
- **Bild 1.39** zeigt beispielhaft die schematische Darstellung eines Rauchschutzvorhangs. Die brandschutztechnischen Anforderungen werden im Einzelfall durch das Brandschutzkonzept und die anzuwendenden Vorschriften bestimmt.

1.8.2.9 Brandschutzklappen

Wo werden Brandschutzklappen eingesetzt? [18]

Brandschutzklappen werden als Absperrvorrichtungen gegen die Brandausbreitung eingesetzt.

Allgemein sind Brandschutzklappen mit thermischen Auslöseeinrichtungen (Schmelzlote, **Bild 1.40**) ausgestattet. Zusätzlich kann eine Fernauslösung angeschlossen werden. Es kommen auch motorisierte Brandschutzklappen, siehe **Bild 1.41**. Brandschutzklappen werden u. a. für die Rohrmontage (Bild 1.40, Bild 1.42, Bild 1.43) und Kanalmontage (Bild 1.44) eingesetzt.

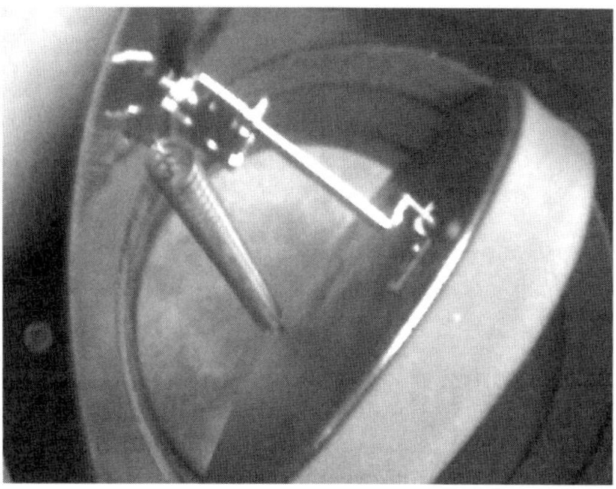

Bild 1.40 Brandschutzklappe für Rohrmontage mit Schmelzlot – Innenansicht
Quelle: Wikipedia-Benutzer: *Christoph Eichhorn*

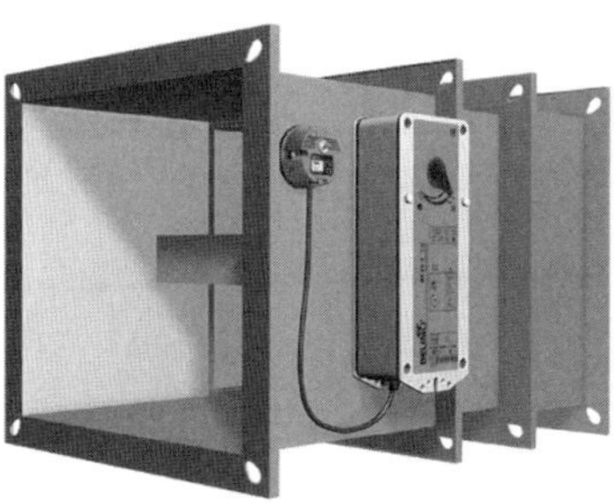

Bild 1.41 Beispiel für eine eckige, motorisierte Brandschutzklappe
Quelle: Wikipedia-Benutzer: Belimo Automation AG [CC-BY-SA 3.0] [19]

Für Brandschutzklappen ist nach der Bauregelliste A Teil 2 (siehe auch VDE-Schriftenreihe 131 [2]), eine allgemeine bauaufsichtliche Zulassung vom DIBt erforderlich. Die Fernwirkeinrichtung der Brandschutzklappe muss den Angaben der Zulassung entsprechen.

Bild 1.42 zeigt die Innenansicht einer Brandschutzklappe für Rohrmontage. Die Klappe wird über einen Motor auf- und zugefahren.

Ein Beispiel einer Brandschutzklappe für die Rohrmontage zeigt **Bild 1.43**.

Eine Brandschutzklappe für Kanalmontage zeigt **Bild 1.44**.

Bild 1.42 Innenansicht einer motorgetriebenen Brandschutzklappe für Rohrmontage
Quelle: Wikipedia-Benutzer: *Christoph Eichhorn*

Bild 1.43 Beispiel für eine Brandschutzklappe für die Rohrmontage
Quelle: Wikipedia-Benutzer: *Christoph Eichhorn*

Bild 1.44 Brandschutzklappe für die Kanalmontage
Quelle: Wikipedia-Benutzer: *Christoph Eichhorn*

1.8.2.10 Lüftungsanlagen

Lüftungsanlagen müssen nach der Bauordnung betriebssicher und brandsicher sein (**Bild 1.45**).

Bayerische Bauordnung Art. 39 **Lüftungsanlagen**
Lüftungsanlagen müssen betriebssicher und brandsicher sein; ...

Bild 1.45 Auszug aus BayBO Art. 39 Lüftungsanlagen

Worin unterscheiden sich Klimaanlagen und Lüftungsanlagen? [18]

Klimaanlagen sind raumlufttechnische Anlagen zum Erzeugen und Aufrechterhalten eines bestimmten Klimas (Lufttemperatur, Luftfeuchte) in einem Raum, einer Raumgruppe oder in einem Gebäude. Klimaanlagen sind mit Technikkomponenten zum Reinigen, Erwärmen, Kühlen, Be- und Entfeuchten der Zuluft und zum selbstständigen Regeln der Lufttemperatur und Luftfeuchte ausgestattet (Bild 1.48).

Fehlt eine dieser Komponenten, handelt es sich um eine Lüftungsanlage (**Bild 1.47**).

Lüftungsanlagen sind raumlufttechnische Anlagen zur Erneuerung der Raumluft, sie enthalten Technikkomponenten zum Reinigen (Filter) und Erwärmen (Erhitzer) der Zuluft. Die Luftzufuhr und Verteilung erfolgt durch Ventilatoren und über Lüftungskanäle. In den meisten Fällen gibt es Zu- und Abluftventilatoren. Lüftungsanlagen haben eine Lüftungszentrale (**Bild 1.46**).

Ein Beispiel für die Sensorik eines Lüftungskanals ist in **Bild 1.48** zu sehen.

Bild 1.46 Beispiel einer Lüftungszentrale mit einem Lüftungsgerät für ein Bürogebäude
Quelle: Wikipedia-Benutzer: BentaxGermany [CC-BY-SA 3.0]

Bild 1.47 Beispiel einer Lüftungsanlage
Quelle: Wikipedia/Flickr.com – Kecko [CC-BY-SA 2.0]

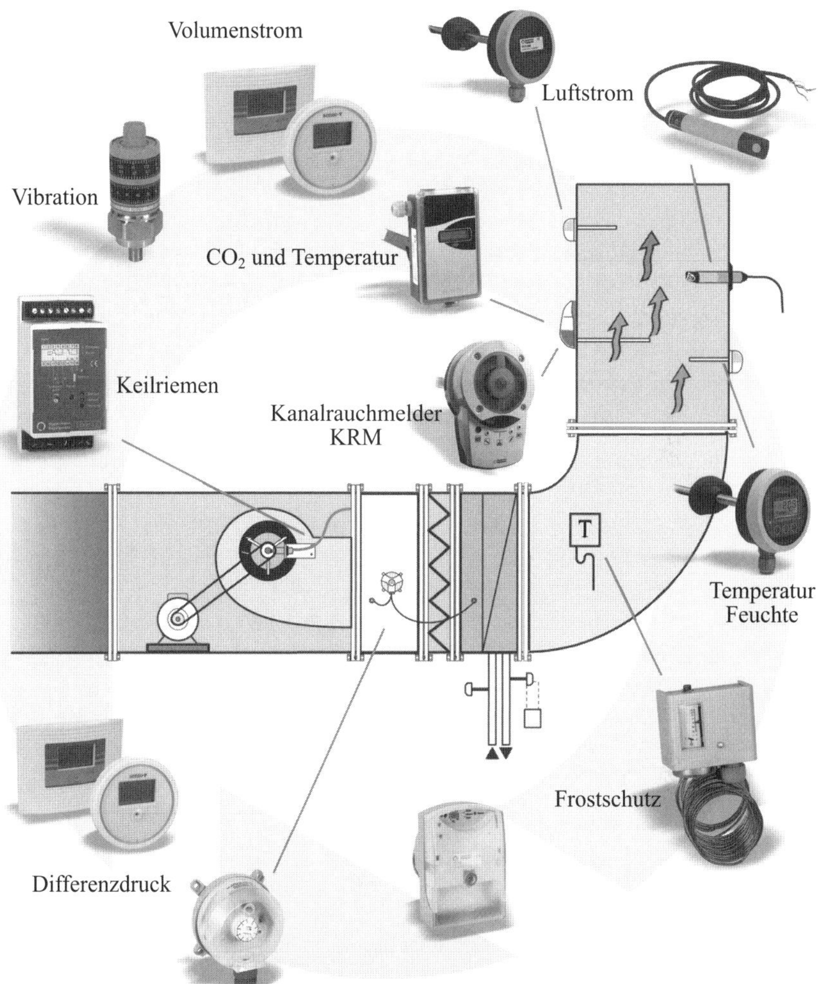

Bild 1.48 Beispiel für die Sensorik eines Lüftungskanals
Quelle: Oppermann Regelgeräte GmbH, Leinfelden-Echterdingen [20]

1.8.2.11 Entrauchungsanlagen

Notwendige Treppenräume und Fahrschächte für Aufzüge müssen nach Art. 33 BayBO (**Bild 1.49**) und Art. 37 BayBO (Bild 1.51, siehe auch VDE-Schriftenreihe 131 [2]) belüftet und entraucht werden können. Zum Entrauchen kommen nachfolgend beschriebene Entrauchungsanlagen zum Einsatz. Für Treppenräume werden auch die beschriebenen Rauchdruckanlagen eingesetzt.

Bayerische Bauordnung (BayBO) Art. 33 **Notwendige Treppenräume, Ausgänge**
(8) 1 Notwendige Treppenräumen müssen belüftet und zur Unterstützung wirksamer Löscharbeiten entraucht werden können ...

Bild 1.49 Entrauchungsanlagen nach Art. 33 BayBO „Notwendige Treppenräume, Ausgänge"

Notwendige Treppenräume müssen gemäß Landesbauordnung (Bild 1.49) belüftet und zur Unterstützung wirksamer Löscharbeiten entraucht werden können, siehe auch VDE-Schriftenreihe 131 [2] sowie Verordnungen und Richtlinien zur BayBO in Kapitel 2. Im **Bild 1.50** sind mögliche Ausstattungen für Rauchableitungs- und Lüftungsanlagen mit elektromotorischer Betätigung dargestellt.

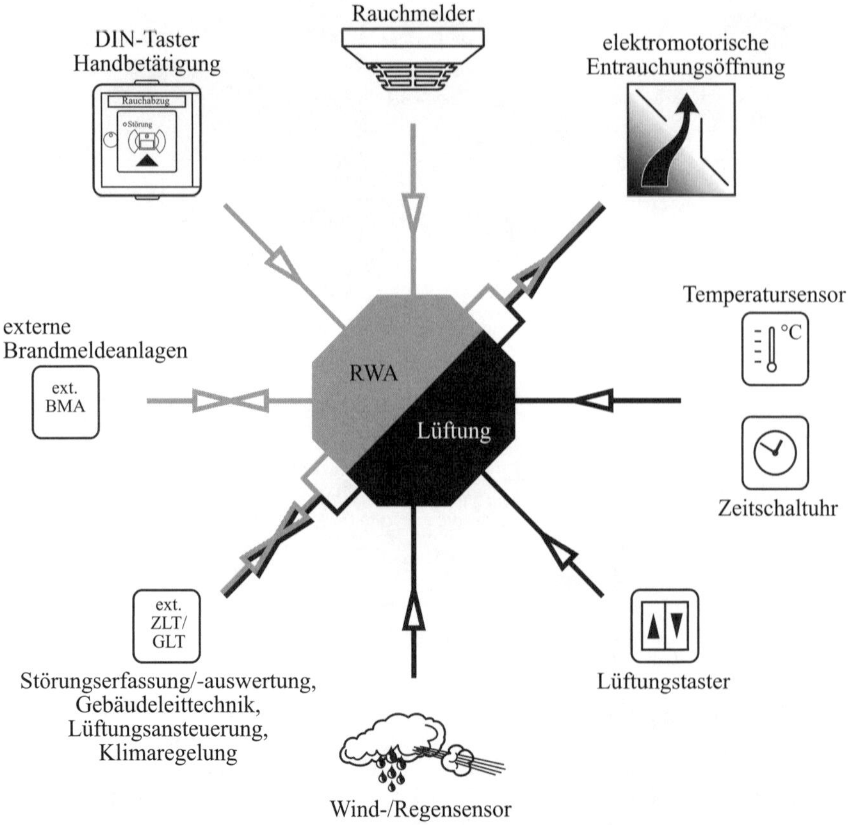

Bild 1.50 Beispiel für Rauchableitungs- und Lüftungsanlagen mit elektromotorischer Betätigung
Quelle: Brandschutz-Technik und Rauchabzug GmbH, Hamburg [21]

1.8.2.12 Natürliche Entrauchung

Im Folgenden wird ein Beispiel für eine natürliche Entrauchung von Aufzugsschächten vorgestellt.

Regelungen für die natürliche Entrauchung von Aufzugsschächten in der BayBO enthält Art. 37 (3) „Aufzüge" (**Bild 1.51**). Fahrschächte müssen demnach zu lüften sein und eine Öffnung zur Rauchableitung mit einem freien Querschnitt von mindestens 2,5 v. H. der Fahrschachtgrundfläche, mindestens jedoch 0,10 m^2, haben, siehe **Bild 1.52**.

Bayerische Bauordnung (BayBO) **Abschnitt VI** **Technische Gebäudeausrüstung** **Art. 37 Aufzüge**
... *(3) 1 Fahrschächte müssen zu lüften sein und eine Öffnung zur Rauchableitung mit einem freien Querschnitt von mindestens 2,5 v. H. der Fahrschachtgrundfläche, mindestens jedoch 0,10 m^2 haben. 2 Diese Öffnung darf einen Abschluss haben, der im Brandfall selbsttätig öffnet und von mindestens einer geeigneten Stelle aus bedient werden kann. 3 Die Lage der Rauchaustrittsöffnungen muss so gewählt werden, dass der Rauchaustritt durch Windeinfluss nicht beeinträchtigt wird ...*

Bild 1.51 Natürliche Entrauchung für Aufzugsfahrschächte nach Art. 37 (3) 1 und 2 BayBO „Aufzüge" [11]

Bild 1.52 Der Fahrschacht muss zu lüften sein und eine Öffnung zur Rauchableitung haben [22]
Quelle: Brandschutz-Technik und Rauchabzug GmbH, Hamburg [21]

Die Öffnung zur Rauchableitung im Fahrschacht darf nach Art. 37 (3) BayBO (Bild 1.51) einen Abschluss haben, der im Brandfall selbstständig öffnet. Beispielsweise werden dafür vertikal eingebaute Jalousiefenster mit wärmegedämmten Glaseinsätzen verwendet, die im Normalfall geschlossen sind.

Das Zentralgerät des Entrauchungssystems beinhaltet eine geprüfte Rauchabzugszentrale. Diese fährt das Jalousiefenster mittels eines 24-V-Motors in die geöffnete Stellung, sodass der Brandrauch sicher abgeführt wird. Der Antrieb ragt nicht in den Sicherheitsbereich des Aufzugschachts hinein, **Bild 1.53** [22].

Ist der Einbau eines Jalousiefensters in der Vertikalen aus baulichen Gründen nicht möglich, bietet sich für die Entrauchung über dem Dach eine Lüftungs- und Entrauchungshaube aus Edelstahl an. In den Aufsetzkranz der Lüftungs- und Entrauchungshaube ist ein nach DIN EN 12101-2 [23] geprüftes, wärmegedämmtes Jalousiefenster mit zugehörigem 24-V-Antrieb integriert. Der Antrieb ragt nicht in den Sicherheitsbereich des Aufzugschachts hinein, **Bild 1.54** [22].

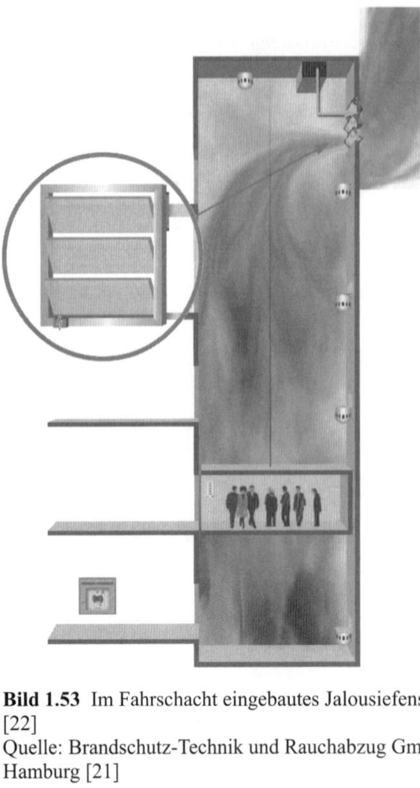

Bild 1.53 Im Fahrschacht eingebautes Jalousiefenster [22]
Quelle: Brandschutz-Technik und Rauchabzug GmbH, Hamburg [21]

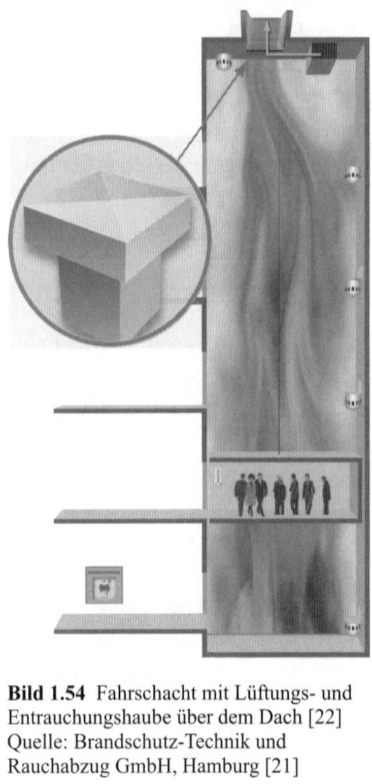

Bild 1.54 Fahrschacht mit Lüftungs- und Entrauchungshaube über dem Dach [22]
Quelle: Brandschutz-Technik und Rauchabzug GmbH, Hamburg [21]

Was ist das Hauptproblem bei der Aufzugsschacht-Entrauchung? [22]

Als Hauptproblem ist die exakte und weitgehend täuschungsalarmsichere Detektion von Brandrauch im Aufzugsschacht zu sehen.

Wie kann die exakte und weitgehend täuschungsalarmsichere Detektion von Brandrauch im Aufzugsschacht erreicht werden? [22]

Punktförmige Rauchmelder nach DIN EN 54-7 [24] mit allgemeiner bauaufsichtlicher Zulassung können zur Detektion gemäß Brandschutzkonzept eingesetzt werden, siehe **Bild 1.55**.

Ist bauseits eine Brandmeldeanlage vorhanden, kann diese zur Schachtüberwachung genutzt werden, z. B. in Verbindung mit einem Rauchansaugsystem, und im Alarmfall die Rauchabzugszentrale aktivieren, siehe **Bild 1.56**. Die allgemeine bauaufsichtliche Zulassung (siehe auch VDE-Schriftenreihe 131 [2]) des beispielhaft vorgestellten Lift-Smoke-Free-Systems (**Bild 1.57**) der Fa. Brandschutz-Technik und Rauchabzug GmbH [21] lässt diese Variante zu. Die gültigen Normen für Brandmeldezentralen sind einzuhalten.

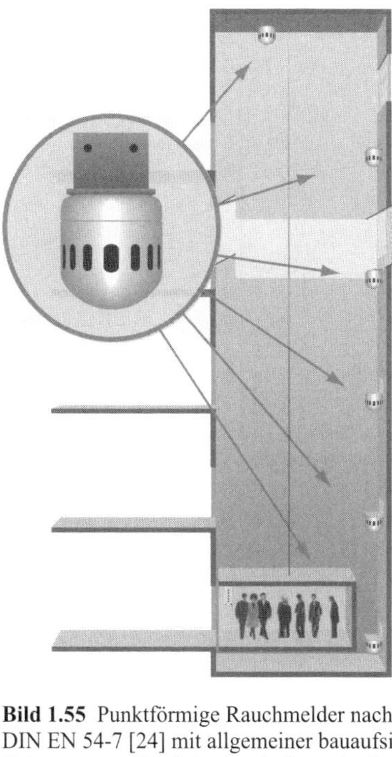

Bild 1.55 Punktförmige Rauchmelder nach DIN EN 54-7 [24] mit allgemeiner bauaufsichtlicher Zulassung zur Detektion im Aufzugschacht [22]
Quelle: Brandschutz-Technik und Rauchabzug GmbH, Hamburg [21]

Bild 1.56 Entrauchungssystem (Beispiel Lift-Smoke-Free-System) mit bauseitiger Brandmeldeanlage [22]
Quelle: Brandschutz-Technik und Rauchabzug GmbH, Hamburg [21]

Deutsches Institut für Bautechnik

DIBt

Allgemeine bauaufsichtliche Zulassung

Zulassungsstelle für Bauprodukte und Bauarten

Bautechnisches Prüfamt

Eine vom Bund und den Ländern gemeinsam getragene Anstalt des öffentlichen Rechts

Mitglied der EOTA, der UEAtc und der WFTAO

Datum: 05.12.2011

Geschäftszeichen: III 2-1.78.12-5/09

Zulassungsnummer:
Z-78.12-206

Geltungsdauer
vom: **5. Dezember 2011**
bis: **5. Dezember 2016**

Antragsteller:
BTR Brandschutz - Technik und Rauchabzug GmbH
Schnackenburgallee 41d
22525 Hamburg

Zulassungsgegenstand:
Bauprodukt "System "LIFT-SMOKE-FREE" zur Rauchableitung aus Fahrschächten von Aufzügen im Innern von Gebäuden

Der oben genannte Zulassungsgegenstand wird hiermit allgemein bauaufsichtlich zugelassen.
Diese allgemeine bauaufsichtliche Zulassung umfasst zwölf Seiten und acht Anlagen.

DIBt

DIBt | Kolonnenstraße 30 B | D-10829 Berlin | Tel.: +49 30 78730-0 | Fax: +49 30 78730-320 | E-Mail: dibt@dibt.de | www.dibt.de

Bild 1.57 Allgemeine bauaufsichtliche Zulassung des Entrauchungssystems Lift-Smoke-Free-System [22]
Quelle: Brandschutz-Technik und Rauchabzug GmbH, Hamburg [21]

Kann das Entrauchungssystem manuell ausgelöst werden?

Die manuelle Auslösung des Entrauchungssystems (Beispiel Lift-Smoke-Free-System) ist neben der automatischen Alarmauslösung mit RWA-Tastern möglich, siehe **Bild 1.58**. Auch hier erfolgt die Zentralgeräteaktivierung und ggf. Meldung an die Aufzugsteuerung. Der RWA-Taster dient gleichzeitig als Anzeigedisplay für die Alarm- und Betriebszustände, und das Gesamtsystem kann hier auch zurückgesetzt werden [22].

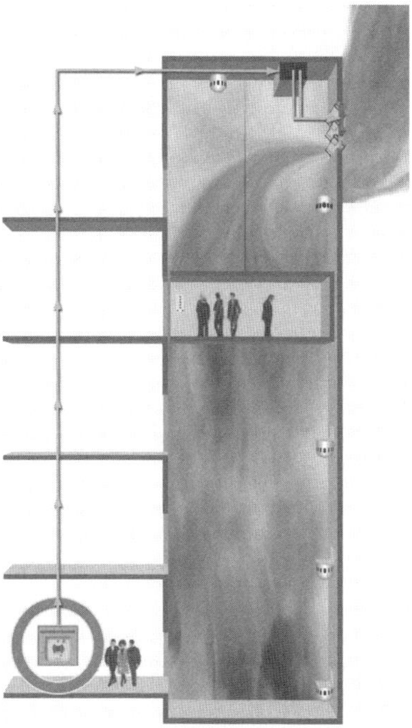

Bild 1.58 Auslösung des Entrauchungssystems mit RWA-Tastern [22]
Quelle: Brandschutz-Technik und Rauchabzug GmbH, Hamburg [21]

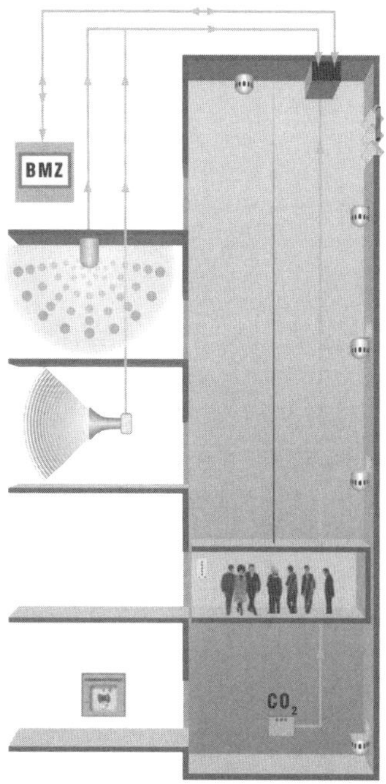

Bild 1.59 Optische oder akustische Alarmgeber und Luftgütemesser CO_2 können direkt an das Zentralgerät des Entrauchungssystems (Beispiel Lift-Smoke-Free) angeschlossen werden [22]
Quelle: Brandschutz-Technik und Rauchabzug GmbH, Hamburg [21]

Können optische oder akustische Alarmgeber und Luftgütemesser direkt an das Zentralgerät des Entrauchungssystems angeschlossen werden?

Um die Bewohner zu warnen, können optional optische oder akustische Alarmgeber direkt an das Zentralgerät des Entrauchungssystems (Beispiel Lift-Smoke-Free-System) angeschlossen werden, siehe **Bild 1.59**.

Wird ein Luftgütemesser eingesetzt, öffnet sich die Entrauchungsklappe im Havariefall des Aufzugs mit eingeschlossenen Personen und verschlechterter Luftgüte (Sauerstoffreduktion).

Wie kann die Entlüftung des Aufzugschachts bei Einsatz des Entrauchungssystems erfolgen?

Das Zentralgerät des Entrauchungssystems (z. B. Lift-Smoke-Free-System) ist für die Entlüftung über einen manuellen Schlüssellüftertaster ansteuerbar, siehe **Bild 1.60** [22].

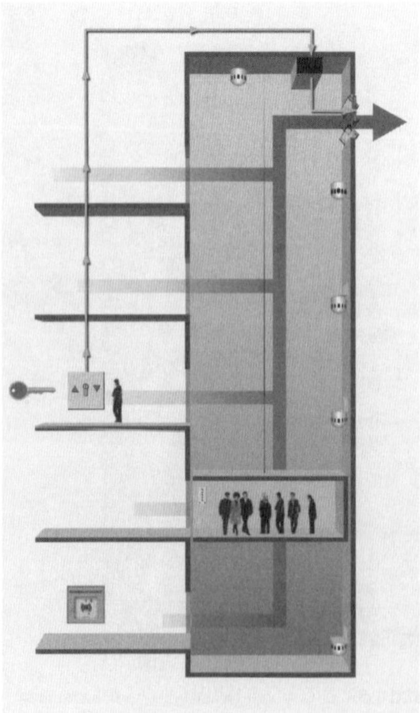

Bild 1.60 Entlüftung des Aufzugschachts über einen manuellen Schlüssellüftertaster [22]
Quelle: Brandschutz-Technik und Rauchabzug GmbH, Hamburg [21]

Dabei wird das Zentralgerät in den Lüftungsmodus gesetzt. Das Jalousiefenster (Bild 1.53) oder die Lüftungs-und Entrauchungshaube (Bild 1.54) werden geöffnet bzw. geschlossen. Die Schlüsselbetätigung erlaubt nur eine Bedienung durch dafür befugte Personen [22].

Bei Vorhandensein eines Gebäudelüftungskonzepts ist die Lüftung auch durch andere Systeme der Gebäudesystemtechnik steuerbar bzw. über im Schacht installierte Thermostate oder andere Sensoren [22].

Erlaubt das Entrauchungssystem eine Evakuierungsfahrt der Aufzugskabine gemäß EN 81-73 und die erweiterte statische Brandfallsteuerung nach VDI 6017?

Das Entrauchungssystem (Beispiel Lift-Smoke-Free-System) erlaubt eine Evakuierungsfahrt der Aufzugskabine gemäß DIN EN 81-73 [25] und die erweiterte statische Brandfallsteuerung nach VDI 6017 [26].

Wie kann sich die Installation des Entrauchungssystems für
- **einen Standardschacht,**
- **eine bauseitig vorhandene Brandmeldezentrale,**
- **eine Sonderprojektierung Doppelschacht/eine Rauchabzugsöffnung, Schachthöhe max. 30 m**

gestalten?

Installationsbeispiele des Entrauchungssystems (Beispiel Lift-Smoke-Free) für

- einen Standardschacht zeigt **Bild 1.61**,
- einen Standardschacht mit bauseitig vorhandener Brandmeldezentrale zeigt **Bild 1.62**,
- eine Sonderprojektierung Doppelschacht/eine Rauchabzugsöffnung, Schachthöhe max. 30 m zeigt **Bild 1.63**.

Legende zu Bild 1.61

A Zentraleinheit 295 mm × 295 mm × 85 mm,
B Anschluss 230 V, 50 Hz, separat absichern,
E Lichtkuppel oder Lüftungs- und Entrauchungshaube mit Motor DC 24 V oder
F Jalousiefenster mit Motor DC 24 V (Motorzuleitung jeweils mindestens -O – 3 × 1,5 mm^2),
CS Rauchmelder Aufzugschacht,
Abstand von zwei Meldern 10 m max.,
Anzahl zehn Stück max.,
Anzahl neun Stück max. bei Einsatz des Rauchmelders Hauptbestimmungshaltestelle (CH),
CH Rauchmelder Hauptbestimmungshaltestelle (optional),
H Lüftertaster, Montagehöhe ca. 1,4 m O.K.F.F., Standort frei wählbar,
I RWA-Taster, Montagehöhe ca. 1,4 m O.K.F.F. (Zuleitung Rauchmelder, Lüfter- und RWA-Taster jeweils 4 mm × 2 mm × 0,8 mm)

Legende zu Bild 1.62

A Zentraleinheit 295 mm × 295 mm × 85 mm,
B Anschluss 230 V, 50 Hz, separat absichern,
C Brandmeldezentrale (bauseitig vorhanden),
E Lichtkuppel oder Lüftungs- und Entrauchungshaube mit Motor DC 24 V oder
F Jalousiefenster mit Motor DC 24 V (Motorzuleitung jeweils mindestens -O – 3 × 1,5 mm^2),
H Lüftertaster, Montagehöhe ca. 1,4 m O.K.F.F., Standort frei wählbar,
I RWA-Taster, Montagehöhe ca. 1,4 m O.K.F.F. (Zuleitung Rauchmelder, Lüfter- und RWA-Taster jeweils 4 mm × 2 mm × 0,8 mm)

Legende zu Bild 1.63

A Zentraleinheit 295 mm × 295 mm × 85 mm,
B Anschluss 230 V, 50 Hz, separat absichern,
E Lichtkuppel oder Lüftungs- und Entrauchungshaube mit Motor DC 24 V oder
F Jalousiefenster mit Motor DC 24 V (Motorzuleitung jeweils mindestens -O – 3 × 1,5 mm^2),
CS Rauchmelder Aufzugschacht,
Abstand von zwei Meldern 10 m max.,
CH Rauchmelder Hauptbestimmungshaltestelle (optional),
H Lüftertaster, Montagehöhe ca. 1,4 m O.K.F.F., Standort frei wählbar,
I RWA-Taster, Montagehöhe ca. 1,4 m O.K.F.F. (Zuleitung Rauchmelder, Lüfter- und RWA-Taster jeweils 4 mm × 2 mm × 0,8 mm)

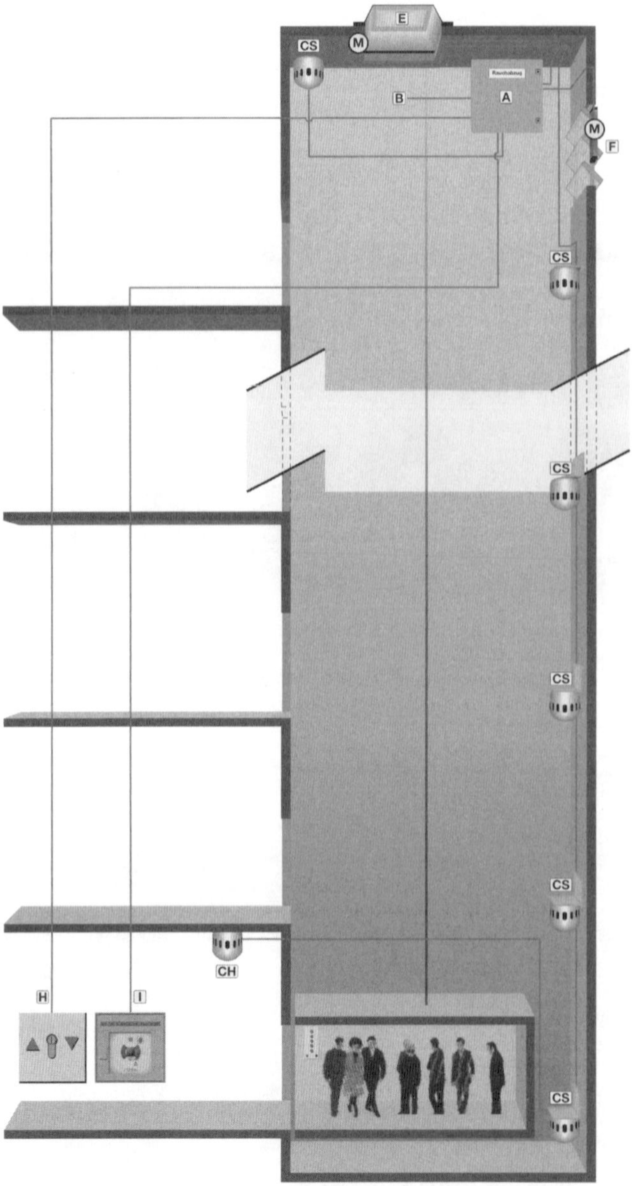

Bild 1.61 Installationsbeispiel des Entrauchungssystems Lift-Smoke-Free für einen Standardschacht [22]
Quelle: Brandschutz-Technik und Rauchabzug GmbH, Hamburg [21]

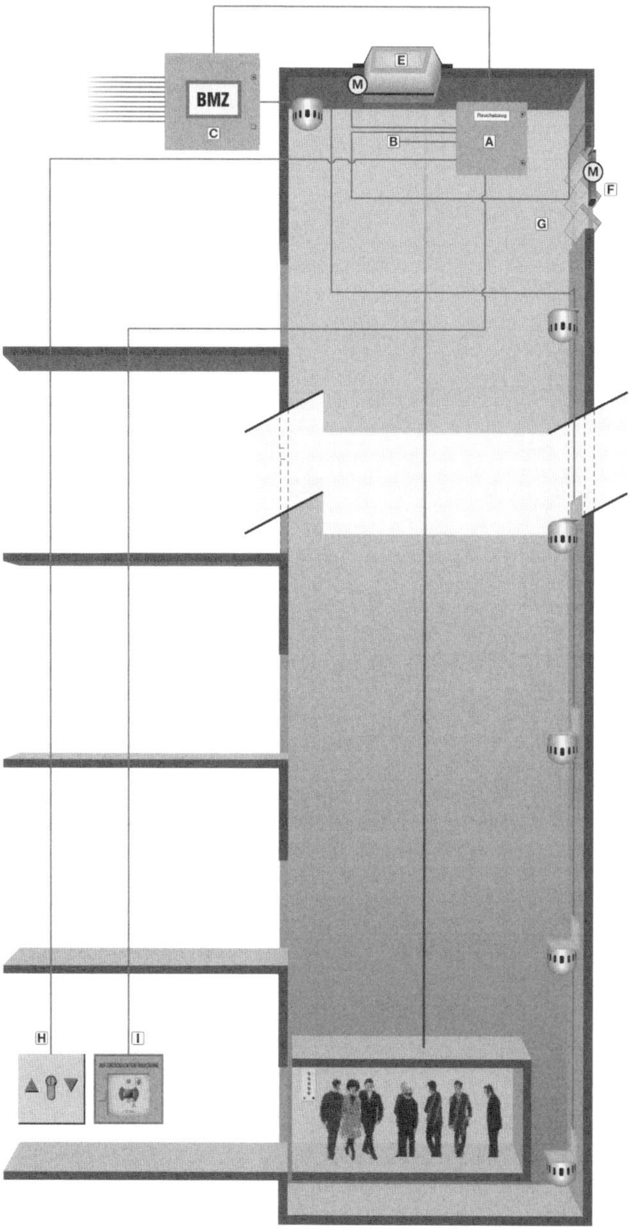

Bild 1.62 Installationsbeispiel des Entrauchungssystems Lift-Smoke-Free für einen Standardschacht mit bauseitig vorhandener Brandmeldezentrale [22]
Quelle: Brandschutz-Technik und Rauchabzug GmbH, Hamburg [21]

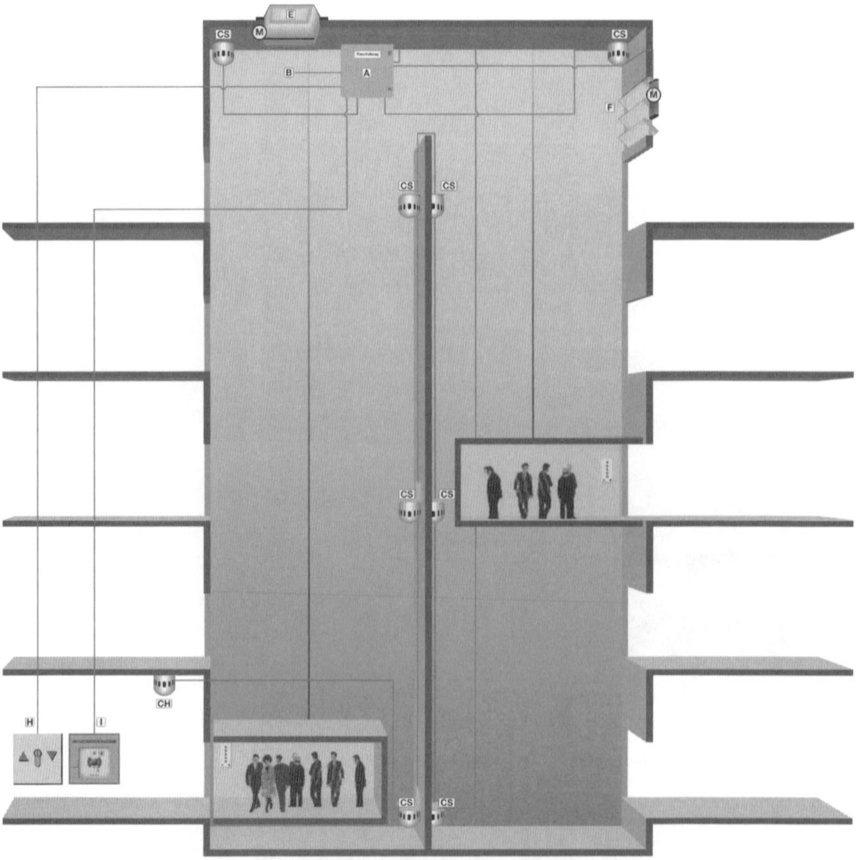

Bild 1.63 Installationsbeispiel des Entrauchungssystems Lift-Smoke-Free für eine Sonderprojektierung Doppelschacht/eine Rauchabzugsöffnung, Schachthöhe max. 30 m [22] Quelle: Brandschutz-Technik und Rauchabzug GmbH, Hamburg [21]

Welche Arten von Aufzügen werden unterschieden?

Es wird bei der Nutzung zwischen Personenaufzügen und Lastenaufzügen unterschieden.

Personenaufzug

Der Personenaufzug dient überwiegend der Beförderung von Personen (**Bild 1.64**). Zu den bauordnungsrechtlichen Anforderungen wird auch auf die VDE-Schriftenreihe 131 [2] verwiesen.

Lastenaufzug

Der Lastenaufzug dient vorrangig dem Transport von Lasten und ggf. Begleitpersonen. Nur dem Betreiber des Aufzugs und dessen Beschäftigten ist die Nutzung erlaubt (**Bild 1.65**). Zu den bauordnungsrechtlichen Anforderungen wird auch auf die VDE-Schriftenreihe 131 [2] verwiesen.

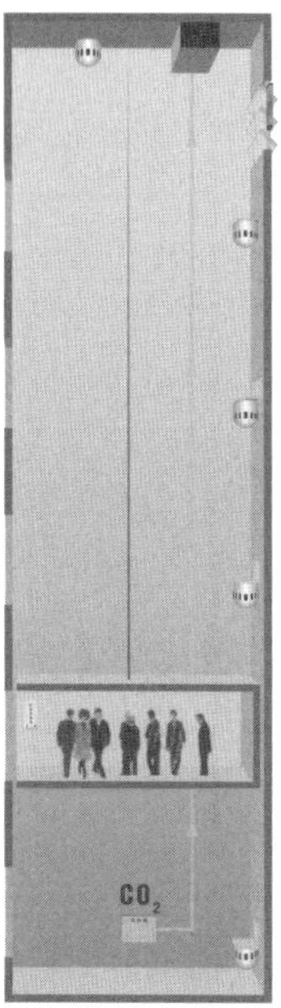

Bild 1.64 Beispiel Personenaufzug
Quelle: Brandschutz-Technik und Rauchabzug GmbH, Hamburg [21]

Bild 1.65 Beispiel für einen Lastenaufzug
Quelle: Wikipedia-Benutzer: Dampfplauderer

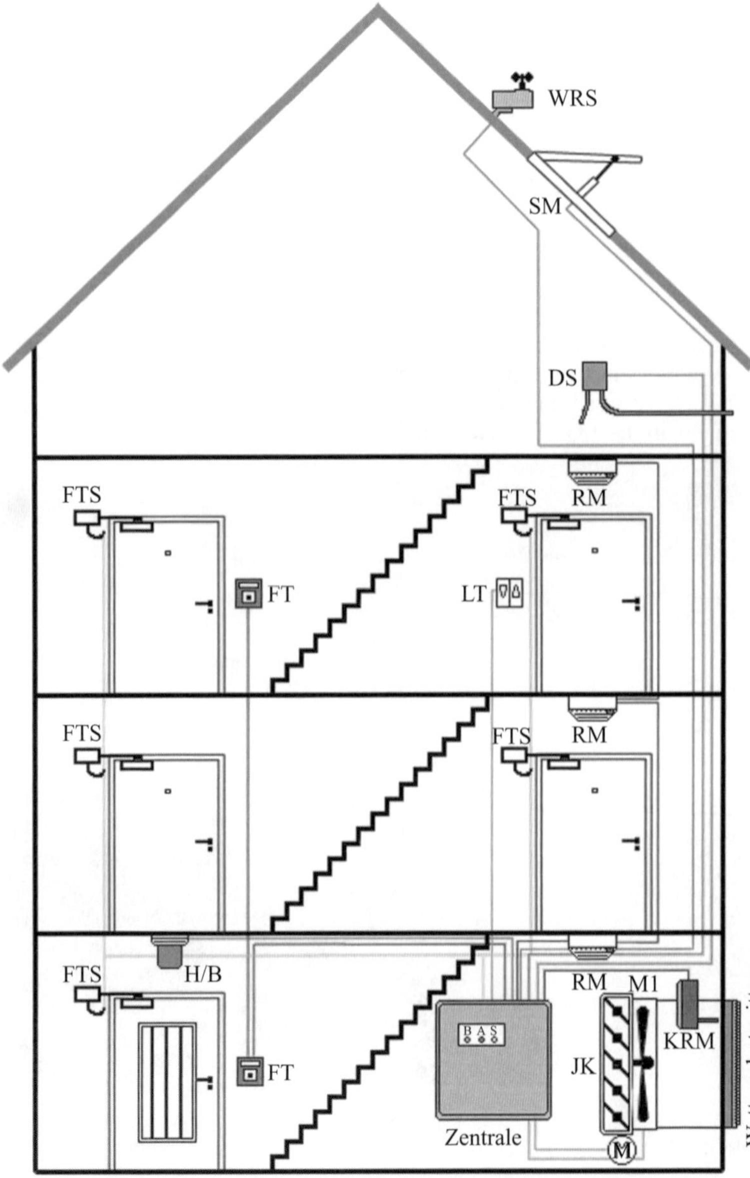

Bild 1.66 Gebäude mit Rauchdruckanlage „AirConcept“ [28]

1.8.2.13 Rauchdruckanlagen

Wie funktioniert eine Rauchdruckanlage (RDA)?

Am Beispiel der Rauchdruckanlage „AirConcept" soll das Funktionsprinzip dargestellt werden, siehe auch **Bild 1.66**.

Aus der Herstellerbeschreibung [27]: Wird im Brandfall im Bereich eines Flucht- und Rettungswegs Rauchentwicklung erkannt, wird die RDA-Anlage sofort gestartet. Über entsprechende Alarmierungsgeräte, wie Alarmsirene und Blitzleuchte (H/B), werden die Bewohner sofort gewarnt. Die Druckregelklappe wird mittels Stellmotor (SM) voll geöffnet und der Ventilator (M1) wird gestartet, siehe **Bild 1.69**. Der Rauch wird durch die eingeblasene Frischluft aus dem Rettungsweg herausgedrückt, siehe **Bild 1.67**. Durch die Erzeugung eines Überdrucks (max. 50 Pa) wird ein erneutes Eindringen von Rauch in den Rettungsweg massiv verhindert. Die im Lüftungskanal befindliche Jalousieklappe (JK) schließt im Normalfall den Luftweg, siehe Bild 1.66. Bei Auslösung der Anlage öffnet diese schlagartig und ermöglicht sofort das Ansaugen von Frischluft aus dem Freien.

Nach einer kurzen Spülphase, in welcher der Rettungsweg intensiv mit Frischluft gespült wird, setzt nun eine automatische Druckregelung ein. Der in der RDA-Anlage integrierte Drucksensor (DS) überwacht permanent den Überdruck und verhindert somit zu hohe Drücke im Rettungsweg, siehe **Bild 1.68**. An den Fluchttüren installierte Freilauftürschließer (FTS) verhindern ein unkontrolliertes Abströmen der Frischluft, siehe Bild 1.66.

So wird ebenfalls ein zu hoher Druck im Fluchtbereich verhindert, und alle Bewohner können ohne Risiko das Gebäude verlassen. Bis zum Eintreffen der Feuerwehr und Rettungskräfte können dadurch die meisten Bewohner aus dem Gebäude evakuiert werden, und den Rettungskräften steht ein rauchfreier Rettungsweg zur Verfügung, der ohne Sichtbehinderung und ohne Atemgerät begehbar ist. Dadurch reduziert sich die Gefahr für die im Gebäude befindlichen Personen, im Rettungsweg in risikoreiche Situationen zu gelangen. Außerdem werden die durch massiven Raucheintritt entstehenden Schäden, welche sich meist nur durch intensive und teure Sanierungsarbeiten beseitigen lassen, verhindert oder zumindest in ihrer Wirkung gedämpft.

Bild 1.67 Rauchdruckanlage, Abluftventilatoren und Abströmklappen (AirConcept, [28])

Bild 1.68 RDA-Druckregelventil und -Drucksensor (AirConcept, [28])

Bild 1.69 Rauchdruckanlage, Zuluftventilator mit RDA-Steuerung (AirConcept, [28])

1.8.2.14 Sicherheitsstromversorgung

Die elektrischen Anlagen für

- Feuerlöschanlagen,
- Druckerhöhungsanlagen zur Löschwasserversorgung,
- Rauch- und Wärmeabzugsanlagen,
- Anlagen zur Rauchfreihaltung von Rettungswegen,
- Feuerwehraufzüge
- und Personenaufzüge mit Brandfallsteuerung

müssen nach den Verordnungen und Richtlinien zur BayBO in Kapitel 2 an die Ersatzstromversorgungsanlagen bzw. Sicherheitsstromversorgung angeschlossen werden.

Technische Regelungen zur Sicherheitsstromversorgung werden u. a. in der DIN VDE 0100-560:2013-10 [29] getroffen.

Wie hat die Stromkreisaufteilung bei elektrischen Anlagen für Feuerlöschanlagen, Druckerhöhungsanlagen zur Löschwasserversorgung, Rauch- und Wärmeabzugsanlagen, Anlagen zur Rauchfreihaltung von Rettungswegen, Feuerwehraufzüge und Personenaufzüge mit Brandfallsteuerung nach DIN VDE 0100-718 bzw. DIN VDE 0100-560 zu erfolgen?

Mit der Neuausgabe der DIN VDE 0100-718 im Juni 2014 [30] sind gegenüber der Vorgängernorm aus dem Jahr 2005 die Anforderungen an Einrichtungen für Sicherheitszwecke weggefallen, da diese bereits in DIN VDE 0100-560:2013-10 [29] überführt wurden. Die zwischenzeitlich zurückgezogene DIN VDE 0100-718:2005-10 [31] ist noch bis zum 14. Mai 2016 mit Übergangsfrist gültig.

Die elektrischen Anlagen für

- Feuerlöschanlagen,
- Druckerhöhungsanlagen zur Löschwasserversorgung,
- Rauch- und Wärmeabzugsanlagen,
- Anlagen zur Rauchfreihaltung von Rettungswegen,
- Feuerwehraufzüge und
- Personenaufzüge mit Brandfallsteuerung
- müssen nach Abschnitt 560.10.1 in DIN VDE 0100-560:2013-10 [29] (früher Abschnitt 718.521.3 in DIN VDE 0100-718:2005-10 [31]) von separaten Stromkreisen vom Hauptverteiler versorgt werden. Von einem einzelnen Stromkreis dürfen gleiche Einrichtungen versorgt werden.

Ein Schaltungsbeispiel für eine Sicherheitsstromversorgung ist in **Bild 1.70** dargestellt.

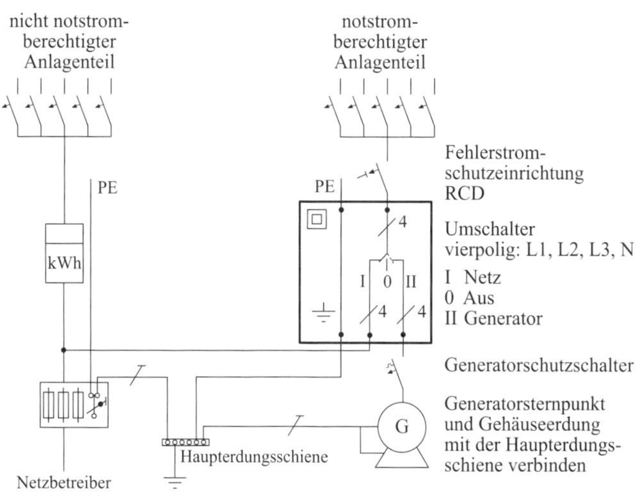

Bild 1.70 Beispiel für eine Sicherheitsstromversorgung [32]
Quelle: Gustav Hensel GmbH & Co. KG, Lennestadt [33]

Welche Anforderungen an die Stromquelle für Sicherheitszwecke bei Einrichtungen für Sicherheitszwecke sind zu beachten? [29, 31]
(Aufzählung nicht abschließend)

Anforderungen an die Stromquelle für Sicherheitszwecke bei Einrichtungen für Sicherheitszwecke wurden bisher in der DIN VDE 0100-718:2005-10 (zurückgezogen, Übergangsfrist bis zum 14. Mai 2016), Anhang A getroffen [31] und finden sich nun in DIN VDE 0100-560:2013-10 [29], Anhang B, siehe **Tabelle 1.7**.

Beispiele für Sicherheitseinrichtungen	**Anforderungen**									
	1	**2**	**3**	**4**	**5**	**6**	**7**	**8**	**9**	**10**
	Bemessungsbetriebsdauer der Stromquelle (Stunden)	**Umschaltzeit der Stromquelle (Sekunden, max.)**	**Zentrales Stromversorgungssystem**	**Zentrales Stromversorgungssystem (mit Leistungsbegrenzung)**	**Einzelbatteriesystem**	**Stromerzeugungsaggregat unterbrechungsfrei (0 s)**	**Stromerzeugungsaggregat mit kurzer Unterbrechung (< 0,5 s)**	**Stromerzeugungsaggregat mit mittlerer Unterbrechung (< 15 s)**	**Duales System/separate Einspeisung**	**Überwachung und Umschaltung bei Ausfall der allgemeinen Stromversorgung**
Anlagen zur Löschwasserversorgung	12	15				✓	✓	✓	✓	✓
Feuerwehraufzüge	8	15				✓	✓	✓	✓	✓
Aufzüge mit Brandfallsteuerung	3	15				✓	✓	✓	✓	✓
Einrichtungen zur Alarmierung und Erteilung von Anweisungen	3	15	✓	✓	✓[b]	✓	✓	✓	✓	✓[a]
Rauch- und Wärmeabzugsanlagen	3	15	✓	✓	✓	✓	✓	✓	✓	✓[a]
CO-Warnanlagen	1	15	✓	✓	✓	✓	✓	✓	✓	✓[a]

[a] Nur, sofern separate Stromquellen für Sicherheitseinrichtungen nicht vorhanden sind.
[b] Zur Stromversorgung von Einrichtungen zur Alarmierung und Erteilung von Anweisungen siehe DIN EN 60849 (**VDE 0828-1**):1999-05.
✓ kennzeichnet geeignete Systeme

Tabelle 1.7 Leitfaden für Sicherheitseinrichtungen
Quelle: DIN VDE 0100-560:2013-10, Tabelle B.1 [29]

1.8.2.15 Brandmeldeanlagen

In den Verordnungen und Richtlinien zur BayBO, siehe Kapitel 2 dieses Buchs, wird der Einsatz von Brandmeldeanlagen und Alarmierungsanlagen gefordert.

Technische Anforderungen zu Brandmeldeanlagen sind u. a. in DIN VDE 0833-2 [3] und DIN VDE 0833-4 [4] sowie in der VDE-Schriftenreihe 131 [2] erläutert.

Welche Anforderungen sind nach DIN VDE 0833-2 für Brandmeldeanlagen (BMA) zu erfüllen, die nach Landesbauordnung (LBO) oder deren Verordnungen gefordert werden? (Aufzählung nicht abschließend)

In Abschnitt 6.4.3.2 der DIN VDE 0833-2:2009-06 [3] sind zu bauordnungsrechtlich geforderten Brandmeldeanlagen Regelungen enthalten:

- Leitungen aller Art von bauordnungsrechtlich geforderten BMA müssen auch im Brandfall funktionsfähig bleiben, sofern nicht Ausgleichsmaßnahmen, die geeignet sind, getroffen werden. Die entsprechenden Anforderungen enthalten die bauaufsichtlichen Richtlinien über brandschutztechnische Anforderungen an Leitungsanlagen.
- Die Bauaufsichtsbehörde kann im Zweifelsfall Auskunft über die genannte bauaufsichtliche Richtlinie erteilen.
- Die Forderung nach einer bauordnungsrechtlich geforderten BMA kann sich aus der LBO, deren Verordnungen oder aus dem Baugenehmigungsbescheid ergeben, siehe Bild 2.1.

Eine Brandmeldeanlage, BMZ, zeigt **Bild 1.71**.

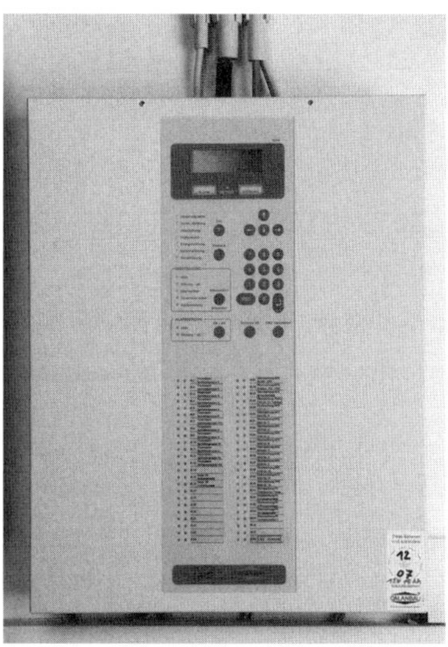

Bild 1.71 Beispiel für eine Brandmeldeanlage (BMZ) Quelle: Calanbau Brandschutzanlagen GmbH, Sarstedt [5]

1.8.2.16 Alarmierungsanlagen

Zu den Alarmierungsanlagen zählen z. B. akustische Signalgeber und Blitzleuchten sowie Sprachalarmzentralen (SAZ). Beispiele für akustische Signalgeber und Blitzleuchten zeigt **Bild 1.72**.

a) b)

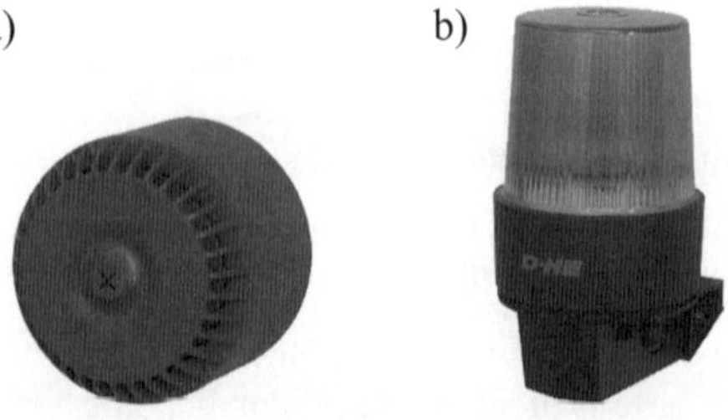

Bild 1.72 Akustischer Signalgeber und Blitzleuchte –
a) akustischer Signalgeber B/SE 24: Versorgungsspannung DC 10 V bis 28 V; Lautstärke 80 dB bis 116 dB (einstellbar); Abmessungen 92 mm (Durchmesser), 75 mm (Höhe), b) Blitzleuchte, orange, Versorgungsspannung DC 24 V
Quelle: D+H Mechatronic AG, Ammersbek [34]

Die Verstärkereinrichtung für eine Sprachalarmzentrale zeigt **Bild 1.73**.

Bild 1.73 Verstärkereinrichtung für Sprachalarmzentralen, siehe auch VDE-Schriftenreihe 131 [2]
Quelle: Bosch Sicherheitssysteme GmbH, Grasbrunn [35]

Welche Anforderungen haben Anlagen zur Sprachalarmierung im Brandfall zu erfüllen?
(Aufzählung nicht abschließend)

Zu den Anlagen zur Sprachalarmierung im Brandfall (SAA) sind grundlegende Anforderungen in der DIN VDE 0833-4:2014-10 „Gefahrmeldeanlagen für Brand, Einbruch und Überfall – Teil 4: Festlegungen für Anlagen zur Sprachalarmierung im Brandfall“ [4] festgelegt.

Danach müssen:

- SAA aus Komponenten bestehen, die den Normen der Reihe DIN EN 54, soweit vorhanden, entsprechen. Das sichere funktionsmäßige Zusammenwirken dieser Komponenten muss gewährleistet sein.
- Sprachalarmzentralen (SAZ) müssen die Anforderungen der Norm DIN EN 54-16 erfüllen, siehe auch VDE-Schriftenreihe 131 [2].
- Verarbeitet werden dürfen nur anlageneigene Meldungen und Informationen, das sind z. B. Meldungen und Informationen, die im Zusammenhang mit einer Brandfallwarnung oder einer anderen Funktion der Sprachalarmanlage stehen.
- Werden Meldungen und Informationen von anderen Anlagen über die Übertragungswege der Sprachalarmanlage übertragen, so dürfen diese die Funktion der Sprachalarmanlage nicht beeinträchtigen.
- Die Ansteuerung der SAA durch die BMZ muss grundsätzlich über eine Schnittstelle erfolgen, siehe **Bild 1.74**.
- Störungsmeldungen des SAA an die BMZ müssen über überwachte Wege gesendet werden.
- Die Überwachung der Übertragungswege zur Ansteuerung und für Störmeldungen der SAA erfolgt durch die BMZ.
- Bestimmungsgemäß müssen die Übertragungswege zwischen Lautsprecher und Zentrale, zwischen Zentralen und zwischen Zentralen und Brandfallmikrofonen verfügbar sein und überwacht werden.
- Die SAZ muss zusätzlich auch manuell auslösbar und steuerbar sein.
- Zur Dokumentation ist u. a. nach Abschnitt 6.2.8.5 in DIN VDE 0833-4:2014-10 [4] ein Blockschaltbild der SAA anzulegen, siehe **Bild 1.75**.
- Das Blockschaltbild enthält die Art und Bezeichnung aller Anlagenteile (z. B. Unterzentralen, Brandfallmikrofon, Lautsprecherstromkreise, Lautsprecher usw.).

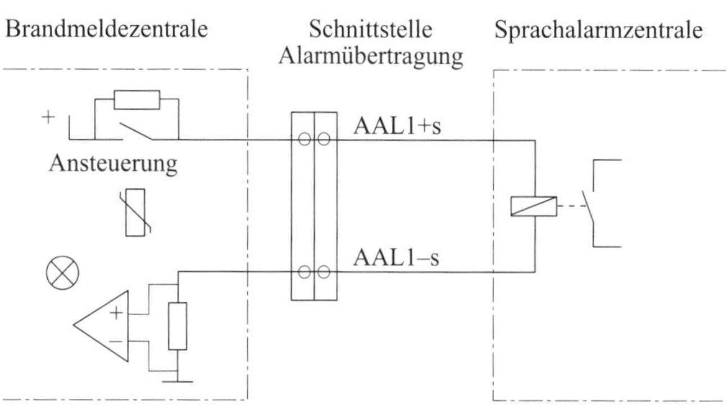

Bild 1.74 Beispiel Anschaltung und Überwachung der Alarmübertragung
Quelle: DIN VDE 0833-4:2014-10, Bild G.1 [4]

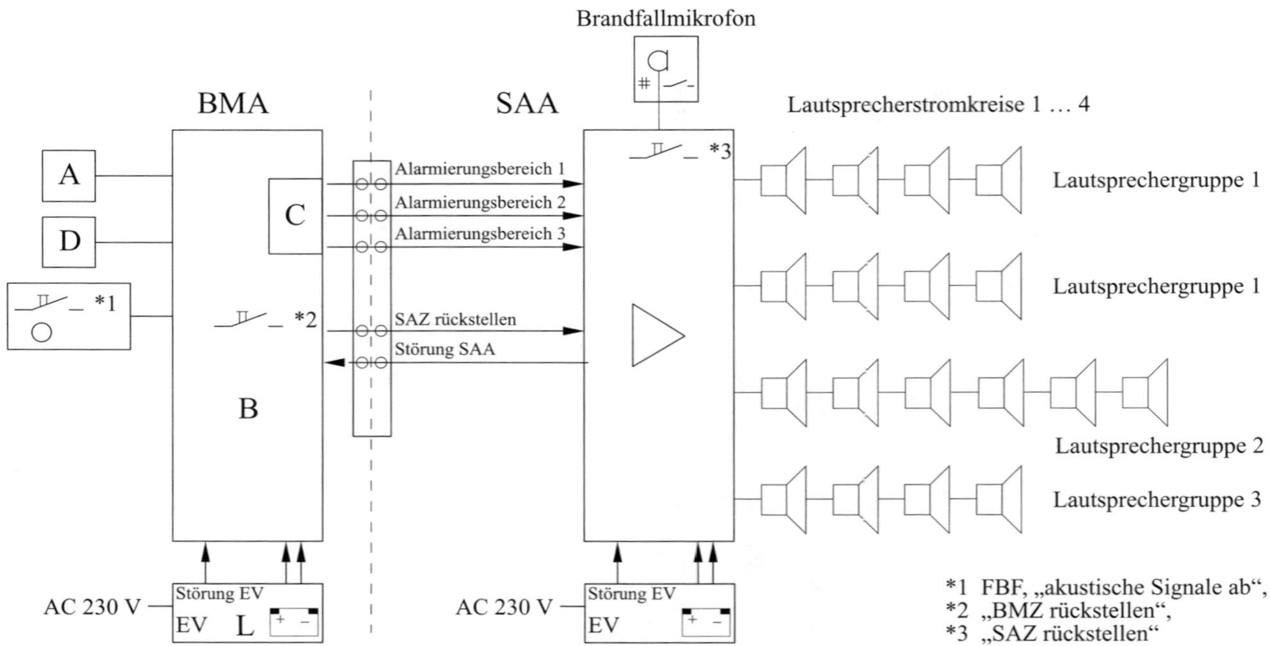

Bild 1.75 Blockschaltbild einer Sprachalarmanlage (SAA)
Quelle: DIN VDE 0833-4:2014-10, Bild I.1 [4]

1.8.2.17 Türverriegelung

Die Planung und Realisierung von Rettungswegen in öffentlichen Gebäuden unterliegt strengen bauordnungsrechtlichen Auflagen, siehe auch VDE-Schriftenreihe 131 [2]. Besondere Beachtung bei der Planung müssen dabei auch die Türen in Rettungswegen mit ihren nutzungsbedingten Anforderungen an die Verriegelung finden. An diese Türen werden spezielle bauordnungsrechtliche Anforderungen im anlagentechnischen Brandschutz gestellt, siehe Kapitel 2 in diesem Buch.

Eine mögliche Systemübersicht für Einzel- und Mehrtürenlösungen zeigt **Bild 1.76**.

Bild 1.77 zeigt eine mögliche Einbindung der Türsteuerung/Verriegelung in LON.

Für Türen im Flucht- und Rettungsweg, wie sie in den Verordnungen gefordert werden (siehe Kapitel 2 dieses Buchs), müssen gegensätzliche sicherheitstechnische Anforderungen erfüllt werden, **Bild 1.78**.

Eine mögliche Umsetzung der gegensätzlichen sicherheitstechnischen Anforderungen zeigt **Bild 1.79**.

Eine mögliche Ausstattung für ein Fluchtwegsystem zeigt **Bild 1.80**.

Die Übersicht in **Tabelle 1.8** zeigt wesentliche Bestandteile des anlagentechnischen Brandschutzes. Der Umfang ist bei der Planung jeweils auf den konkreten Einzelfall festzulegen.

Insgesamt mussten 21 verschiedene Technikgruppen koordiniert werden (**Tabelle 1.9**).

Anlagentechnischer Brandschutz	
Brandmeldeanlagen (BMA)	Sicherheits- und Notbeleuchtung
automatische Löschanlagen	Netzersatzanlagen (Notstromaggregate)
Steigleitungen, Wandhydranten	Behördenfunk – BOS-Funk
Einrichtungen zur Rauchableitung und zur Rauchfreihaltung	elektroakustische Anlagen
Brandschutz in haustechnischen Anlagen (Lüftung, Elektrotechnik, Heizung, Sanitär)	Funktionserhalt von sicherheitsrelevanten Anlagen
	Blitz- und Überspannungsschutz

Tabelle 1.8 Wesentlicher Umfang des anlagentechnischen Brandschutzes – Beispiel

21 verschiedene Technikgruppen						
raumluft-technische Anlagen	Batterielade-einrichtungen	Sprinkler-anlagen	Öffnung von Türanlagen	Lasten-aufzüge	Rauch-druck-anlagen	Feuerwehr-Informations-tableaus
Nach-strömungs-öffnungen	Brandschutz-klappen	Personen-aufzüge	Fahrsteige	Alarm-hupen	Sonnen-schutz	natürliche Entrauchungs-einrichtungen
Entrauchungs-anlagen	Entrauchungs-klappen	Fahrtreppen	Flash-Lights	Rauch-schutz-vorhänge	Brand-schutztore	bahngebundene Feuerschutz-abschlüsse

Tabelle 1.9 Technikgruppe des anlagentechnischen Brandschutzes im Terminal 2 am Flughafen München

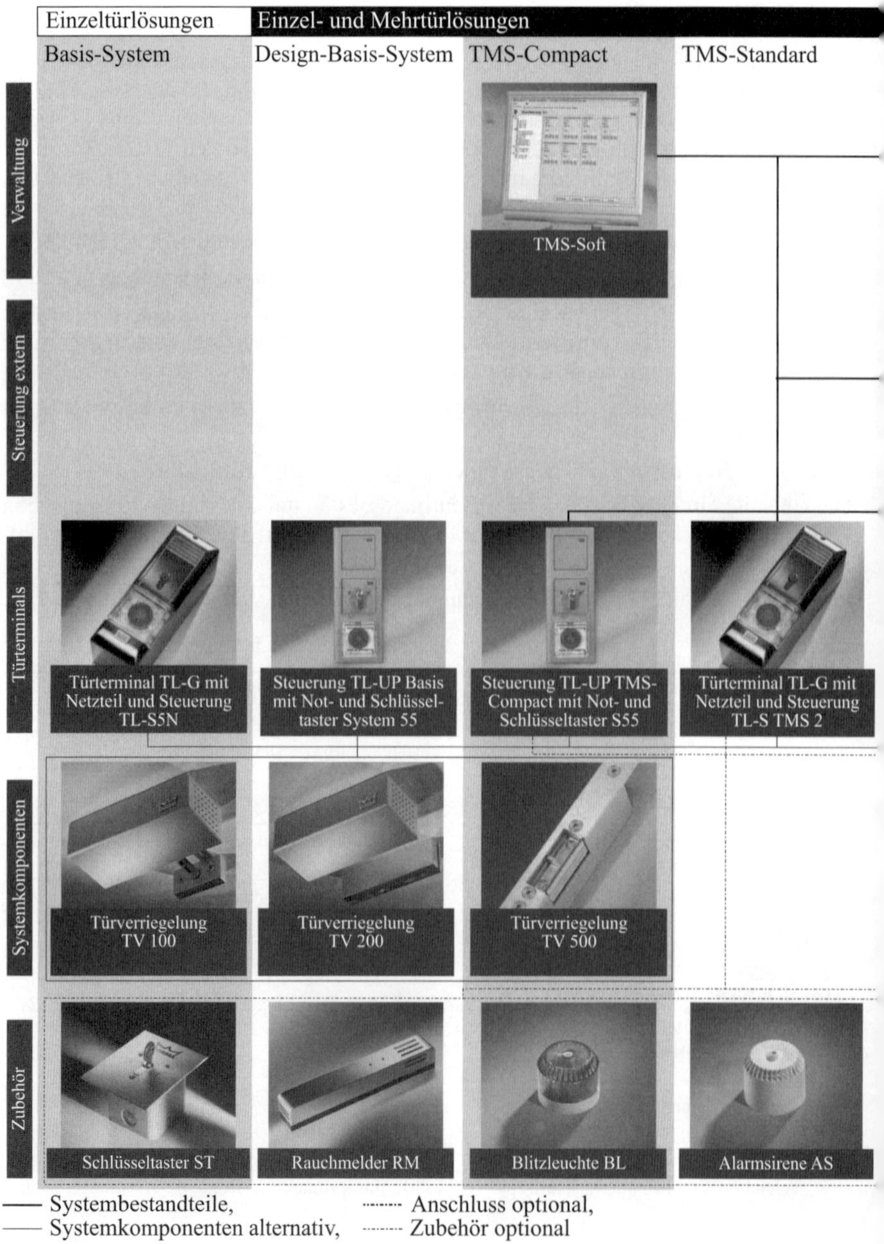

Bild 1.76 Beispiel Systemübersicht für Einzel- und Mehrtürenlösungen
Quelle: Dorma GmbH & Co. KG, Ennepetal [36]

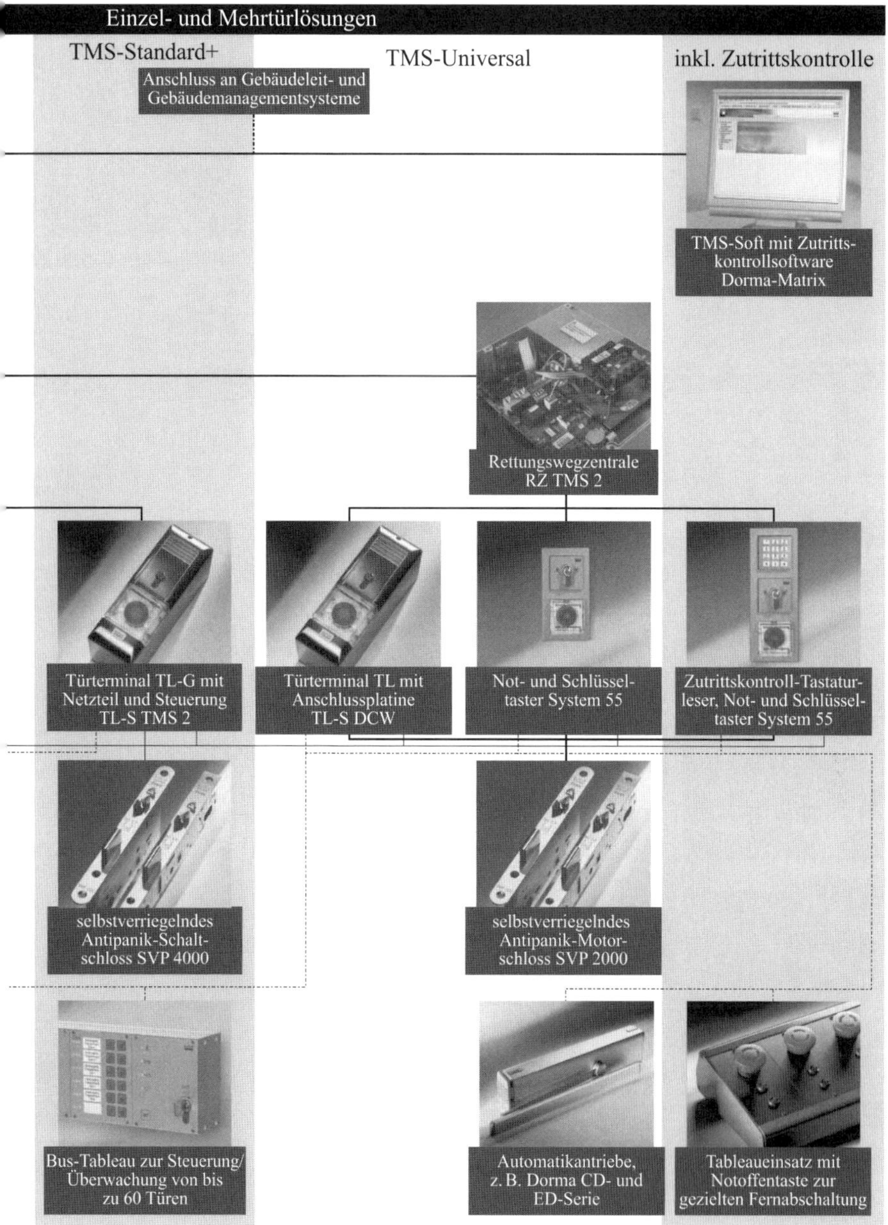
Einzel- und Mehrtürlösungen
TMS-Standard+
TMS-Universal
inkl. Zutrittskontrolle
Anschluss an Gebäudeleit- und Gebäudemanagementsysteme
TMS-Soft mit Zutrittskontrollsoftware Dorma-Matrix
Rettungswegzentrale RZ TMS 2
Türterminal TL-G mit Netzteil und Steuerung TL-S TMS 2
Türterminal TL mit Anschlussplatine TL-S DCW
Not- und Schlüsseltaster System 55
Zutrittskontroll-Tastaturleser, Not- und Schlüsseltaster System 55
selbstverriegelndes Antipanik-Schaltschloss SVP 4000
selbstverriegelndes Antipanik-Motorschloss SVP 2000
Bus-Tableau zur Steuerung/Überwachung von bis zu 60 Türen
Automatikantriebe, z. B. Dorma CD- und ED-Serie
Tableaueinsatz mit Notoffentaste zur gezielten Fernabschaltung

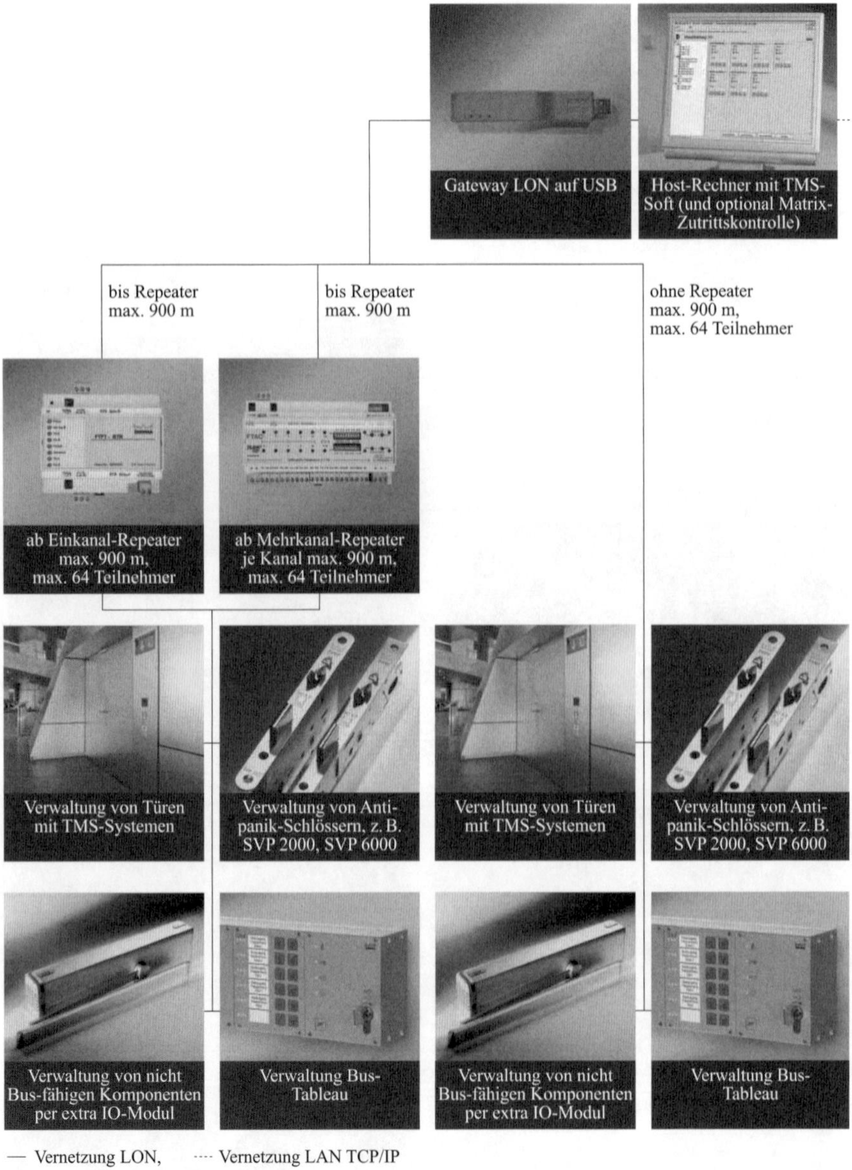

Bild 1.77 Mögliche Einbindung der Türsteuerung/Verriegelung in LON
Quelle: Dorma GmbH & Co. KG, Ennepetal [36]

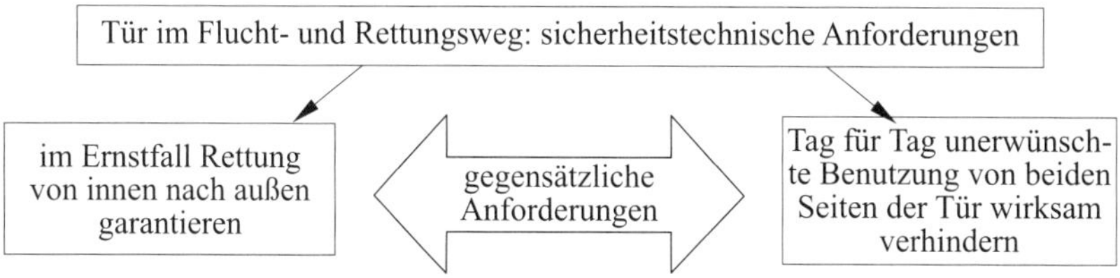

Bild 1.78 Gegensätzliche sicherheitstechnische Anforderungen für eine Tür im Flucht- und Rettungsweg

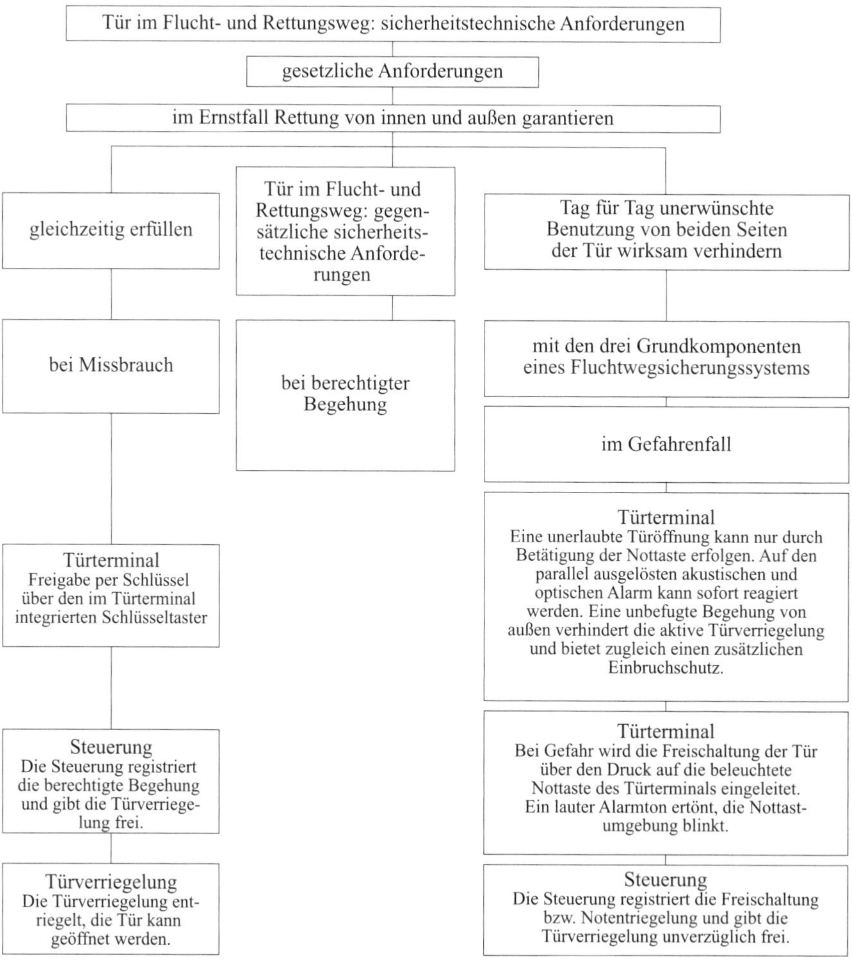

Bild 1.79 Beispiel für eine Tür im Flucht- und Rettungsweg – es müssen gegensätzliche sicherheitstechnische Anforderungen gleichzeitig erfüllt werden

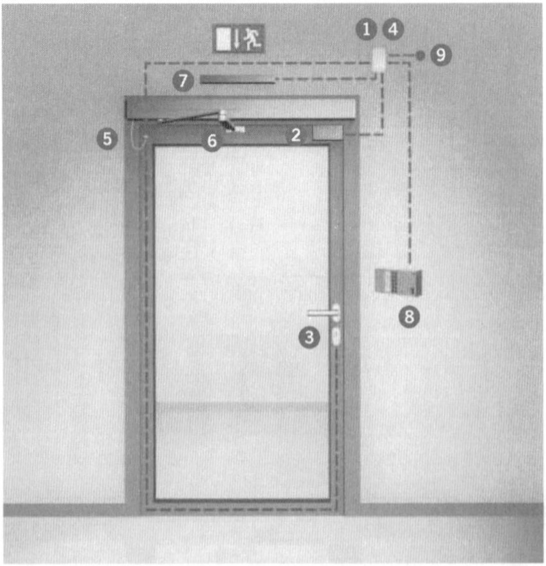

Bild 1.80 Beispiel eines Fluchtwegsicherungssystems
Quelle: Dorma GmbH & Co. KG, Ennepetal [36]

Legende zu Bild 1.80
1 Rettungswegzentrale,
2 Türverriegelung,
3 selbstverriegelndes Antipanik-Motorschloss,
4 Motorschlosssteuerung,
5 Kabelübergang,
6 Automatikantrieb,
7 Rauchmelder,
8 Bus-Steuerungstableau,
9 Spannungsversorgung

1.8.3 Planung nach dem Brandschutzkonzept

Im Brandschutzkonzept für das Terminal 2 beim Flughafen München wurden beispielsweise zu nachfolgenden Punkten für den anlagentechnischen Brandschutz Festlegungen getroffen (Auszug aus dem Brandschutzkonzept Flughafen München Terminal 2):

7.1 Maßnahmen gegen Brandrauch,

7.2 Branddetektion, Alarmierung und Kommunikationssysteme,

7.3 weitere Feuerwehreinrichtungen,

7.4 Brandbekämpfungseinrichtungen,

7.5 anlagentechnische Verknüpfung (Aktionsmatrix).

An die Brandfallsteuerung im Verbund wurden Festlegungen zu nachstehenden Kriterien getroffen:

- Zuverlässigkeit der elektronischen Steuerungen (Ausfallverhalten),
- Rückwirkungsfreiheit,
- Gebrauchstauglichkeit für Umgebungsbedingungen,
- elektromagnetische Verträglichkeit,
- Blitz- und Überspannungsschutz,
- Funktionserhalt,
- Sicherheitsstromversorgung,
- Selektivität im Netz der Sicherheitsstromversorgung.

Allein aus diesen Beispielen wird deutlich, welche Vielzahl von Techniken und technischen Zusammenhängen bei einem Gebäude dieser Art und Nutzung in die Planung des anlagentechnischen Brandschutzes einzubeziehen sind. Es zeigt, welcher enorme Abstimmungsbedarf zwischen den einzelnen Fachplanern notwendig ist. Bei einer so großen Vielfalt von sicherheitsrelevanten Anlagen, wie im Flughafen München Terminal 2, ist es notwendig, eine Übersicht für den Gesamtverbund der sicherheitsrelevanten Anlagen zu erstellen.

Die Planung des anlagentechnischen Brandschutzes sollte dann, wie im Beispiel, in Planungsabschnitten erfolgen. Im Beispiel wurden folgende Bereiche bearbeitet:

- Elektroversorgungsbereiche,
- Brandmeldeversorgungsbereiche,
- Einzelüberwachungsbereiche, wie
  - Brandmeldetechnik,
  - natürliche und mechanische Entrauchung,
  - Sprinklertechnik.

Die im Brandschutzkonzept vorgeschriebene flächendeckende Brandmeldetechnik erforderte im Beispiel u. a. nachstehende Verknüpfungen:

- Alarmweiterleiterleitung an die Flughafenfeuerwehr,
- Belüftung AUS,
- Entrauchung EIN (betroffener und benachbarter Bereich),
- Nachströmungsöffnung AUF (Zuluft Entrauchung),
- Flash-Lights EIN,
- Evakuierungsschaltung Aufzüge,
- Fahrtreppen und Fahrsteige AUS,
- Feuerschutzabschlüsse (bahngebunden) ZU.

1.8.4 Planung der Inbetriebnahme des anlagentechnischen Brandschutzes

Die auszugsweise beschriebenen Zusammenhänge und Verknüpfungen zwischen allen Gruppen des anlagentechnischen Brandschutzes erfordert eine präzise Planung der Inbetriebnahme. Dabei ist es sinnvoll, die einzelnen Zusammenhänge und Verknüpfungen in einer Übersicht darzustellen. Die Vergabe von Kennzahlen für die Verknüpfungen hat sich im Beispiel bewährt (Tabelle 1.10).

Tabelle 1.10 zeigt eine Verknüpfungsmatrix (Auszug) für die Inbetriebnahme eines komplexen anlagentechnischen Brandschutzes, wie sie im Flughafen München zur Anwendung kam.

Kennzahl	Gewerke-bezeich-nung	Anlagen bzw. System	Sachverständigen-abnahme erforderlich	Gewerk in TOB 10 vorhanden	Kennzahl der Verknüpfung TOB 10
10	BMA	Brandmeldetechnik	ja, nach SPrüfV	ja	2-16, 2-11, …
11	RWA	Rauch-/Wärmeabzugs-anlagen	ja, nach SPrüfV	ja	1-10, 1-22, …
12	ELA	elektroakustische Anlage (Warnruf und Durchsage)	ja, nach SPrüfV	ja	3-38, 3-42
13	TSA	Türsicherungsanlage	ja, empfohlen	ja	3-35, 3-43, …
14	SBEL	Sicherheitsbeleuchtung	ja, nach SPrüfV	ja	2-23, 3-42
15	RKZL	Rettungsweg-kennzeichenleuchten	ja, nach SPrüfV	ja	2-23, 3-42, …
16	FATR	Fahrtreppen	ja, TÜV-SV	ja	1-10, 2.23, …
17	FAST	Fahrsteige	ja, TÜV-SV	nein	
18	PAUF	Personenaufzüge	ja, TÜV-SV	ja	1-10, 1-22, …
19	PSS	Passagier-Steuerungs-system	nein	ja	1-38, 1-53, …
20	FSÜ	Fernsehüberwachungs-system	nein	Bestand	Prüfen
22	GLT-ST	Gebäudeleittechnik-Steuerung	ja, nach SPrüfV	ja	2-16, 2-18, …
23	GLT-ME	Gebäudeleittechnik-Meldungen	ja, nach SPrüfV	ja	1-11, 1-14, …
24	HYD	Hydrantenanlage	ja, nach SPrüfV	ja	5-10, 5-25
25	HFL	Handfeuerlöscher	Eigenprüfung FW	ja	3-24

Tabelle 1.10 Verknüpfungsmatrix für die Inbetriebnahme des anlagentechnischen Brandschutzes am Flughafen München Terminal 2 (Auszug)

Für die Inbetriebnahme und Inbetriebsetzung wurde im Beispiel ein Zeitplan erstellt. In folgenden Schritten wurde entsprechend dem Zeitplan vorgegangen:

- Anlagentest, Einregulierung,
- integrale Tests (Anlagenverbund); für die integralen Tests im Anlagenverbund wurden die 21 Technikgruppen (Tabelle 1.9) in einer Datenbank erfasst,
- Schulung des Betriebspersonals,
- Abnahmen und Übergaben an den Nutzer,
- provisorischer Betrieb,
- Betrieb, Garantiebetrieb und Weiterbildung sowie Schulung des Betriebspersonals.

1.8.5 Literatur zu 1.8

[1] *Krämer, R.*: Anlagentechnischer Brandschutz am Flughafen München Terminal 2. Vortrag auf den Bosch-Planertagen am 11.3., 12.3. und 24.3.2009 in München (nicht veröffentlicht). Ebersberg (Oberbay): TFM Telekommunikation und Fernmeldetechnik GmbH, 2009

[2] *Jackisch, J.*: Elektrische Anlagen und Bauordnungsrecht. VDE-Schriftenreihe 131. Berlin · Offenbach: VDE VERLAG, 2014. – ISBN 978-3-8007-3563-1, ISSN 0506-6719

[3] DIN VDE 0833-2 (**VDE 0833-2**):2009-06 Gefahrenmeldeanlagen für Brand, Einbruch und Überfall – Teil 2: Festlegungen für Brandmeldeanlagen. Berlin · Offenbach: VDE VERLAG

[4] DIN VDE 0833-4 (**VDE 0833-4**):2014-10 Gefahrenmeldeanlagen für Brand, Einbruch und Überfall – Teil 4: Festlegungen für Anlagen zur Sprachalarmierung im Brandfall. Berlin · Offenbach: VDE VERLAG

[5] Calanbau Brandschutz GmbH, Sarstedt: www.fire-protection-solutions.com

[6] Sprinkler und Sprinkleranlagen. Calanbau Brandschutz GmbH, Sarstedt: www.fire-protection-solutions.com/cms-produkte-brandschutz-feuerschutz/sprinkleranlagen/sprinkleranlagen.html

[7] DIN EN 50172 (**VDE 0108-100**):2005-01 Sicherheitsbeleuchtungsanlagen. Berlin · Offenbach: VDE VERLAG

[8] Energiewirtschaftsgesetz (EnWG). Gesetz über die Elektrizitäts- und Gasversorgung vom 7. Juli 2005. BGBl. I 57 (2005) Nr. 42 vom 12.7.2005, S. 1970–2018 (Berichtigung in BGBl. I 57 (2005) Nr. 74 vom 23.12.2005, S. 3621). – ISSN 0341-1095

[9] Effertz Tore GmbH, Mönchengladbach: www.effertz.de

[10] DIN 4102:1977-09 Brandverhalten von Baustoffen und Bauteilen – Feuerschutzabschlüsse, Abschlüsse in Fahrschachtwänden und gegen Feuer widerstandsfähige Verglasungen, Begriffe, Anforderungen und Prüfungen. Berlin: Beuth

[11] Bayerische Bauordnung (BayBO)[6] in der Fassung der Bekanntmachung vom 14. August 2007. BayGVBl. 81 (2007) Nr. 18, S. 588–624 – zuletzt geändert durch Bayerische Bauordnung 2013 (BayBO 2013). Gesetz zur Änderung der Bayerischen Bauordnung und des Baukammerngesetzes vom 11. Dezember 2012. BayGVBl. 86 (2012) Nr. 23, S. 633–640. – ISSN 0005-7134

[12] Planungshandbuch, 16. Aufl. (Firmenschrift). Mönchengladbach: Effertz, 2012. – Onlinedokument unter: www.effertz.de/fileadmin/pdf/Effertz_PHB_2012.pdf

[13] Deutsches Institut für Bautechnik (DIBt), Berlin: www.dibt.de

[14] Lexikon – Fachbegriffe. Effertz Tore GmbH, Mönchengladbach: www.effertz.de/lexikon/foerderanlagen-abschluss

[15] DIN EN 1366-7:2004-09 Feuerwiderstandsprüfungen für Installationen – Teil 7: Förderanlagen und ihre Abschlüsse. Berlin: Beuth

[16] DIN 18095-2:1991-03 Türen – Rauchschutztüren – Bauartprüfung der Dauerfunktionstüchtigkeit und Dichtheit. Berlin: Beuth

[17] DIN EN 1634-3:2005-01 Prüfungen zum Feuerwiderstand und zur Rauchdichte für Feuer- und Rauchschutzabschlüsse, Fenster und Beschläge – Teil 3: Prüfungen zur Rauchdichte für Rauchschutzabschlüsse. Berlin: Beuth

[18] VdS 2298:2002-06 (03) Lüftungsanlagen im Brandschutzkonzept – Merkblatt für Planung, Ausführung und Betrieb. Köln: VdS Schadenverhütung

[19] Belimo Automation AG, Hinwil/Schweiz: www.belimo.ch

[20] Oppermann Regelgeräte GmbH, Leinfelden-Echterdingen: www.oppermann-regelgeraete.de

[21] Brandschutz-Technik und Rauchabzug GmbH, Hamburg: www.btr-hamburg.de

[6] Die Verpflichtungen aus der Richtlinie 98/34/EG des Europäischen Parlaments und des Rates vom 22. Juni 1998 über ein Informationsverfahren auf dem Gebiet der Normen und technischen Vorschriften (ABl. EG Nr. L 204 S. 37), geändert durch die Richtlinie 98/48/EG des Europäischen Parlaments und des Rates vom 20. Juli 1998 (ABl. EG Nr. L 217 S. 18), jetzt Richtlinie des Europäischen Parlaments und des Rates über ein Informationsverfahren auf dem Gebiet der Normen und technischen Vorschriften und der Vorschriften für die Dienste der Informationsgesellschaft, sind insbesondere für die notifizierungsrelevanten Vorschriften der Art. 15 bis 23 beachtet worden.

[22] Der Rauch muss raus –Aufzugsschacht-Entrauchungssystem Lift-Smoke-Free. Firmenschrift. Hamburg: Brandschutz-Technik und Rauchabzug GmbH, 2013. – Onlinedokument unter: www.btr-online.de/downloads/LSF-Broschuere-59-219-web.pdf

[23] DIN EN 12101-2:2014-09 Rauch- und Wärmefreihaltung – Teil 2: Natürliche Rauch- und Wärmeabzugsgeräte. Berlin: Beuth

[24] DIN EN 54-7:2006-09 Brandmeldeanlagen – Teil 7: Rauchmelder – Punktförmige Melder nach dem Streulicht-, Durchlicht- oder Ionisationsprinzip. Berlin: Beuth

[25] DIN EN 81-73:2005-08 Sicherheitsregeln für die Konstruktion und den Einbau von Aufzügen – Besondere Anwendungen für Personen- und Lastenaufzüge – Teil 73: Verhalten von Aufzügen im Brandfall. Berlin: Beuth

[26] VDI 6017:2008-11 Aufzüge – Steuerung für den Brandfall. Berlin: Beuth

[27] Handbuch AirConcept RDA. Erfurt: AirConcept GmbH, 2014

[28] AirConcept GmbH, Erfurt: www.air-concept.com

[29] DIN VDE 0100-560 (**VDE 0100-560**):2013-10 Errichten von Niederspannungsanlagen – Teil 5-56: Auswahl und Errichtung elektrischer Betriebsmittel – Einrichtungen für Sicherheitszwecke. Berlin · Offenbach: VDE VERLAG

[30] DIN VDE 0100-718 (**VDE 0100-718**):2014-06 Errichten von Niederspannungsanlagen – Teil 7-718: Anforderungen für Betriebsstätten, Räume und Anlagen besonderer Art – Öffentliche Einrichtungen und Arbeitsstätten. Berlin · Offenbach: VDE VERLAG

[31] DIN VDE 0100-718 (**VDE 0100-718**):2005-10 Errichten von Niederspannungsanlagen – Anforderungen für Betriebsstätten, Räume und Anlagen besonderer Art – Teil 718: Bauliche Anlagen für Menschenansammlungen. Berlin · Offenbach: VDE VERLAG

[32] N. N.: Netzumschalter (I-0-II) von Hensel schalten sicher auf eine Ersatzstromquelle. Firmenschrift der Fa. Gustav Hensel GmbH & Co. KG, Lennestadt. Der Elektro-Tipp 25 (2009) 111. Ausgabe, S. 3

[33] Gustav Hensel GmbH & Co. KG, Lennestadt: www.hensel-electric.de

[34] D+H Mechatronic AG, Ammersbek: www.dh-partner.com

[35] Bosch Sicherheitssysteme GmbH, Grasbrunn: http://de.boschbuildingsecurity.com/de

[36] Dorma GmbH & Co. KG, Ennepetal: www.dorma.de

2 Gesetze, Verordnungen und Richtlinien zur Bauordnung am Beispiel der BayBO

2.1 Übersicht

In den Bundesländern gibt es Gesetze, Verordnungen und Richtlinien, die aufgrund der jeweiligen Landesbauordnung herausgegeben wurden. In **Bild 2.1** wird gezeigt, wie diese bei der Planung von bauordnungsrechtlich geforderten sicherheitstechnischen Anlagen einzubeziehen sind.

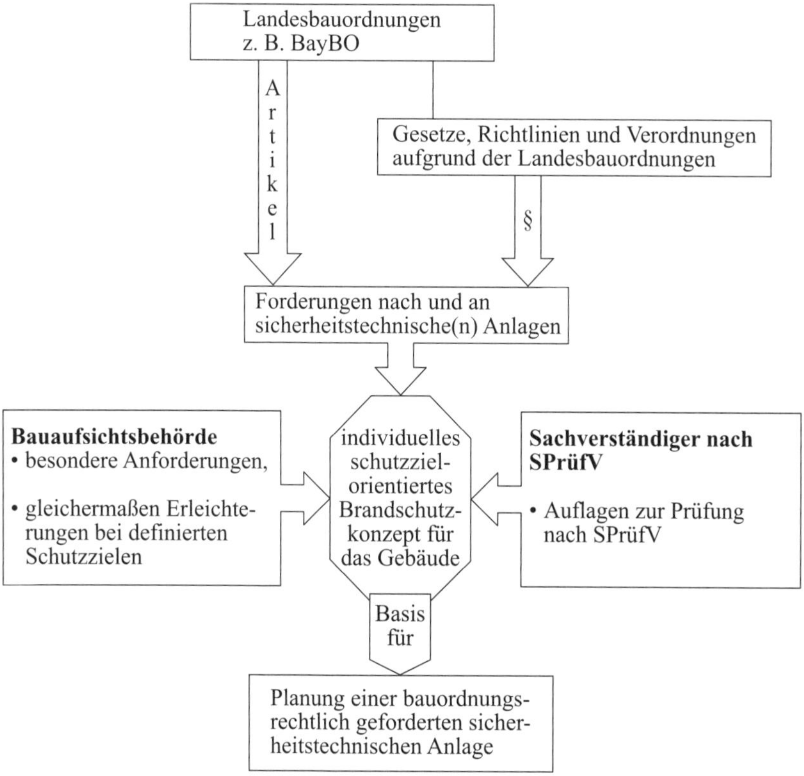

Bild 2.1 Basis für Planung bauordnungsrechtlich geforderter sicherheitstechnischer Anlagen

Beispiele für diese Gesetze, Verordnungen und Richtlinien, die aufgrund der Bayerischen Bauordnung erlassen wurden, sind in **Tabelle 2.1** aufgelistet.

Beispiele für Gesetze, Verordnungen, Richtlinien aufgrund der BayBO		
Gesetze	**Verordnungen**	**Richtlinien**
Bayerisches Abgrabungsgesetz	Sicherheitsanlagen Prüfverordnung (SPrüfV)	Hochhausrichtlinie (HHR)
	Bauvorlagenverordnung (BauVorlV)	Richtlinie über fliegende Bauten
	Feuerungsverordnung (FeuV)	Richtlinie über den Bau von Betriebsräumen für elektrische Anlagen (EltBauV)
	Garagenverordnung (GaStellV)	
	Versammlungsstättenverordnung (VStättV)	
	Verkaufsstättenverordnung (VkV)	
	Zuständigkeitsverordnung im Bauwesen (ZustVBau)	
	Verordnung über den Bau und Betrieb von Beherbergungsstätten (Beherbergungsstättenverordnung – BStättV)	

Tabelle 2.1 Aufgrund der BayBO erlassene Gesetze, Verordnungen und Richtlinien

An den Beispielen der

- Bauvorlagenverordnung,
- Feuerungsverordnung,
- Garagenverordnung,
- Hochhausrichtlinie,
- Verkaufsstättenverordnung,
- Versammlungsstättenverordnung

als Verordnungen und Richtlinien zur Bayerischen Bauordnung werden in den nachfolgenden Abschnitten gezeigt:

- die allgemeine Inhaltsübersicht,
- Anforderungen für und an technische und sicherheitstechnische Anlagen,
- Verordnungen/Richtlinien im Ländervergleich.

Wie der Ländervergleich zeigt, sind in mehreren Bundesländern diese Verordnungen ähnlich aufgebaut.

2.2 Bauvorlagenverordnung (BauVorlV) [1]

2.2.1 Inhaltsübersicht

Verordnung über Bauvorlagen und bauaufsichtliche Anzeigen (BauVorlV) vom 10. November 2007

Aufgrund von Art. 80 Abs. 4 der Bayerischen Bauordnung (BayBO) in der Fassung der Bekanntmachung vom 14. August 2007 (GVBl. S. 588, BayRS 2132-1-I) und Art. 7 Abs. 2 des Bayerischen Abgrabungsgesetzes (BayAbgrG) vom 27. Dezember 1999 (GVBl. S. 532, 535, BayRS 2132-2-I) erlässt das Bayerische Staatsministerium des Innern die Verordnung über Bauvorlagen und bauaufsichtliche Anzeige.

Wie ist die Bauvorlagenverordnung gegliedert?

Die Bauvorlagenverordnung ist in sechs Teile mit insgesamt 17 Paragrafen und zwei Anlagen unterteilt (**Tabelle 2.2**).

Inhalts-übersicht	Erster Teil	Zweiter Teil	Dritter Teil	Vierter Teil	Fünfter Teil	Sechster Teil	Anlagen 1 und 2
	Allgemeines	vorzulegende Bauvorlagen	Inhalt der Bauvorlagen	Abgrabungsplan	Bauzustandsanzeigen	Inkrafttreten, Außerkrafttreten	

Tabelle 2.2 Teile der Bauvorlagenverordnung

Tabelle 2.3 zeigt die Paragrafen der einzelnen Teile mit deren Inhalt.

Themenschwerpunkte der Bauvorlagenverordnung sind:

- Art,
- Zahl,
- Beschaffenheit,
- Inhalt der Bauvorlagen,
- Abgrabungsplan,
- bautechnische Nachweise zur Standsicherheit,
- Feuerwiderstand,
- Brand-, Wärme- und Schallschutz.

Allgemeines	Vorzulegende Bauvorlagen	Inhalt der Bauvorlagen	Abgrabungsplan	Bauzustandsanzeigen	Inkrafttreten, Außerkrafttreten
§ 1 Begriff, Beschaffenheit	§ 3 Bauliche Anlagen	§ 7 Auszug aus dem Katasterwerk, Lageplan		§ 15 Baubeginnanzeige	§ 17 Inkrafttreten, Außerkrafttreten
§ 2 Anzahl	§ 4 Werbeanlagen	§ 8 Bauzeichnungen		§ 16 Anzeige der beabsichtigten Nutzungsaufnahme	
	§ 5 Vorbescheid	§ 9 Baubeschreibung			
	§ 6 Beseitigung von Anlagen	§ 10 Standsicherheitsnachweis			
		§ 11 Brandschutznachweis			
		§ 12 Nachweise für Wärme-, Schall-, Erschütterungsschutz			
		§ 13 Übereinstimmungsgebot			

Tabelle 2.3 Bauvorlagenverordnung – Paragrafen

2.2.2 Erläuterungen zur Bauvorlagenverordnung

2.2.2.1 Begriffe in der BauVorlV

Was sind Bauvorlagen im Sinne des Bauordnungsrechts?

Die Begriffsdefinitionen der Bauvorlagen können in den einzelnen Bundesländern unterschiedlich sein. Ein Beispiel für eine Definition der Bauvorlage steht im nachfolgenden Zitat aus der BauVorlV.

Beispiel BauVorlV, Bayern; Zitat:

§ 1 Begriff, (...)

(1) 1 Bauvorlagen sind die einzureichenden Unterlagen, die für:

- *die Beurteilung des Bauvorhabens und*
- *die Bearbeitung des Bauantrags (Art. 64 Abs. 2 Satz 1 BayBO),*
- *für die Anzeige der beabsichtigten Beseitigung (Art. 57 Abs. 5 Satz 2 BayBO) oder für die Genehmigungsfreistellung (Art. 58 Abs. 3 Satz 1 Halbsatz 1 BayBO)*

erforderlich sind. 2 Bautechnische Nachweise gelten auch dann als Bauvorlagen im Sinne dieser Verordnung, wenn sie der Bauaufsichtsbehörde nicht vorzulegen sind.

2.2.2.2 Beschaffenheit von Bauvorlagen

Welche Anforderungen an die Beschaffenheit von Bauvorlagen stellt das Bauordnungsrecht?

Im Beispiel (BauVorlV, Bayern) gibt es u. a. Anforderungen an das Papier, die Lichtbeständigkeit und die Größe der Vorlagen. Im Einzelnen stellt sich dies wie folgt dar:

Beispiel BauVorlV, Bayern; Zitat:

§ 1 (...) Beschaffenheit

(2) 1 Bauvorlagen müssen aus alterungsbeständigem Papier oder gleichwertigem Material lichtbeständig hergestellt sein und dem Format DIN A4 entsprechen oder auf diese Größe gefaltet sein (...).

(3) Hat das Staatsministerium des Innern Vordrucke öffentlich bekannt gemacht, sind diese zu verwenden.

(4) Die Bauaufsichtsbehörde darf ein Modell oder weitere Nachweise verlangen, wenn dies zur Beurteilung des Bauvorhabens erforderlich ist.

(5) Die Bauaufsichtsbehörde soll auf Bauvorlagen nach dem zweiten Teil und einzelne Angaben in den Bauvorlagen sowie auf bautechnische Nachweise einschließlich deren Prüfung und deren Bescheinigung durch Prüfsachverständige verzichten, soweit diese zur Beurteilung der Genehmigungsfähigkeit des Bauvorhabens nicht erforderlich sind.

Im Vollzug der Bauvorlagenverordnung (Beispiel Bayern [2]) werden die aufgrund von § 1 Abs. 3 Bauvorlagenverordnung bekannt gemachten Vordrucke genannt:

1. Aufgrund von § 1 Abs. 3 der Verordnung über Bauvorlagen und bauaufsichtliche Anzeigen (Bauvorlagenverordnung – BauVorlV) vom 10. November 2007 (GVBl S. 792, BayRS 2132-1-2-I), zuletzt geändert durch § 8 der Verordnung vom 22. Oktober 2009 (GVBl S. 542), werden die anliegenden Vordrucke
   - Bauantrag und Abgrabungsantrag mit Erläuterungen,
   - Erklärung über die Erfüllung des Kriterienkatalogs gemäß Anlage 2 der BauVorlV mit Erläuterungen,
   - Baubeschreibung,
   - Stellungnahme der Gemeinde,
   - Beseitigungsanzeige mit Erläuterungen,
   - Zustimmung zur Abstandsflächenübernahme/Abstandsübernahme mit Erläuterungen,
   - Bestimmung des Verantwortlichen für die Einhaltung der bauaufsichtlichen Anforderungen an die Standsicherheit bei der Bauausführung gemäß Art. 77 Abs. 3 Satz 1 BayBO bei Vorhaben im Sinne des Art. 62 Abs. 3 Satz 2 Nr. 2 BayBO mit Erläuterungen,
   - Baubeginnanzeige mit Erläuterungen,
   - Anzeige der Nutzungsaufnahme,

- Bescheinigung Standsicherheit I,
- Bescheinigung Standsicherheit II,
- Bescheinigung Brandschutz I,
- Bescheinigung Brandschutz II,
- Bescheinigung Brandschutz III,
- Bescheinigung über die Einhaltung der festgelegten Grundfläche und Höhenlage,
- Bescheinigung Baugrund,
- Bescheinigung sicherheitstechnische Anlagen

bekannt gemacht und verbindlich eingeführt.

Die Anlage 3 (Stellungnahme der Gemeinde) wird zur Verwendung empfohlen.

Die genannten Vordrucke sind in den Anlagen 1 bis 16 im Vollzug der Bauvorlagenverordnung [2] enthalten. Das Verzeichnis der Anlagen im Vollzug der Bauvorlagenverordnung wird nachfolgend wiedergegeben:

Anlage 1	Bauantrag und Abgrabungsantrag mit Erläuterungen, **Bild 2.2**,
Anlage 1a	Erklärung über die Erfüllung des Kriterienkatalogs gemäß Anlage 2 der BauVorlV mit Erläuterungen, **Bild 2.3**,
Anlage 2	Baubeschreibung, **Bild 2.4**,
Anlage 3	Stellungnahme der Gemeinde, **Bild 2.5**,
Anlage 4	Beseitigungsanzeige mit Erläuterungen, **Bild 2.6**,
Anlage 5	Zustimmung zur Abstandsflächenübernahme/Abstandsübernahme mit Erläuterungen, **Bild 2.7**,
Anlage 6	Bestimmung des Verantwortlichen für die Einhaltung der bauaufsichtlichen Anforderungen an die Standsicherheit bei der Bauausführung gemäß BayBO Art. 77 Abs. 3 Satz 1, bei Vorhaben im Sinne des Art. 62 Abs. 3 Satz 2 Nr. 2 BayBO mit Erläuterungen, **Bild 2.8**,
Anlage 7	Baubeginnsanzeige mit Erläuterungen, **Bild 2.9**,
Anlage 8	Anzeige der Nutzungsaufnahme, **Bild 2.10**,
Anlage 9	Bescheinigung Standsicherheit I, **Bild 2.11**,
Anlage 10	Bescheinigung Standsicherheit II, **Bild 2.12**,
Anlage 11	Bescheinigung Brandschutz I, **Bild 2.13**,
Anlage 12	Bescheinigung Brandschutz II, **Bild 2.14**,
Anlage 13	Bescheinigung Brandschutz III, **Bild 2.15**,
Anlage 14	Bescheinigung über die Einhaltung der festgelegten Grundfläche und Höhenlage, **Bild 2.16**,
Anlage 15	Bescheinigung Baugrund, **Bild 2.17**,
Anlage 16	Bescheinigung sicherheitstechnische Anlagen, **Bild 2.18**.

Anlage 1

Über die Gemeinde	Nr. im Bau- / Abgrabungsantragsverzeichnis der Gemeinde	Nr. im Bau- / Abgrabungsantragsverzeichnis des Landratsamts
An (untere Bauaufsichts- / Abgrabungsbehörde)	Eingangsstempel der Gemeinde	Eingangsstempel des Landratsamts
☐ Erstschrift ☐ Zweitschrift ☐ Drittschrift ☐ weitere Ausfertigung		Zutreffendes bitte ankreuzen ☒ oder ausfüllen

☐ **Antrag auf Baugenehmigung** (Art. 64 BayBO) ☐ **Antrag auf Abgrabungsgenehmigung** (Art. 7 BayAbgrG)

☐ **Änderungsantrag zu einem beantragten / genehmigten Verfahren**

Aktenzeichen des bisherigen Antrags: Genehmigungsdatum:

☐ **Antrag auf Vorbescheid** (Art. 71 BayBO, Art. 9 Abs. 1 Satz 4 BayAbgrG)

☐ **Vorlage im Genehmigungsfreistellungsverfahren** (Art. 58 BayBO, Art. 6 Abs. 2 BayAbgrG)

☐ Das Vorhaben liegt im Geltungsbereich eines Bebauungsplans i. S. v. § 12 / § 30 Abs. 1 oder 2 BauGB. Es hält alle Festsetzungen ein.

Nr. des Bebauungsplanes / Bezeichnung:

☐ Es wird beantragt, die Vorlage als Antrag auf Baugenehmigung weiter zu behandeln, falls die Gemeinde erklärt, dass das Genehmigungsverfahren durchgeführt werden soll.

1. Antragsteller / Bauherr

Name	Vorname
Straße, Hausnummer	PLZ, Ort
Telefon (mit Vorwahl)	Fax
E-Mail	

Vertreter des Antragstellers / Bauherrn

Name	Vorname
Straße, Hausnummer	PLZ, Ort
Telefon (mit Vorwahl)	Fax
E-Mail	

2. Vorhaben

Genaue Bezeichnung des Vorhabens

☐ **Gebäudeklasse** nach Art. 2 Abs. 3 Satz 1 Nr. BayBO

☐ **Sonderbau** nach Art. 2 Abs. 4 Nr. BayBO

☐ **Mittelgarage** (§ 1 Abs. 7 Satz 1 Nr. 2 GaStellV) ☐ **Großgarage** (§ 1 Abs. 7 Satz 1 Nr. 3 GaStellV)

☐ Eine Prüfung des Standsicherheitsnachweises ist nicht erforderlich; die Erklärung des Tragwerksplaners über die Prüffreiheit nach dem Kriterienkatalog gemäß Anlage 2 der BauVorlV (s. Anlage 1a) liegt bei.

Bild 2.2 Beispiel für einen Antrag auf Baugenehmigung [2]

Brandschutznachweis
(Angabe nur erforderlich bei Bauvorhaben i. S. v. Art. 62 Abs. 3 Satz 3 BayBO)

☐ soll bauaufsichtlich geprüft werden

☐ wird durch Prüfsachverständigen bescheinigt

☐ **bauliche Anlage mit Arbeitsstätte mit einem höheren Gefährdungspotential** (§ 2 Satz 3 BauVorlV)

☐ Ein zusätzlicher Plansatz zur Weiterleitung an das Gewerbeaufsichtsamt liegt bei

Das Bauvorhaben bedarf einer

☐ **Ausnahme** (§ 31 Abs. 1 BauGB)

☐ **Befreiung** (§ 31 Abs. 2 BauGB)

☐ **Abweichung** (Art. 63 Abs. 1 BayBO – soweit nicht Bescheinigung durch Prüfsachverständigen erfolgt)

☐ **denkmalschutzrechtlichen Erlaubnis** (Art. 6 Abs. 1 DSchG)
☐ Einzelbaudenkmal ☐ Ensemble ☐ Nähe Denkmal

Vorbescheid zu diesem Antrag wurde ☐ beantragt ☐ erteilt ☐ abgelehnt Aktenzeichen:

3. Baugrundstück

Gemarkung	Flur-Nr.	Gemeinde
Straße, Hausnummer		Gemeindeteil
Verwaltungsgemeinschaft		

Bestehende Dienstbarkeiten auf dem Baugrundstück
☐ Abstandsflächen ☐ Geh- und Fahrtrechte ☐ Überbaurechte ☐ Stellplätze
☐ andere Rechte:

Bestehende Abstandsflächenübernahme
☐ Auf das Grundstück wurden Abstandsflächen aufgrund einer Erklärung i. S. v. Art. 6 Abs. 2 Satz 3 BayBO übernommen.
Flur-Nr. und Gemarkung des herrschenden Grundstücks / Bezeichnung des Begünstigten:

4. Entwurfsverfasser

Name	Vorname
Straße, Hausnummer	PLZ, Ort
Telefon (mit Vorwahl)	Fax
E-Mail	

☐ bauvorlageberechtigt nach Art. 61 BayBO ☐ keine Bauvorlageberechtigung
☐ Abs. 2 Nr. 1 ☐ Abs. 2 Nr. 2 ☐ Abs. 3 ☐ Abs. 4

Listen- / Architektennummer	Land
Berufsbezeichnung	

☐ Abs. 6 – 8	Land der Niederlassung	Anzeige / Bescheinigung ist erfolgt in (Bundesland)
☐ Abs. 9	Bauvorlageberechtigter	☐ sog. „Besitzständler" (Art. 61 Abs. 5 BayBO in der bis zum 31.07 2009 geltenden Fassung)

Bild 2.2 (*Fortsetzung*) Beispiel für einen Antrag auf Baugenehmigung [2]

5. Nachbarn

Allen Eigentümern benachbarter Grundstücke sind die Bauzeichnungen und der Lageplan zur Unterschrift vorzulegen.
Bitte angeben: Flur-Nr., Gemarkung, alle Eigentümer mit Name, Vorname, Straße, Haus-Nr., PLZ, Ort, Telefon

a)		Unterschrift wurde erteilt ☐ ja ☐ nein
b)		Unterschrift wurde erteilt ☐ ja ☐ nein
c)		Unterschrift wurde erteilt ☐ ja ☐ nein
d)		Unterschrift wurde erteilt ☐ ja ☐ nein
e)		Unterschrift wurde erteilt ☐ ja ☐ nein
f)		Unterschrift wurde erteilt ☐ ja ☐ nein
g)		Unterschrift wurde erteilt ☐ ja ☐ nein
h)		Unterschrift wurde erteilt ☐ ja ☐ nein

☐ weitere Nachbarn siehe Beiblatt

Antrag auf Benachrichtigung der Eigentümer benachbarter Grundstücke, deren Unterschriften fehlen, durch die Gemeinde gem. Art. 66 Abs. 1 Satz 3 BayBO	☐ ja	☐ nein
Antrag auf Absehen von der Nachbarbeteiligung bei Vorbescheidsantrag gem. Art. 71 Satz 4 Halbsatz 2 BayBO	☐ ja	☐ nein
Antrag auf Nachbarbeteiligung durch öffentliche Bekanntmachung (nur bei baulichen Anlagen, die aufgrund ihrer Beschaffenheit oder ihres Betriebes geeignet sind, die Allgemeinheit oder die Nachbarschaft zu gefährden, zu benachteiligen oder zu belästigen, Art. 66 Abs. 4 BayBO)	☐ ja	☐ nein

6. Bei Antrag auf Vorbescheid:

Frage(n), über die im Vorbescheid zu entscheiden ist, siehe Beiblatt

Bild 2.2 (*Fortsetzung*) Beispiel für einen Antrag auf Baugenehmigung [2]

7. Anlagen

	Anzahl		Anzahl
☐ Amtlicher Lageplan (§ 3 Nr. 1 BauVorlV)		☐ Zustimmung zur Abstandsflächenübernahme / Abstandsübernahme (§ 3 Nr. 8 BauVorlV)	
☐ Bauzeichnungen (§ 3 Nr. 2 BauVorlV)		☐ Antrag auf Ausnahme / Befreiung / Abweichung mit Begründung (§ 3 Nr. 9 BauVorlV)	
☐ Baubeschreibung (§ 3 Nr. 3 BauVorlV)		☐ UVP-Unterlagen	
☐ Standsicherheitsnachweis (§ 3 Nr. 4 BauVorlV)		☐ statistischer Erhebungsbogen	
☐ Kriterienkatalog gemäß (§ 3 Nr. 4 BauVorlV) Anlage 2 der BauVorlV		☐ Weitere Anlagen	
☐ Brandschutznachweis (§ 3 Nr. 5 BauVorlV)			
☐ Berechnungen (§ 3 Nr. 7 BauVorlV)			
☐ GFZ ☐ GRZ ☐ BMZ			

8. Hinweise zum Arbeitsschutz

Bei der Planung und Ausführung des Bauvorhabens sind die Anforderungen der Baustellenverordnung zu beachten. Sofern es sich bei dem Bauvorhaben um die Errichtung oder Änderung einer Arbeitsstätte zur Beschäftigung von Mitarbeitern handelt, sind zusätzlich die Anforderungen der Arbeitsstättenverordnung zu beachten.

9. Datenschutzrechtliche Hinweise

Die Angaben in dem Antrag und in den nach der Bauvorlagenverordnung beizufügenden Unterlagen werden für das Genehmigungsfreistellungsverfahren bzw. für die Prüfung des Antrags benötigt.
Ohne diese Angaben ist eine Bearbeitung des Antrags nicht möglich.

10. Vollmacht

Mit nachstehender Unterschrift bevollmächtigt der Antragsteller / Bauherr den Entwurfsverfasser, Verhandlungen mit der Bauaufsichtsbehörde im Zusammenhang mit diesem Antrag zu führen und Schriftverkehr mit Ausnahme von Bescheiden und Verfügungen bis zur Entscheidung über den Antrag in Empfang zu nehmen.

☐ ja ☐ nein

11. Unterschriften

Entwurfsverfasser

Datum, Unterschrift

☐ Antragsteller / Bauherr
☐ Vertreter

Datum, Unterschrift

Bild 2.2 (*Fortsetzung*) Beispiel für einen Antrag auf Baugenehmigung [2]

zu Anlage 1

Erläuterungen zum Ausfüllen des Bau- oder Abgrabungsantrags

Vorbemerkung

Reicht der auf den Vordrucken vorgesehene Raum für die erforderlichen Angaben nicht aus, verwenden Sie bitte gesonderte Blätter und legen Sie diese dem Antrag bei.

Abkürzungen:

BayBO:	Bayerische Bauordnung
BayAbgrG:	Bayerisches Abgrabungsgesetz
BayVwVfG:	Bayerisches Verwaltungsverfahrensgesetz
BauVorlV:	Verordnung über Bauvorlagen und bauaufsichtliche Anzeigen
BauGB:	Baugesetzbuch
ZQualVBau:	Verordnung über den Erwerb der Zusatzqualifikation zur Erstellung der bautechnischen Nachweise im Sinn des Art. 62 der Bayerischen Bauordnung – ZusatzqualifikationsverordnungBau

Bild 2.2 (*Fortsetzung*) Beispiel für einen Antrag auf Baugenehmigung [2]

Grundsätzliches

Der Antrag ist bei der für das Baugrundstück zuständigen Gemeinde einzureichen. Diese legt ihn, sofern sie nicht selbst untere Bauaufsichts- bzw. Abgrabungsbehörde ist, der unteren Bauaufsichts- bzw. Abgrabungsbehörde vor. Der Antrag ist grundsätzlich in dreifacher Ausfertigung einzureichen. Die Erstschrift verbleibt bei der Bauaufsichts- bzw. Abgrabungsbehörde. Die Zweitschrift erhält der Antragsteller mit dem Bescheid über seinen Antrag zurück. Die Drittschrift erhält die Gemeinde. Ist die Gemeinde zugleich untere Bauaufsichts- bzw. Abgrabungsbehörde, genügt es, den Antrag in zweifacher Ausfertigung einzureichen (Art. 64 Abs. 1 BayBO, § 2 Satz 1 BauVorlV; Art. 7 Abs. 1 BayAbgrG, § 14 BauVorlV). Bei baulichen Anlagen mit Arbeitsstätten mit einem höheren Gefährdungspotential ist gemäß § 2 Satz 3 BauVorlV eine weitere Ausfertigung vorzulegen, die die Bauaufsichtsbehörde an das Gewerbeaufsichtsamt der zuständigen Regierung weiterleitet (vgl. Nrn. 2 und 9 des Antrags).

Anträge auf Genehmigung einer Werbeanlage (soweit sie nicht gem. Art. 57 Abs. 1 Nr. 12 oder Abs. 2 Nr. 6 BayBO verfahrensfrei ist) sind Anträge auf Baugenehmigung, da nach Art. 2 Abs. 1 Satz 2 BayBO Werbeanlagen bauliche Anlagen sind.

Die Genehmigungsfreistellung bebauungsplankonformer Abgrabungen nach Art. 6 Abs. 2 Satz 1 Nr. 3 BayAbgrG setzt voraus, dass der Antragsteller bei der Gemeinde geeignete Unterlagen vorlegt, die ihr ermöglichen, zu entscheiden, ob ein Antrag auf vorläufige Untersagung des Vorhabens nach § 15 Abs. 1 Satz 2 BauGB gestellt werden soll.

Zu 1. – Antragsteller / Bauherr

Ein Vertreter des Antragstellers/Bauherrn ist immer in den Fällen gesetzlicher Vertretung anzugeben. Eine solche liegt insbesondere vor, wenn der Bauherr eine juristische Person ist (z. B. AG, GmbH usw.) oder wenn der Bauherr nicht verhandlungsfähig ist. Treten mehrere Personen als Bauherrn auf, so können sie zur Vereinfachung des Verfahrens einen verantwortlichen Vertreter benennen. Die Bauaufsichtsbehörde kann auch von sich aus verlangen, dass ein Vertreter bestellt wird, der ihr gegenüber die Verpflichtungen des Bauherrn erfüllt (Art. 50 Abs. 2 BayBO); im abgrabungsaufsichtlichen Verfahren gelten insoweit die Regelungen der Art. 17, 18 Abs. 1 BayVwVfG.

Zu 2. – Vorhaben

a) **Gebäudeklassen / Sonderbau**

Art. 2 Abs. 3 BayBO sieht eine Gliederung der Gebäude in fünf Gebäudeklassen vor. Art. 2 Abs. 4 BayBO bestimmt, welche Vorhaben Sonderbauten sind. Je nachdem, um was für ein Vorhaben es sich handelt, ergeben sich unterschiedliche Konsequenzen für das Verfahren (z. B. keine Genehmigungsfreistellung und kein vereinfachtes Baugenehmigungsverfahren bei Sonderbauten) und für die Ersteller der bautechnischen Nachweise bzw. deren Bescheinigung durch einen Prüfsachverständigen. Diese Festlegungen hinsichtlich der bautechnischen Nachweise gelten auch bei der Genehmigungsfreistellung (Art. 58 Abs. 5 Satz 1 BayBO).

Werden bei einem Antrag auf Abgrabungsgenehmigung auch dem Abgrabungsbetrieb dienende Gebäude (Art. 1 BayAbgrG) mit umfasst, so gelten hierfür die bauordnungsrechtlichen Anforderungen (Art. 9 Abs. 1 Satz 1 Halbsatz 2 BayAbgrG). In diesen Fällen sind daher auch für den Abgrabungsantrag Angaben zur Einordnung des Bauvorhabens nach Art. 2 Abs. 3 und 4 BayBO erforderlich.

Bild 2.2 (*Fortsetzung*) Beispiel für einen Antrag auf Baugenehmigung [2]

b) <u>Bautechnische Nachweise</u>

Grundsätzlich ist der Entwurfsverfasser im Rahmen seiner Bauvorlageberechtigung auch dazu berechtigt, die bautechnischen Nachweise zur Einhaltung der Anforderungen an die Standsicherheit, den Brand-, Schall-, und Erschütterungsschutz zu erstellen (Art. 62 Abs. 1 Satz 2 BayBO). Hierdurch wird die Gesamtverantwortung des bauvorlageberechtigten Entwurfverfassers für die Planung insgesamt betont.

Für die Erstellung und die Überprüfung der Nachweise der Standsicherheit und des Brandschutzes enthalten Art. 62 Abs. 2 und 3 BayBO jedoch für bestimmte Bauvorhaben abweichende Regelungen, auf die nachfolgend näher eingegangen wird.

<u>Standsicherheitsnachweis:</u>

Bei
- Gebäuden der Gebäudeklassen 1 bis 3 und
- sonstigen baulichen Anlagen, die keine Gebäude sind,

muss der Standsicherheitsnachweis von einer hierfür besonders qualifizierten Person erstellt sein, da dieser Nachweis nicht in jedem Fall durch die Bauaufsichtsbehörde, einen Prüfingenieur oder ein Prüfamt zu prüfen oder durch einen Prüfsachverständigen zu bescheinigen ist.

Die Berechtigung zur **Erstellung des Standsicherheitsnachweises** in den oben genannten Fällen haben nach Art. 62 Abs. 2 Satz 1 BayBO
- Personen mit einem berufsqualifizierenden Hochschulabschluss eines Studiums der Fachrichtung Architektur, Hochbau (i. S. v. Art. 49 Abs. 1 der Richtlinie 2005/36/EG) oder des Bauingenieurwesens mit einer mindestens dreijährigen Berufserfahrung in der Tragwerksplanung, die in eine entsprechende Liste der Bayerischen Architektenkammer oder der Bayerischen Ingenieurekammer-Bau eingetragen sind,
- staatlich geprüfte Bautechniker und Handwerksmeister des Maurer-, Betonbauer- oder Zimmererfachs mit dreijähriger zusammenhängender Berufserfahrung und Zusatzqualifikation im Rahmen ihrer Bauvorlageberechtigung (Liste bei der Handwerkskammer Mittelfranken, § 10 Abs. 3 ZQualVBau) sowie
- Absolventen eines – durch das Bayerische Staatsministerium des Innern als gleichwertig anerkannten – Studiengangs der Fachrichtung Holzbau und Ausbau für bestimmte Bauvorhaben in Holzbauweise im Rahmen ihrer Bauvorlageberechtigung.

In Anwendung des Vier-Augen-Prinzips ist darüber hinaus je nach Bauvorhaben zusätzlich eine **Überprüfung des Standsicherheitsnachweises** erforderlich:

Bei
- Gebäuden der Gebäudeklassen 4 und 5

findet stets eine Überprüfung des Standsicherheitsnachweises statt; bei Sonderbauten wird der Nachweis durch die Bauaufsichtsbehörde oder durch einen Prüfingenieur oder ein Prüfamt im Auftrag der Bauaufsichtsbehörde geprüft, im Übrigen im Auftrag des Bauherrn durch einen Prüfsachverständigen bescheinigt (Art. 62 Abs. 3 Satz 1 Nr. 1 BayBO).

Bei
- Wohngebäuden der Gebäudeklassen 1 und 2 und
- nicht oder nur zum vorübergehenden Aufenthalt einzelner Personen bestimmten eingeschossigen Gebäuden mit freien Stützweiten von nicht mehr als 12 m und nicht mehr als 1.600 m^2 Fläche

findet keine Überprüfung des Standsicherheitsnachweises statt.

Bild 2.2 (*Fortsetzung*) Beispiel für einen Antrag auf Baugenehmigung [2]

Im Übrigen werden bei
- Gebäuden der Gebäudeklassen 1 bis 3,
- Behältern, Brücken, Stützmauern und Tribünen und
- sonstigen baulichen Anlagen, die keine Gebäude sind, mit einer Höhe von mehr als 10 m,

die Bauvorhaben unter Anwendung des **Kriterienkatalogs** gemäß Anlage 2 der BauVorlV einer Einzelfallbetrachtung nach Maßgabe der jeweiligen statisch-konstruktiven Schwierigkeit unterzogen. Sofern die Kriterien nicht ausnahmslos erfüllt sind, ist auch hier eine Bescheinigung durch einen Prüfsachverständigen im Auftrag des Bauherrn erforderlich, bei Sonderbauten eine Prüfung durch die Bauaufsichtsbehörde oder durch einen Prüfingenieur oder ein Prüfamt im Auftrag der Bauaufsichtsbehörde. Sofern es sich hierbei um Sonderbauten handelt, ist der verbindlich eingeführte Kriterienkatalog (Anlage 1a) bereits mit dem Bauantrag vorzulegen. In den anderen Fällen reicht dagegen die Vorlage mit der Baubeginnsanzeige.

Brandschutznachweis:

Nur bei
- Gebäuden der Gebäudeklasse 4, ausgenommen Sonderbauten und Mittel- und Großgaragen,

muss der Brandschutznachweis von einer hierfür besonders qualifizierten Person erstellt sein.

Die Berechtigung zur **Erstellung des Brandschutznachweises** haben nach Art. 62 Abs. 2 Satz 2 BayBO
- für das Bauvorhaben Bauvorlageberechtigte, die die erforderlichen Kenntnisse des Brandschutzes nachgewiesen haben und in eine entsprechende Liste der Bayerischen Architektenkammer oder der Bayerischen Ingenieurekammer-Bau eingetragen sind,
- Angehörige des Studiengangs der Fachrichtung Architektur, Hochbau (Art. 49 Abs. 1 der Richtlinie 2005/36/EG), Bauingenieurwesen oder eines Studiengangs mit Schwerpunkt Brandschutz, die ein Studium an einer deutschen Hochschule oder ein gleichwertiges Studium an einer ausländischen Hochschule abgeschlossen haben, danach mindestens zwei Jahre auf dem Gebiet der brandschutztechnischen Planung und Ausführung von Gebäuden oder deren Prüfung praktisch tätig gewesen sind, und die erforderlichen Kenntnisse des Brandschutzes nachgewiesen haben und in eine entsprechende Liste der Bayerischen Architektenkammer oder der Bayerischen Ingenieurekammer-Bau eingetragen sind,
- Personen, die die Ausbildung für mindestens den feuerwehrtechnischen Dienst in der Qualifikationsebene drei abgeschlossen haben, danach mindestens zwei Jahre auf dem Gebiet der brandschutztechnischen Planung und Ausführung von Gebäuden oder deren Prüfung praktisch tätig gewesen sind, und die erforderlichen Kenntnisse des Brandschutzes nachgewiesen haben und in eine entsprechende Liste der Bayerischen Architektenkammer oder der Bayerischen Ingenieurekammer-Bau eingetragen sind, oder
- Prüfsachverständige für Brandschutz als Brandschutzplaner (§ 16 PrüfVBau).

Eine **Überprüfung des Brandschutznachweises** muss bei
- Sonderbauten,
- Mittel- und Großgaragen und
- Gebäuden der Gebäudeklasse 5

erfolgen. Entweder muss der Brandschutznachweis durch einen Prüfsachverständigen für Brandschutz bescheinigt sein oder er wird bauaufsichtlich geprüft (Art. 62 Abs. 3 Satz 3 BayBO). Die Entscheidung über die Art der Prüfung hat der Antragsteller/Bauherr im Bauantrag zu treffen.

Bild 2.2 (*Fortsetzung*) Beispiel für einen Antrag auf Baugenehmigung [2]

c) **Ausnahme / Befreiung / Abweichung**

Sofern für ein genehmigungspflichtiges Bauvorhaben eine Ausnahme, Befreiung oder Abweichung erforderlich ist, ist der Abweichungsantrag mit dem Bauantrag zu stellen (Art. 63 Abs. 2 Satz 2 Halbsatz 2 BayBO). Der Zulassung einer Abweichung bedarf es jedoch nicht, wenn bautechnische Nachweise durch einen Prüfsachverständigen bescheinigt werden (Art. 63 Abs. 1 Satz 2 BayBO).

Zu 3. – Baugrundstück

Gemäß Art. 6 Abs. 2 Satz 3 Halbsatz 1 BayBO können sich Abstandsflächen ganz oder teilweise auf das Nachbargrundstück erstrecken, wenn der Nachbar gegenüber der Bauaufsichtsbehörde schriftlich zustimmt. Diese Zustimmung gilt nach Art. 6 Abs. 2 Satz 3 Halbsatz 2 BayBO auch für und gegen seinen Rechtsnachfolger. Die übernommenen Abstandsflächen müssen zusätzlich zu den für die Bebauung des Nachbargrundstücks vorgeschriebenen Abstandsflächen von der Bebauung freigehalten werden (Art. 6 Abs. 2 Satz 4 BayBO). Dies gilt entsprechend auch für die Übernahme von Abständen aus Gründen des Brandschutzes nach Art. 28 Abs. 2 BayBO oder Art. 30 Abs. 2 BayBO. Der Nachbar hat seine Zustimmung gegenüber der unteren Bauaufsichtsbehörde abzugeben. Dabei gilt die bloße Unterschrift nach Art. 66 Abs. 1 Sätze 1 und 2 BayBO nicht zugleich als Zustimmung zur Übernahme der Abstandsflächen.

Für diese Zustimmung hat das Staatsministerium des Innern einen Vordruck vorgeschrieben (s. Anlage 5).

Zu 5. – Nachbarbeteiligung

a) **Baugenehmigungsverfahren und vereinfachtes Baugenehmigungsverfahren**

Hier ist eine (förmliche) Nachbarbeteiligung nach Art. 66 Abs. 1 bis 3 BayBO durchzuführen: Der Bauherr oder sein Beauftragter legt den Nachbarn den Lageplan und die Bauzeichnungen zur Unterschrift vor. Die Unterschrift gilt als Zustimmung.

Gemäß Art. 66 Abs. 1 Satz 3 BayBO kann die Gemeinde auf Antrag des Bauherrn Eigentümer (bzw. Erbbauberechtigte) benachbarter Grundstücke, deren Unterschriften fehlen, benachrichtigen. Ob sie das tut, entscheidet die Gemeinde nach pflichtgemäßem Ermessen. Der Bauherr ist also für die Durchführung der Nachbarbeteiligung grundsätzlich selbst verantwortlich.

b) **Genehmigungsfreistellung**

aa) Der Bauherr kann auch bei der Genehmigungsfreistellung die normale (förmliche) Nachbarbeteiligung entsprechend Art. 66 Abs. 1 Satz 1 und 2 BayBO durchführen und den Nachbarn die Eingabepläne zur Unterschrift vorlegen. Dann gilt die Nachbarunterschrift als Zustimmung (Art. 58 Abs. 3 Satz 2 Halbsatz 2 i. V. m. Art. 66 Abs. 1 Satz 2 BayBO).

bb) Gemäß Art. 58 Abs. 3 Satz 2 BayBO genügt es im Genehmigungsfreistellungsverfahren aber auch, wenn der Bauherr die Nachbarn spätestens gleichzeitig mit der Vorlage bei der Gemeinde benachrichtigt. Wie diese Information erfolgt, steht dem Bauherrn frei.

Bild 2.2 (*Fortsetzung*) Beispiel für einen Antrag auf Baugenehmigung [2]

c) **Nachbarbeteiligung bei Vorbescheidsantrag**

Bei einem Vorbescheidsantrag kann die Bauaufsichtsbehörde auf Antrag des Bauherrn nach Art. 71 Satz 4 Halbsatz 2 BayBO von der Anwendung des Art. 66 BayBO absehen. Dies kann z. B. dann sinnvoll sein, wenn der Bauherr die mit dem Vorbescheid zu entscheidenden Fragen zunächst nur „intern" mit der Bauaufsichtsbehörde – ohne Einschaltung des Nachbarn – klären will. Diese Verfahrensweise scheidet aber aus, wenn über den Vorbescheid nicht ohne den Nachbarn entschieden werden kann, beispielsweise wenn mit dem Vorbescheid bereits über eine Abweichung von einer nachbarschützenden Vorschrift entschieden werden soll.

d) **Nachbarbeteiligung durch öffentliche Bekanntmachung**

Nach Art. 66 Abs. 4 BayBO kann die Bauaufsichtsbehörde auf Antrag des Bauherrn bei baulichen Anlagen, die aufgrund ihrer Beschaffenheit oder ihres Betriebes geeignet sind, die Allgemeinheit oder die Nachbarschaft zu gefährden, zu benachteiligen oder zu belästigen (z. B. Massentierhaltungsbetriebe), die Nachbarbeteiligung durch öffentliche Bekanntmachung durchführen.

e) **Abgrabungsaufsichtliches Verfahren**

Sofern die Abgrabung nicht nach Art. 8 BayAbgrG den besonderen Anforderungen der Umweltverträglichkeitsprüfung nach dem Fünften Teil Abschnitt III des Bayerischen Verwaltungsverfahrensgesetzes (BayVwVfG) unterliegt, gelten die Ausführungen zur Nachbarbeteiligung im bauaufsichtlichen Verfahren grundsätzlich entsprechend (Art. 9 Abs. 2 Satz 1 BayAbgrG); die Möglichkeit, auf Antrag von der Nachbarbeteiligung im Vorbescheidsverfahren abzusehen (siehe oben Buchst. c), besteht jedoch nicht.

Zu 7. – Anlagen

Ist für die Abgrabung nach Art. 8 BayAbgrG eine Umweltverträglichkeitsprüfung nach dem Fünften Teil Abschnitt III des BayVwVfG durchzuführen, muss der Abgrabungsplan nach Art. 78e Abs. 3 BayVwVfG zusätzliche Angaben enthalten. Nach Art. 78d BayVwVfG hat die Abgrabungsbehörde den Antragsteller vor Antragseinreichung auf dessen (nicht formgebundenes) Verlangen über Art und Umfang der für die Umweltverträglichkeitsprüfung voraussichtlich beizubringenden Unterlagen zu unterrichten.

Bild 2.2 (*Fortsetzung*) Beispiel für einen Antrag auf Baugenehmigung [2]

Anlage 1a

An (untere Bauaufsichts- / Abgrabungsbehörde)	Nr. im Bau- / Abgrabungsantragsverzeichnis der unteren Bauaufsichtsbehörde	Eingangsstempel der unteren Bauaufsichtsbehörde
		Zutreffendes bitte ankreuzen ☒ oder ausfüllen

Erklärung über die Erfüllung des Kriterienkatalogs gemäß Anlage 2 der BauVorlV

1. Antragsteller / Bauherr

Name	Vorname
Straße, Hausnummer	PLZ, Ort
Telefon (mit Vorwahl)	Fax
E-Mail	
Vertreter des Antragstellers / Bauherrn	
Name	Vorname
Straße, Hausnummer	PLZ, Ort
Telefon (mit Vorwahl)	Fax
E-Mail	

2. Ersteller des Standsicherheitsnachweises

(Werden die Standsicherheitsnachweise durch mehrere Tragwerksplaner erstellt, erfolgt die Koordinierung durch den Unterzeichner)

Name	Vorname
Straße, Hausnummer	PLZ, Ort
Telefon (mit Vorwahl)	Fax
E-Mail	
Nachweisberechtigung nach Art. 62 Abs. 2 Satz 1 BayBO	
☐ nein ☐ ja	Beruf

3. Baugrundstück

Gemarkung	Flur-Nr.	Gemeinde
Straße, Hausnummer	Gemeindeteil	
Verwaltungsgemeinschaft		

Bild 2.3 Beispiel für Erklärung über die Erfüllung des Kriterienkatalogs gemäß Anlage 2 BauVorlV [2]

4. Vorhaben

(Besteht ein Vorhaben aus mehreren baulichen Anlagen, so ist der Kriterienkatalog für jede bauliche Anlage gesondert auszufüllen)

Genaue Bezeichnung des Vorhabens

5. Kriterienkatalog gemäß Anlage 2 der BauVorlV

Nr. 1	a)	Die Baugrundverhältnisse sind eindeutig und erlauben eine übliche Flachgründung entsprechend DIN 1054.	☐ ja	☐ nein
	b)	Es liegen keine Gründungen auf setzungsempfindlichem Baugrund vor.	☐ ja	☐ nein
Nr. 2	a)	Bei erddruckbelasteten Gebäuden beträgt die Höhendifferenz zwischen Gründungssohle und Erdoberfläche maximal 4 m.	☐ ja	☐ nein
	b)	Einwirkungen aus Wasserdruck müssen rechnerisch nicht berücksichtigt werden.	☐ ja	☐ nein
Nr. 3	a)	Angrenzende bauliche Anlagen oder öffentliche Verkehrsflächen werden nicht beeinträchtigt.	☐ ja	☐ nein
	b)	Nachzuweisende Unterfangungen oder Baugrubensicherungen sind nicht erforderlich.	☐ ja	☐ nein
Nr. 4	a)	Die tragenden und aussteifenden Bauteile gehen im Wesentlichen bis zu den Fundamenten unversetzt durch.	☐ ja	☐ nein
	b)	Ein rechnerischer Nachweis der Gebäudeaussteifung, auch für Teilbereiche, ist nicht erforderlich.	☐ ja	☐ nein
Nr. 5	a)	Die Geschossdecken sind linienförmig gelagert und dürfen für gleichmäßig verteilte Lasten (kN/m²) und Linienlasten aus nichttragenden Wänden (kN/m) bemessen werden.	☐ ja	☐ nein
	b)	Geschossdecken ohne ausreichende Querverteilung erhalten keine Einzellasten.	☐ ja	☐ nein
Nr. 6	a)	Die Bauteile der baulichen Anlage oder die bauliche Anlage selbst können mit einfachen Verfahren der Baustatik berechnet oder konstruktiv festgelegt werden. Räumliche Tragstrukturen müssen rechnerisch nicht nachgewiesen werden.	☐ ja	☐ nein
	b)	Besondere Stabilitäts-, Verformungs- und Schwingungsuntersuchungen sind nicht erforderlich.	☐ ja	☐ nein
Nr. 7	a)	Außergewöhnliche sowie dynamische Einwirkungen sind nicht vorhanden.	☐ ja	☐ nein
	b)	Beanspruchungen aus Erdbeben müssen rechnerisch nicht verfolgt werden.	☐ ja	☐ nein
Nr. 8		Besondere Bauarten wie Spannbetonbau, Verbundbau, Leimholzbau und geschweißte Aluminiumkonstruktionen werden nicht angewendet.	☐ ja	☐ nein

Die vorgenannten Kriterien wurden ausnahmslos mit ja beantwortet.	☐ ja ☐ nein
Eine Prüfung des Standsicherheitsnachweises ist daher	☐ nicht erforderlich. ☐ erforderlich.

6. Unterschriften

Ersteller des Standsicherheitsnachweises

Datum, Unterschrift

☐ Antragsteller / Bauherr

☐ Vertreter

Datum, Unterschrift

Bild 2.3 (*Fortsetzung*) Beispiel für Erklärung über die Erfüllung des Kriterienkatalogs gemäß Anlage 2 BauVorlV [2]

zu Anlage 1a

Erläuterungen zur

„Erklärung über die Erfüllung des Kriterienkatalogs gemäß Anlage 2 der BauVorlV“

Grundsätzliches

Die Prüfpflicht für den Standsicherheitsnachweis entfällt nur, wenn alle Kriterien des Kriterienkatalogs ausnahmslos zutreffen. Diese Feststellung trifft der Nachweisersteller. Die Feststellung des Nachweiserstellers wird von der Bauaufsichtsbehörde nicht überprüft.

Erläuterungen zu den einzelnen Kriterien:

Kriterium Nr. 1

a) Die Baugrundverhältnisse sind eindeutig und erlauben eine übliche Flachgründung entsprechend DIN 1054.

b) Es liegen keine Gründungen auf setzungsempfindlichem Baugrund vor.

„Eindeutig" sind die Baugrundverhältnisse, wenn im betreffenden Baufeld zweifelsfrei einfache und einheitliche Baugrundverhältnisse vorhanden sind und die Beurteilung der Standsicherheit aufgrund gesicherter Erfahrungen (z. B. aus nahen Nachbarbauvorhaben) erfolgen kann. Die Kontrolle der Baugrundverhältnisse erfolgt während der Bauausführung, z. B. bei Aushub der Baugrube oder bei der Herstellung der Gründungsebene. Bei Fehlen gesicherter Erfahrungen über den Baugrund im Baugebiet können eindeutige Baugrundverhältnisse nur dann als gegeben angenommen werden, wenn zur Erstellung des Standsicherheitsnachweises ein geotechnischer Bericht zur Baugrunduntersuchung (geotechnischer Untersuchungsbericht) vorliegt, welcher die relevanten Anforderungen (zulässige Bodenpressungen, Angaben zu Setzungen, Angaben zu Grund- und Schichtenwasser, Angaben zur Baugrubensicherung) bestätigt.

Unter „üblicher Flachgründung entsprechend DIN 1054“ sind Gründungen auf Einzel- und Streifenfundamenten sowie tragende Bodenplatten zu verstehen, die unter Annahme einer linearen Sohldruckverteilung berechnet werden, wobei der einwirkende charakteristische Sohldruck und der aufnehmbare Sohldruck einander gegenübergestellt werden (Annahmen „aufnehmbarer Sohldruck“ nach DIN 1054:2005-01 Anh. A).

„Setzungsempfindlicher Baugrund" ist in dem Sinn zu verstehen, dass Setzungsbeträge zu erwarten sind, die aufgrund der Baugrundbeschaffenheit und der mechanischen Eigenschaften der Tragkonstruktion einen maßgeblichen Einfluss auf die Standsicherheit haben.

Bild 2.3 (*Fortsetzung*) Beispiel für Erklärung über die Erfüllung des Kriterienkatalogs gemäß Anlage 2 BauVorlV [2]

Kriterium Nr. 2

a) Bei erddruckbelasteten Gebäuden beträgt die Höhendifferenz zwischen Gründungssohle und Erdoberfläche maximal 4 m.

b) Einwirkungen aus Wasserdruck müssen rechnerisch nicht berücksichtigt werden.

Die „Höhendifferenz zwischen Gründungssohle und Erdoberfläche", auf der die Erddruckbelastung anfällt, bezieht sich sowohl auf wesentliche tragende Bauteile als auch auf das Gesamtbauwerk (z. B. Hanglage).

„Wasserdruck muss rechnerisch nicht berücksichtigt werden" bezieht sich sowohl auf wesentliche tragende Bauteile als auch auf das Gesamtbauwerk (z. B. bei erforderlicher Auftriebssicherung).

Kriterium Nr. 3

a) Angrenzende bauliche Anlagen oder öffentliche Verkehrsflächen werden nicht beeinträchtigt.

b) Nachzuweisende Unterfangungen oder Baugrubensicherungen sind nicht erforderlich.

Eine Beeinträchtigung von angrenzenden baulichen Anlagen oder öffentlichen Verkehrsflächen bezieht sich ausschließlich auf deren Standsicherheit.

Erforderliche Unterfangungen sind aufgrund DIN 4123:2000-09 Abschnitt 4 Buchst. f und Abschnitt 10.3 rechnerisch nachzuweisen (End- und Zwischenzustände) und gemäß Abschnitt 9 auszuführen. Auf den rechnerischen Nachweis kann für Bauzustände nur dann verzichtet werden, wenn ausnahmslos alle Randbedingungen gemäß Abschnitt 10.2 Buchst. d eingehalten sind.

Kriterium Nr. 4

a) Die tragenden und aussteifenden Bauteile gehen im Wesentlichen bis zu den Fundamenten unversetzt durch.

b) Ein rechnerischer Nachweis der Gebäudeaussteifung, auch für Teilbereiche, ist nicht erforderlich.

Unter „tragenden und aussteifenden Bauteilen" sind solche Bauteile zu verstehen, die sowohl Vertikallasten abtragen als auch zur Aussteifung des Bauwerkes erforderlich sind.

Nur vertikallasttragende Wände und Stützen dürfen mit Über- oder Unterzügen abgefangen werden, solange die Aussteifungssysteme nicht betroffen werden.

Der Nachweis der Aussteifung bzw. der Aufnahme planmäßiger Horizontalkräfte für Gebäude und für Bauwerksteile (z. B. Wände oder Decken) ist nicht erforderlich, wenn aufgrund der Anzahl und der konstruktiven Ausbildung der aussteifenden Bauteile zweifelsfrei die horizontalen Belastungen und Stabilisierungskräfte ohne explizite Nachweise sicher in die Gründung abgeleitet werden können. Ein Nachweis der Aussteifung ist z. B. zu führen bei Hallen oder Skelettbauten mit aussteifenden vertikalen oder horizontalen Verbänden, Rahmen, Scheiben oder Kernen.

Bild 2.3 (*Fortsetzung*) Beispiel für Erklärung über die Erfüllung des Kriterienkatalogs gemäß Anlage 2 BauVorlV [2]

Kriterium Nr. 5

a) Die Geschossdecken sind linienförmig gelagert und dürfen für gleichmäßig verteilte Lasten (kN/m²) und Linienlasten aus nichttragenden Wänden (kN/m) bemessen werden.

b) Geschossdecken ohne ausreichende Querverteilung erhalten keine Einzellasten.

Geschossdecken mit ausreichender Querverteilung (z. B. Stahlbetondecken) fallen unter dieses Kriterium, wenn
- eine linienförmige, starre Lagerung in der Berechnung angenommen werden darf,
- nur Flächenlasten inklusive Trennwandzuschlag zu berücksichtigen sind und
- der Nachweis von Einzel- und Linienlasten mit einfachen Methoden (z. B. Tragstreifen nach Heft 240 des Deutschen Ausschusses für Stahlbeton) erfolgen kann.

Geschossdecken ohne ausreichende Querverteilung (z. B. Holzbalkendecken, Ziegeldecken) fallen unter dieses Kriterium, wenn
- eine linienförmige, starre Lagerung in der Berechnung angenommen werden darf,
- nur Flächenlasten inklusive Trennwandzuschlag zu berücksichtigen sind und
- der Nachweis von Einzel- und Linienlasten mit gesondert bemessenen Bauteilen erfolgt.

Kriterium Nr. 6

a) Die Bauteile der baulichen Anlage oder die bauliche Anlage selbst können mit einfachen Verfahren der Baustatik berechnet oder konstruktiv festgelegt werden. Räumliche Tragstrukturen müssen rechnerisch nicht nachgewiesen werden.

b) Besondere Stabilitäts-, Verformungs- und Schwingungsuntersuchungen sind nicht erforderlich.

Zu „einfachen Verfahren der Baustatik" gehört z. B. die Anwendung von einfachen Formeln und Tabellen für Stab-, Platten- und Scheibentragwerke. Werden Rechenprogramme (Stabwerksprogramme, FEM-Programme für Platten oder Scheibentragwerke) angewendet, so müssen die Bemessung wesentlicher Bauteile bzw. die Bemessungsschnittgrößen durch den Tragwerksplaner durch einfache Vergleichsrechnungen kontrolliert und dokumentiert werden.

Das Kriterium gilt als erfüllt, wenn räumliche Systeme durch Zerlegung in einfache ebene Systeme nachgewiesen werden können. Dazu zählen z. B. übliche Dachkonstruktionen (z. B. Pfetten-, Walmdächer).

„Besondere Stabilitätsuntersuchungen" sind nicht:
- Knicknachweis einer Pendelstütze,
- Kippnachweis von Einfeldträgern, die mit dem zulässigen Abstand der Kippaussteifungen geführt werden und die aufgrund der Randbedingungen keine weitere Verfolgung der Stabilisierungskräfte erfordern.

„Besondere Verformungsuntersuchungen" sind nicht:
- einfache Durchbiegungsnachweise an ebenen Systemen ohne Berücksichtigung von Einwirkungen aus Temperatur und Schwinden,
- Durchbiegungsnachweise, bei denen das Kriechen nur mit einem pauschalen Faktor berücksichtigt wird.

„Besondere Schwingungsuntersuchungen" sind nicht:
- Ermittlungen der Eigenfrequenz am Einmassenschwinger oder an einfachen Einfeldträgern.

Bild 2.3 (*Fortsetzung*) Beispiel für Erklärung über die Erfüllung des Kriterienkatalogs gemäß Anlage 2 BauVorlV [2]

Das Kriterium ist z. B. nicht erfüllt für:
- Berechnungen nach Theorie 2. Ordnung,
- Biegedrillknick- und Beulnachweise,
- Tragwerke, bei denen der Feuerwiderstand der tragenden Elemente mit Ingenieurmethoden bestimmt wird (sog. „heiße Bemessung").

Kriterium Nr. 7

a) Außergewöhnliche sowie dynamische Einwirkungen sind nicht vorhanden.

b) Beanspruchungen aus Erdbeben müssen rechnerisch nicht verfolgt werden.

Außergewöhnliche und dynamische Einwirkungen sind in DIN 1055-100 definiert.

Unter das Kriterium fallen dynamische Einwirkungen, die gemäß bauaufsichtlich eingeführtem Regelwerk bei der Berechnung durch ruhende Ersatzlasten ersetzt werden und für die kein Ermüdungsnachweis (Nachweis der Schwingbreite) erforderlich ist.

Das Kriterium ist z. B. nicht erfüllt für:
- Tragwerke unter Anpralllasten durch Lkw oder vergleichbar schwere Fahrzeuge,
- Kranbahnen,
- Brücken,
- schwingungsanfällige Bauwerke nach DIN 1055.

Kriterium Nr. 8

Besondere Bauarten wie Spannbetonbau, Verbundbau, geklebte Holzkonstruktionen und geschweißte Aluminiumkonstruktionen werden nicht angewendet.

Die Aufzählung ist beispielhaft und in Verbindung mit Kriterium Nr. 6 zu sehen.

Unter „besondere Bauarten" fallen nicht:
- zugelassene Spannbetonhohldielen / Betonhohldielen mit Typenprüfung bei Einhaltung des festgelegten Anwendungsbereiches,
- andere zugelassene Fertigteilplatten mit Typenprüfung bei Einhaltung des festgelegten Anwendungsbereiches,
- Beton-Halbfertigteilelemente mit statisch mitwirkender Ortbetonschicht z. B. für Wände und Decken,
- Brettschichtholzquerschnitte als gerade Balken (z. B. Deckenbalken, Sparren und Pfetten),
- Wintergarten- und Treppenkonstruktionen nach Handwerksregeln.

Unter „besondere Bauarten" fallen z. B. auch:
- Ganzglaskonstruktionen,
- Seiltragwerke,
- Nagelplattenbinder mit Stützweiten über 12 m.

Bild 2.3 (*Fortsetzung*) Beispiel für Erklärung über die Erfüllung des Kriterienkatalogs gemäß Anlage 2 BauVorlV [2]

Anlage 2

An (untere Bauaufsichts- / Abgrabungsbehörde)	Nr. im Bau- / Abgrabungsantragsverzeichnis der unteren Bauaufsichtsbehörde	Eingangsstempel der unteren Bauaufsichtsbehörde
		Zutreffendes bitte ankreuzen ☒ oder ausfüllen

Baubeschreibung zum Bauantrag vom (Datum)

1. Antragsteller / Bauherr

Name	Vorname
Straße, Hausnummer	PLZ, Ort
Telefon (mit Vorwahl)	Fax
E-Mail	

Vertreter des Antragstellers / Bauherrn

Name	Vorname
Straße, Hausnummer	PLZ, Ort
Telefon (mit Vorwahl)	Fax
E-Mail	

2. Vorhaben

Genaue Bezeichnung des Vorhabens

Gebäudeklasse: Gebäudehöhe: (Art. 2 Abs. 3 Satz 2 BayBO) ☐ Sonderbau (Art. 2 Abs. 4 BayBO)

☐ Einzelbaudenkmal / Ensemble

Teile des Baues	**Zu verwendende Baustoffe, Bauteile, Bauarten** (nur auszufüllen, soweit die Angaben nicht den Bauzeichnungen entnommen werden können)
Außenwände einschl. Putz, Dämmstoffe, Bekleidungen	
Tragende Wände, Stützen	
Trennwände	
Brandwände, Wände anstelle von Brandwänden	
Decken	
Fußbodenaufbau	
Tragwerk des Daches	
Dachhaut, Dämmstoffe	

Bild 2.4 Beispiel für Baubeschreibung zum Bauantrag [2]

Treppen	
Treppenraumwände einschl. Türen	
Wände notw. Flure einschl. Türen	
Sonstige ergänzende Angaben	

3. Baugrundstück

Gemarkung	Flur-Nr.	Gemeinde
Straße, Hausnummer	Gemeindeteil	
Verwaltungsgemeinschaft		

(nur auszufüllen, soweit die Angaben nicht den Bauzeichnungen entnommen werden können)

Höchstgrundwasserstand:	Baugrund:

4. Angaben zum Vorhaben

☐ **öffentlich zugängliche bauliche Anlage**	Art der öffentlichen Nutzung:	
	☐ Besucher- und Benutzerbereiche barrierefrei	
	☐ Ausnahmetatbestände, aufgrund derer nicht barrierefrei gebaut werden kann (Art. 48 Abs. 2 Satz 5 und Abs. 4 Satz 1 BayBO):	
☐ **Verkaufsstätte**	Fläche der Verkaufsräume einschließlich Ladenstraßen	m²
	☐ Verkaufsstätte nach VkV	
☐ **Versammlungsstätte**	Fläche der Versammlungsräume insgesamt	m²
	Anzahl der Besucherplätze	
	☐ Versammlungsstätte nach VStättV	
☐ **Gaststätte**	Fläche der Gasträume:	m²
	Anzahl der Gastplätze in den Gasträumen	
	Freischankfläche:	m²
	Gastplätze der Freischankfläche	
	☐ Versammlungsstätte nach VStättV	
☐ **Beherbergungsstätte**	Anzahl der Beherbergungsräume:	
	Anzahl der Betten:	
	☐ Beherbergungsstätte nach BStättV	
☐ **Arbeitsstätte mit höherem Gefährdungspotential**	Zahl der Beschäftigten:	
	Art der Tätigkeit:	
	Art der zu verwendenden Rohstoffe:	
	Art der herzustellenden Erzeugnisse:	
	Lagerung der Rohstoffe und Erzeugnisse, soweit sie explosionsgefährlich oder gesundheitsgefährdend sind:	
	Chemische und physikalische Einwirkungen auf die Beschäftigten und die Nachbarschaft:	

☐ **weitere Angaben siehe Anlage**

Bild 2.4 (*Fortsetzung*) Beispiel für Baubeschreibung zum Bauantrag [2]

5. Feuerungsanlagen und Brennstofflagerung

5.1 Feuerstätten
(Art, Verwendungszweck, Brennstoffart, Nennleistung in kW)

5.2 Abgasleitungen und Kamine (Schornsteine)

Abgasleitung oder Kamin	Bauart, Baustoffe	Anzuschließende Feuerstätten		Lichter Querschnitt	
		Art	Zahl	Rechteckig: cm x cm	Rund: Durchmesser cm
1					
2					
3					

5.3 Brennstofflagerung

Art des Brennstoffes	Lagermenge	Lagerort

6. Stellplätze

☐ Es werden Stellplätze errichtet
- ☐ auf dem Baugrundstück
- ☐ auf dem Grundstück Fl.Nr. ;
  Sicherung durch
- ☐ Anzahl der Stellplätze für Menschen mit Behinderung:

☐ Es werden Stellplätze abgelöst.

7. Kinderspielplätze

☐ Es wird / werden Kinderspielplatz / -plätze mit der Größe von m² errichtet;
- ☐ auf dem Baugrundstück
- ☐ auf dem Grundstück Fl.Nr. ;
  Sicherung durch

8. Grundflächenzahl / Geschossflächenzahl / Baumassenzahl ☐ Berechnungen siehe Beiblatt

Grundstücksfläche (nach § 19 Abs. 3 BauNVO)	m²	
Grundfläche (nach § 19 Abs. 2 und 4 BauNVO)	m²	Grundflächenzahl
Geschossfläche (nach § 20 Abs. 2 und 3 BauNVO)	m²	Geschossflächenzahl
Baumasse (nach § 21 BauNVO)	m³	Baumassenzahl

Bild 2.4 (*Fortsetzung*) Beispiel für Baubeschreibung zum Bauantrag [2]

9. Wohnfläche / Gewerbliche Nutzfläche / Brutto-Rauminhalt / Fläche der Nutzungseinheiten

Wohnfläche (nach Wohnflächenverordnung) m²	Gewerbliche Nutzfläche m²

Brutto-Rauminhalt nach DIN 277-1 in m³ (Gebäude, Gebäudeteil)

Brutto-Grundfläche der Nutzungseinheiten nach DIN 277-1 in m²

Anzahl der Wohnungen:	davon barrierefreie Wohnungen nach Art. 48 Abs. 1 BayBO:

10. Abbaufläche (bei Abgrabungen)

Beantragte Abbaufläche: m²	Noch nicht rekultivierte/renaturierte Fläche: (bei Erweiterungsvorhaben) m²

11. Baukosten

Baukostenberechnung nach DIN 276, Kostengruppen 300, 400, 500, 620, 700, getrennt nach Gebäuden

Gebäude		Grundfläche	Bruttorauminhalt	€ je m³ bzw. € je m²	Gesamtkosten inkl. MWSt.
a)		m²	m³	€	€
b)		m²	m³	€	€
c)		m²	m³	€	€
d)		m²	m³	€	€
e)		m²	m³	€	€
f)		m²	m³	€	€
g)		m²	m³	€	€
Gesamtkosten					€

☐ Berechnungen siehe gesonderte Anlage

12. Sonstige ergänzende Angaben siehe Beiblatt

(z. B. Erläuterung der Werbeanlage, des Abbruchs, der Rekultivierung/Renaturierung usw.)

13. Unterschriften

Entwurfsverfasser

Datum, Unterschrift

☐ Antragsteller / Bauherr

☐ Vertreter

Datum, Unterschrift

Bild 2.4 (*Fortsetzung*) Beispiel für Baubeschreibung zum Bauantrag [2]

Anlage 3

An (untere Bauaufsichts- / Abgrabungsbehörde)	Nr. im Bau- / Abgrabungsantragsverzeichnis der unteren Bauaufsichtsbehörde Nr. im Bau- / Abgrabungsantragsverzeichnis der Gemeinde	Eingangsstempel der unteren Bauaufsichtsbehörde

Zutreffendes bitte ankreuzen ☒ oder ausfüllen

Stellungnahme der Gemeinde

(§ 36 BauGB, Art. 64 Abs. 1 BayBO und Art. 7 Abs. 1 BayAbgrG)

1. Antragsteller / Bauherr

Name	Vorname
Straße, Hausnummer	PLZ, Ort
Telefon (mit Vorwahl)	Fax
E-Mail	

2. § 12 / § 30 BauGB

☐ Das Vorhaben liegt im Geltungsbereich folgenden qualifizierten Bebauungsplans (§ 30 Abs. 1 BauGB) / vorhabenbezogenen Bebauungsplans (§§ 12, 30 Abs. 2 BauGB):

Nr. / Bezeichnung	Gebietsart nach BauNVO

Das Bauvorhaben entspricht den Festsetzungen ☐ ja ☐ nein

Im Bebauungsplanverfahren wurde eine Umweltverträglichkeitsprüfung durchgeführt ☐ ja ☐ nein

3. § 34 BauGB

☐ Das Vorhaben liegt innerhalb der im Zusammenhang bebauten Ortsteile (§ 34 BauGB)

☐ in einem Gebiet ohne Bebauungsplan (§ 34 Abs. 1 BauGB)

☐ im Geltungsbereich eines einfachen Bebauungsplans (§ 30 Abs. 3, § 34 Abs. 1 BauGB);

Das Bauvorhaben entspricht den Festsetzungen dieses Bebauungsplans ☐ ja ☐ nein

Die Eigenart der näheren Umgebung entspricht einem der Baugebiete nach der BauNVO (§ 34 Abs. 2 BauGB)

☐ ja ☐ nein Wenn ja, welchem?

Das Bauvorhaben fügt sich in die Eigenart der näheren Umgebung ein, wahrt die Anforderungen an gesunde Wohn- und Arbeitsverhältnisse und beeinträchtigt das Ortsbild nicht (§ 34 Abs. 1 BauGB) ☐ ja ☐ nein

Es liegt eine Satzung vor nach

☐ § 34 Abs. 4 Satz 1 Nr. 1 BauGB ☐ § 34 Abs. 4 Satz 1 Nr. 2 BauGB ☐ § 34 Abs. 4 Satz 1 Nr. 3 BauGB

Bild 2.5 Beispiel für Stellungnahme der Gemeinde

4. § 35 BauGB

☐ Das Vorhaben liegt im Außenbereich (§35 BauGB) ☐ im Geltungsbereich eines Flächennutzungsplans	Gebietsart nach BauNVO:
☐ Das Vorhaben ist privilegiert nach § 35 Abs. 1 Nr. BauGB	Öffentliche Belange stehen entgegen ☐ ja ☐ nein
☐ Das Vorhaben fällt unter § 35 Abs. 2 BauGB	Öffentliche Belange werden beeinträchtigt ☐ ja ☐ nein
☐ Das Vorhaben fällt unter § 35 Abs. 4 Satz 1 Nr. BauGB	Öffentliche Belange, ausgenommen die in § 35 Abs. 4 Satz 1 BauGB genannten, werden beeinträchtigt ☐ ja ☐ nein
☐ Das Vorhaben liegt im Geltungsbereich einer Satzung nach § 35 Abs. 6 BauGB	Öffentliche Belange, ausgenommen die in § 35 Abs. 6 Satz 1 BauGB genannten, werden beeinträchtigt ☐ ja ☐ nein

5. § 33 BauGB

☐ Das Vorhaben liegt im Geltungsbereich folgenden Bebauungsplans, für den die Aufstellung beschlossen ist (§ 33 BauGB):

Nr. / Bezeichnung	Gebietsart nach BauNVO	
Besitzt der Bebauungsplan die formelle Planreife nach § 33 Abs. 1 Nr. 1 BauGB?	☐ ja	☐ nein
Das Bauvorhaben entspricht den künftigen Festsetzungen	☐ ja	☐ nein
Der Antragsteller hat die künftigen Festsetzungen für sich und seine Rechtsnachfolger anerkannt (Erklärung nach § 33 BauGB liegt bei)	☐ ja	☐ nein
Das Bauvorhaben kann vor Durchführung der öffentlichen Auslegung und der Beteiligung der Träger öffentlicher Belange zugelassen werden (§ 33 Abs. 2 und 3 BauGB)	☐ ja	☐ nein
Die Beteiligung nach § 33 Abs. 3 Satz 2 BauGB wurde durchgeführt	☐ ja	☐ nein

6. § 31 BauGB

Das Einvernehmen wird erteilt zu	Ausnahmen nach § 31 Abs. 1 BauGB	☐ ja	☐ nein
	Befreiungen nach § 31 Abs. 2 BauGB	☐ ja	☐ nein

7. §§ 14, 15 BauGB

Zu Ausnahmen von der Veränderungssperre wird das Einvernehmen erteilt	☐ ja	☐ nein

☐ Zurückstellung nach § 15 Abs. 1 Satz 1 BauGB wird beantragt

☐ Aussetzung der Entscheidung nach § 15 Abs. 3 BauGB wird beantragt

☐ Vorläufige Untersagung nach § 15 Abs. 1 Satz 2 BauGB, Art. 58 Abs. 2 Nr. 4 BayBO, Art. 6 Abs. 2 Satz 1 Nr. 3 Buchst. e BayAbgrG wird beantragt

8. Örtliche Bauvorschriften (Art. 81 BayBO)

☐ Das Vorhaben liegt im Geltungsbereich folgender örtlicher Bauvorschriften nach Art. 81 BayBO:

Nr. / Bezeichnung

Zu Abweichungen wird das Einvernehmen erteilt	☐ ja	☐ nein

Bild 2.5 (*Fortsetzung*) Beispiel für Stellungnahme der Gemeinde

9. Abstandsflächen (Art. 6 Abs. 7 BayBO)

☐ Das Vorhaben liegt im Geltungsbereich einer Satzung nach Art. 6 Abs. 7 BayBO

☐ die Vorgaben der Satzung werden eingehalten

☐ die Vorgaben der Satzung werden nicht eingehalten | ☐ einer Abweichung von der Satzung wird zugestimmt

10 Zufahrt

Die Zufahrt ist gesichert

☐ durch die Lage des Grundstücks in angemessener Breite an einer befahrbaren öffentlichen Verkehrsfläche (Art. 4 Abs. 1 Nr. 2 BayBO)

☐ nach Art. 4 Abs. 2 Nr. 1 BayBO ☐ nach Art. 4 Abs. 2 Nr. 2 BayBO ☐ nach Art. 4 Abs. 3 BayBO

☐ Die Zufahrt ist nicht gesichert | ☐ Die Zufahrt ist nicht erforderlich

11 Wasserversorgung

Die Wasserversorgung ist gesichert durch ☐ Zentrale Wasserversorgung ☐ eigenen Brunnen

☐ sonstige Wasserversorgung

☐ Die Wasserversorgung ist nicht gesichert | ☐ Die Wasserversorgung ist nicht erforderlich

12 Abwasserbeseitigung

Die Abwasserbeseitigung ist gesichert durch

☐ Kanalisation im ☐ Mischsystem ☐ Trennsystem

☐ Kleinkläranlage ☐ sonstige Abwasserbeseitigung

☐ Die Abwasserbeseitigung ist nicht gesichert | ☐ Die Abwasserbeseitigung ist nicht erforderlich

13 Schutzgebiete

Das zur Bebauung vorgesehene Grundstück liegt in einem

☐ Naturschutz-/Landschaftsschutzgebiet ☐ Wasserschutzgebiet

☐ Überschwemmungsgebiet ☐ sonstigen Schutzgebiet

14. Sonstige Angaben

Das Vorhaben betrifft Belange des Denkmalschutzes	☐ ja	☐ nein
Das Vorhaben liegt in einem Gebiet nach § 142 BauGB	☐ ja	☐ nein
Das Vorhaben liegt in einem Gebiet nach § 165 BauGB	☐ ja	☐ nein
Das Vorhaben liegt in einem Gebiet nach § 171d BauGB	☐ ja	☐ nein
Das Vorhaben liegt in einem Gebiet nach § 172 BauGB	☐ ja	☐ nein
Das Vorhaben liegt im Bereich des Flurbereinigungsverfahrens	☐ ja	☐ nein

Das zur Bebauung vorgesehene Grundstück liegt in der Nähe (bitte jeweils Entfernung in Metern angeben)

☐ einer Bundesautobahn	m	☐ einer Bundesstraße	m
☐ einer Staatsstraße	m	☐ einer Kreisstraße	m
☐ einer Eisenbahnanlage	m	☐ einer kV-Starkstromleitung	m
☐ eines Waldes	m	☐ eines öffentlichen Gewässers	m
☐ eines Flughafens	m	☐ einer Flugsicherungsanlage	m
☐ eines militärischen Schutzbereiches	m	☐ Sonstiges:	m

Bild 2.5 (*Fortsetzung*) Beispiel für Stellungnahme der Gemeinde

15. Verfahren

Der Lageplan weist folgende Mängel auf:

Die Nachbarunterschriften sind vollständig ☐ ja ☐ nein	Auf Antrag des Antragstellers / Bauherrn wurden Nachbarn, deren Unterschrift fehlt, benachrichtigt ☐ ja (Nachweis bzw. Verweigerung liegt bei) ☐ nein

16. Schlussfeststellung

Das Vorhaben wurde behandelt

☐ mit Beschluss vom ☐ als Angelegenheit der laufenden Verwaltung

Das gemeindliche Einvernehmen wird erteilt ☐ ja ☐ nein

Auf die beigefügten Unterlagen (Anl. 1 bis) wird Bezug genommen.

17. Unterschrift

Datum	Gemeinde
Unterschrift	(Siegel)

Bild 2.5 (*Fortsetzung*) Beispiel für Stellungnahme der Gemeinde

Anlage 4

An die Gemeinde	Nr. im Bauantragsverzeichnis der Gemeinde	Nr. im Bauantragsverzeichnis des Landratsamts
An (untere Bauaufsichts- / Abgrabungsbehörde)	Eingangsstempel der Gemeinde	Eingangsstempel des Landratsamts
☐ Erstschrift ☐ Zweitschrift ☐ Drittschrift		Zutreffendes bitte ankreuzen ☒ oder ausfüllen

☐ **Anzeige der Beseitigung**
(Art. 57 Abs. 5 BayBO)

☐ **Antrag auf denkmalschutzrechtliche Erlaubnis zur Beseitigung eines Baudenkmals**
(Art. 6 Abs. 1 DSchG)

1. Antragsteller / Bauherr	
Name	Vorname
Straße, Hausnummer	PLZ, Ort
Telefon (mit Vorwahl)	Fax
E-Mail	
Vertreter des Antragstellers / Bauherrn	
Name	Vorname
Straße, Hausnummer	PLZ, Ort
Telefon (mit Vorwahl)	Fax
E-Mail	

2. Qualifizierter Tragwerksplaner		
Name		Vorname
Straße, Hausnummer		PLZ, Ort
Telefon (mit Vorwahl)		Fax
E-Mail		
Nachweisberechtigung nach Art. 62 Abs. 2 Satz 1 BayBO		
☐ nein	☐ ja	Beruf

3. Vorhaben
Genaue Bezeichnung des Vorhabens

Bild 2.6 Beispiel für Anzeige der Beseitigung [2]

4. Baugrundstück

Gemarkung | Flur-Nr. | Gemeinde

Straße, Hausnummer | Gemeindeteil

Verwaltungsgemeinschaft

5. Angaben zum Vorhaben

5.1 Gebäudeklasse der zu beseitigenden Anlage:

5.2 Die zu beseitigende Anlage ist ☐ **ein Baudenkmal**

☐ **in die Denkmalliste eingetragen**

5.3 Bei nicht freistehenden Gebäuden:

Standsicherheit des Gebäudes, an das das zu beseitigende Gebäude angebaut ist, ist gewährleistet: ☐ ja ☐ nein

5.4 Überwachung der Beseitigung durch qualifizierten Tragwerksplaner ist erforderlich

☐ ja ☐ nein

6. Anlagen

☐ Amtlicher Lageplan

7. Unterschriften

Qualifizierter Tragwerksplaner

Datum, Unterschrift

☐ Antragsteller / Bauherr

☐ Vertreter

Datum, Unterschrift

Bild 2.6 (*Fortsetzung*) Beispiel für Anzeige der Beseitigung [2]

zu Anlage 4

Erläuterungen zum Ausfüllen der Beseitigungsanzeige

Vorbemerkung

Reicht der auf dem Vordruck „Beseitigungsanzeige" vorgesehene Raum für die erforderlichen Angaben nicht aus, verwenden Sie bitte gesonderte Blätter und legen Sie diese dem Antrag bei.

Die Beseitigung baulicher Anlagen ist – sofern diese nicht gemäß Art. 57 Abs. 5 Satz 1 BayBO gänzlich verfahrensfrei ist – mindestens einen Monat vorher der Gemeinde und der unteren Bauaufsichtsbehörde anzuzeigen. Vor Ablauf des Monats darf mit der Beseitigung nicht begonnen werden.

Der Beginn der Beseitigung ist der Bauaufsichtsbehörde mindestens eine Woche vorher anzuzeigen, Art. 57 Abs. 5 Satz 5 i. V. m. Art. 68 Abs. 5 Nr. 3, Abs. 7 BayBO; hierfür ist der Vordruck „Baubeginnsanzeige" zu verwenden.

Die für die Beseitigung eines Baudenkmals erforderliche denkmalschutzrechtliche Erlaubnis kann mit diesem Vordruck ebenfalls beantragt werden.

Zu 5. und 6. – Angaben zum Vorhaben und Anlagen:

Für die Beantwortung der Frage, welche Anforderungen an die Beurteilung und den Nachweis der (fortdauernden) Standsicherheit zu stellen sind, stellt Art. 57 Abs. 5 BayBO auf das fortbestehende Gebäude ab, da es auf dessen Standsicherheit ankommt.

Bei allen nicht freistehenden Gebäuden muss durch einen qualifizierten Tragwerksplaner im Sinn des Art. 62 Abs. 2 beurteilt und im erforderlichen Umfang nachgewiesen werden, dass das Gebäude, an das das zu beseitigende Gebäude angebaut ist, während und nach der Beseitigung standsicher ist. Wie die Beurteilung der Standsicherheit erfolgt, steht grundsätzlich in der Verantwortung des qualifizierten Tragwerksplaners; ggfs. kann auch die Erstellung eines Standsicherheitsnachweises erforderlich sein. Je nach dem Ergebnis der Beurteilung der Standsicherheit hat der qualifizierte Tragwerksplaner den Beseitigungsvorgang zu überwachen und ist hierzu vom Bauherrn zu beauftragen, Art. 50 Abs. 1 Satz 1 BayBO.

Der Bauherr als Auftraggeber muss gegenüber der Bauaufsichtsbehörde den Tragwerksplaner benennen, der die Standsicherheit beurteilt und den Beseitigungsvorgang überwacht. Der qualifizierte Tragwerksplaner bestätigt gegenüber der Bauaufsichtsbehörde mit seiner Unterschrift, dass die Standsicherheit im erforderlichen Umfang nachgewiesen ist (ggfs. durch Erstellung eines Standsicherheitsnachweises) und dass er, soweit notwendig, mit der Überwachung des Beseitigungsvorgans durch den Bauherrn beauftragt ist.

Eine Beurteilung und der Nachweis der Standsicherheit sind nicht erforderlich, wenn es sich um einen Anbau an ein verfahrensfreies Gebäude handelt.

Bild 2.6 (*Fortsetzung*) Beispiel für Anzeige der Beseitigung [2]

Anlage 5

An (untere Bauaufsichtsbehörde)	Nr. im Bauantragsverzeichnis der unteren Bauaufsichtsbehörde	Eingangsstempel der unteren Bauaufsichtsbehörde
		Zutreffendes bitte ankreuzen ☒ oder ausfüllen

Zustimmung gem. Art. 6 Abs. 2 BayBO zur

☐ **Abstandsflächenübernahme** ☐ **Abstandsübernahme**

1.	**Antragsteller / Bauherr**	
	Name	Vorname
	Straße, Hausnummer	PLZ, Ort
	Telefon (mit Vorwahl)	Fax
	E-Mail	
	Vertreter des Antragstellers / Bauherrn	
	Name	Vorname
	Straße, Hausnummer	PLZ, Ort
	Telefon (mit Vorwahl)	Fax
	E-Mail	

2.	**Baugrundstück und Beschreibung der baulichen Anlage**		
	Gemarkung	Flur-Nr.	Gemeinde
	Straße, Hausnummer	Gemeindeteil	
	Verwaltungsgemeinschaft		
	Länge der baulichen Anlage		
	Abstand zur Nachbargrenze Minimaler Abstand	Maximaler Abstand	

3.	**Nachbar**	
	Name	Vorname
	Straße, Hausnummer	PLZ, Ort
	Telefon (mit Vorwahl)	Fax
	E-Mail	

Bild 2.7 Beispiel für Zustimmung zur Abstandsflächenübernahme [2]

4. Nachbargrundstück

Gemarkung	Flur-Nr.	Gemeinde

Straße, Hausnummer	Gemeindeteil

Verwaltungsgemeinschaft

5. Beschreibung und Darstellung der erforderlichen Abstandsflächen

Erforderliche Abstandsflächen der baulichen Anlage	Auf dem Baugrundstück einhaltbare Abstandsflächen	Auf das Nachbargrundstück zu übernehmende Abstandsflächen

☐ **Darstellung siehe Anlage** (In dem Plan sind im Maßstab 1:200 (1 cm = 2 m) darzustellen: Grenzverlauf zwischen Grundstück und Nachbargrundstück, auf den Grundstücken bereits vorhandene Gebäude, geplante(s) Gebäude (in rot), notwendige Abstandsflächen)

6. Beschreibung und Darstellung der erforderlichen Abstände

Erforderliche Abstände nach ☐ Art. 28 Abs. 2 BayBO ☐ Art. 30 Abs. 2 BayBO	Auf dem Baugrundstück einhaltbare Abstände	Auf das Nachbargrundstück zu übernehmende Abstände

☐ **Darstellung siehe Anlage** (In dem Plan sind im Maßstab 1:200 (1 cm = 2 m) darzustellen: Grenzverlauf zwischen Grundstück und Nachbargrundstück, auf den Grundstücken bereits vorhandene Gebäude, geplante(s) Gebäude (in rot), notwendige Abstände)

(Die Unterschrift des bauvorlagenberechtigten Entwurfsverfassers ist auf der Anlage erforderlich)

7. Erklärung der Abstandsflächen- / Abstandsübernahme durch den Nachbarn

☐ Ich bin verfügungsberechtigter (Allein-)Eigentümer des unter 4. näher bezeichneten Grundstücks.

☐ Ich bin verfügungsberechtigter Miteigentümer des unter 4. näher bezeichneten Grundstücks.

☐ Ich bin Miteigentümer des unter 4. näher bezeichneten Grundstücks und handle für die übrigen Miteigentümer mit Vollmacht (liegt bei).

☐ Ich verpflichte mich gegenüber dem Bauherrn unter 1., die Erstreckung der unter 5. beschriebenen Abstandsflächen auf mein unter 4. näher bezeichnetes Grundstück zu dulden, soweit sie auf dieses zu liegen kommen, also mit einer Tiefe von m.

Mir ist bekannt, dass

- diese Flächen von solchen baulichen Anlagen freizuhalten sind, die nach der Bayer. Bauordnung innerhalb der Abstandflächen nicht zulässig sind und Gebäude auf meinem Grundstück die zusätzliche erforderlichen Abstandsflächen einzuhalten haben,
- diese Zustimmung gem. Art. 6 Abs. 2 BayBO für und gegen meine Rechtsnachfolger gilt.

☐ Ich verpflichte mich gegenüber dem Bauherrn unter 1., die Erstreckung der unter 6. beschriebenen Abstände auf mein unter 4. näher bezeichnetes Grundstück zu dulden, soweit sie auf dieses zu liegen kommen, also mit einer Tiefe von m.

Mir ist bekannt, dass

- Gebäude auf meinem Grundstück die dadurch zusätzlich erforderlichen Abstände einzuhalten haben, sofern sie von der entsprechenden Anforderung der Bayer. Bauordnung nicht ausdrücklich ausgenommen sind,
- diese Zustimmung gem. Art. 6 Abs. 2 BayBO für und gegen meine Rechtsnachfolger gilt.

8. Unterschriften

☐ Antragsteller / Bauherr

☐ Vertreter

Datum, Unterschrift

Nachbar

Datum, Unterschrift

Bild 2.7 (*Fortsetzung*) Beispiel für Zustimmung zur Abstandsflächenübernahme [2]

zu Anlage 5

Erläuterungen zur Zustimmung gem. Art. 6 Abs. 2 BayBO zur Abstandsflächenübernahme / Abstandsübernahme

Vorbemerkung

Gemäß Art. 6 Abs. 2 Satz 3 Halbsatz 1 BayBO dürfen sich Abstandsflächen sowie Brandschutzabstände nach Art. 28 Abs. 2 Nr. 1 und Art. 30 Abs. 2 BayBO ganz oder teilweise auf das Nachbargrundstück erstrecken, wenn der Nachbar gegenüber der Bauaufsichtsbehörde schriftlich zustimmt. Die Zustimmung gilt auch für und gegen seinen Rechtsnachfolger, Art. 6 Abs. 2 Satz 3 Halbsatz 2 BayBO.

Der Nachbar hat seine Zustimmung gesondert gegenüber der unteren Bauaufsichtsbehörde abzugeben. Die bloße Unterschrift auf dem Lageplan und den Bauzeichnungen im Rahmen des Art. 66 Abs. 1 BayBO genügt nicht als Zustimmung zur Übernahme der Abstandsflächen/Abstände. Die Zustimmung hat zur Folge, dass die Fläche, auf die eine Abstandsfläche übernommen wird, von solchen baulichen Anlagen freizuhalten ist, die nach der BayBO innerhalb der Abstandsflächen nicht zulässig sind, und Gebäude auf diesem Grundstück die zusätzlich erforderliche Abstandsfläche einzuhalten haben, Art. 6 Abs. 2 Satz 4 BayBO. Gebäude auf dem Nachbargrundstück haben die zusätzlich erforderlichen Brandschutzabstände einzuhalten, sofern sie von der entsprechenden Anforderung der BayBO nicht ausdrücklich ausgenommen sind. Zudem ist darauf zu achten, dass die auf dem Nachbargrundstück bereits vorhandenen Gebäude noch die erforderlichen Abstandsflächen/Abstände einhalten; andernfalls würden diese nachträglich bauordnungswidrig.

Die untere Bauaufsichtsbehörde hat die Zustimmung zu den Bauakten zu nehmen und zusätzlich in geeigneter Form auf Dauer so aufzubewahren, dass für ein Grundstück jederzeit das Bestehen derartiger Erklärungen schnell geklärt werden kann. Wer ein berechtigtes Interesse glaubhaft macht, hat Anspruch auf Auskunft, ob eine Abstandsflächen- / Abstandsübernahmeerklärung vorhanden ist.

Zu 5. und 6. – Beschreibung und Darstellung der erforderlichen Abstandsflächen / Abstände

Die geforderten Maße sind genau anzugeben.

Die erforderlichen Abstandsflächen ergeben sich entweder aus dem Gesetz (Art. 6 Abs. 5 und 6 BayBO), aus den Festsetzungen eines Bebauungsplans oder aus einer Satzung nach Art. 6 Abs. 7 oder Art. 81 Abs. 1 Nr. 6 BayBO. Art. 6 Abs. 5 Satz 3 und Abs. 7 BayBO enthalten den grundsätzlichen Vorrang der Festsetzungen in Satzungen gegenüber den Abstandsflächen nach Art. 6 Abs. 5 und 6 BayBO. Will die Gemeinde trotz Festsetzungen, die Auswirkungen auf die Abstandsflächen haben, an den bauordnungsrechtlichen Regelungen festhalten, muss das im Bebauungsplan bzw. in der Satzung ausdrücklich angeordnet sein.

Die erforderlichen Brandschutzabstände ergeben sich aus Art. 28 Abs. 2 Nr. 1 und Art. 30 Abs. 2 BayBO.

Auf eine sorgfältige und in jeglicher Hinsicht eindeutige Darstellung ist zu achten. Die Darstellung der für die Abstandsflächen/Abstände relevanten Teile der Gebäude und Grundstücke im Maßstab 1 : 200 ist ausreichend; sie muss jedoch durch einen bauvorlageberechtigten Entwurfsverfasser erfolgen. Die unteren Bauaufsichtsbehörden stehen für Beratung und Hilfestellung zur Verfügung.

Der bauvorlagenberechtigte Entwurfsverfasser muss die Plandarstellungen unterschreiben.

Zu 7. und 8. – Erklärung und Unterschrift

Liegt das Nachbargrundstück, auf das Abstandsflächen/Abstände übernommen werden, im Miteigentum mehrerer Personen, ist entweder die Unterschrift sämtlicher Miteigentümer oder die Unterschrift eines für die übrigen Miteigentümer mit Vollmacht handelnden Miteigentümers erforderlich. Der Bauherr trägt das Risiko, dass eine ordnungsgemäße Zustimmungserklärung vorliegt.

Bild 2.7 (*Fortsetzung*) Beispiel für Zustimmung zur Abstandsflächenübernahme [2]

Anlage 6

An (untere Bauaufsichtsbehörde)	Nr. im Bauantragsverzeichnis der unteren Bauaufsichtsbehörde	Eingangsstempel der unteren Bauaufsichtsbehörde
		Zutreffendes bitte ankreuzen ☒ oder ausfüllen

Bestimmung des Verantwortlichen
für die Einhaltung der bauaufsichtlichen Anforderungen an die Standsicherheit
bei der Bauausführung gem. Art. 77 Abs. 3 Satz 1 BayBO
bei Vorhaben im Sinn des Art. 62 Abs. 3 Satz 2 Nr. 2 BayBO

1. Antragsteller / Bauherr

Name	Vorname
Straße, Hausnummer	PLZ, Ort
Telefon (mit Vorwahl)	Fax
E-Mail	

Vertreter des Antragstellers / Bauherrn

Name	Vorname
Straße, Hausnummer	PLZ, Ort
Telefon (mit Vorwahl)	Fax
E-Mail	

2. Vorhaben

Genaue Bezeichnung des Vorhabens

☐ Das Vorhaben erfüllt die Voraussetzungen des Art. 62 Abs. 3 Satz 2 Nr. 2 BayBO

3. Baugrundstück

Gemarkung	Flur-Nr.	Gemeinde
Straße, Hausnummer	Gemeindeteil	
Verwaltungsgemeinschaft		

Bild 2.8 Beispiel für Bestimmung des Verantwortlichen für Standsicherheit [2]

4. Verantwortlicher gemäß Art. 77 Abs. 3 Satz 1 BayBO

☐ Ersteller des Standsicherheitsnachweises (Art. 77 Abs. 3 Satz 1 Halbsatz 1 BayBO)

☐ Anderer Tragwerksplaner (Art. 77 Abs. 3 Satz 1 Halbsatz 2 BayBO)

Name	Vorname
Straße, Hausnummer	PLZ, Ort
Telefon (mit Vorwahl)	Fax
E-Mail	
Listen- / Architektennummer	Land
Berufsbezeichnung	

5. Unterschriften

Verantwortlicher

Datum, Unterschrift

☐ Antragsteller / Bauherr

☐ Vertreter

Datum, Unterschrift

Bild 2.8 (*Fortsetzung*) Beispiel für Bestimmung des Verantwortlichen für Standsicherheit [2]

zu Anlage 6

Erläuterungen zum Ausfüllen des Vordrucks

„Bestimmung des Verantwortlichen für die Einhaltung der bauaufsichtlichen Anforderungen an die Standsicherheit bei der Bauausführung gem. Art. 77 Abs. 3 Satz 1 BayBO bei Vorhaben im Sinn des Art. 62 Abs. 3 Satz 2 Nr. 2 BayBO“

1. Bei den Vorhaben im Sinn von Art. 62 Abs. 3 Satz 2 Nr. 2 BayBO handelt es sich um nicht oder nur zum vorübergehenden Aufenthalt einzelner Personen bestimmte oberirdische eingeschossige Gebäude mit freien Stützweiten von nicht mehr als 12 m und nicht mehr als 1.600 m^2 Fläche. In den Anwendungsbereich dieser Vorschrift fallen beispielsweise landwirtschaftliche Viehställe und gewerbliche Lagergebäude.

   Wer für diese Vorhaben nachweisberechtigt ist, ist in Art. 62 Abs. 2 BayBO geregelt.

2. Bei Vorhaben im Sinn des Art. 62 Abs. 3 Satz 2 Nr. 2 BayBO verlangt Art. 77 Abs. 3 Satz 1 BayBO darüber hinaus einen Verantwortlichen für die Einhaltung der bauaufsichtlichen Anforderungen an die Standsicherheit auch bei der Bauausführung. Das ist grundsätzlich der Ersteller des Standsicherheitsnachweises nach Art. 62 Abs. 2 Satz 1 BayBO. Gem. Art. 77 Abs. 3 Satz 1 Halbsatz 2 BayBO kann der Bauherr der Bauaufsichtsbehörde auch einen anderen verantwortlichen Tragwerksplaner im Sinn des Art. 62 Abs. 2 Satz 1 BayBO benennen.

   Nicht erforderlich ist ein derartiger Verantwortlicher für die Bauausführung bei land- oder forstwirtschaftlichen Betriebs- sowie gewerblichen Lagergebäuden mit freien Stützweiten von nicht mehr als 12 m und Grundflächen von nicht mehr als 500 m^2 oder mit Grundflächen von nicht mehr als 1.600 m^2, sofern sie statisch einfach sind (Art. 77 Abs. 3 Satz 2 BayBO).

3. Bei Bauvorhaben im Sinn des Art. 62 Abs. 3 Satz 2 Nr. 2 BayBO ist dieser Vordruck spätestens zusammen mit der Baubeginnsanzeige der Bauaufsichtsbehörde vorzulegen.

Bild 2.8 (*Fortsetzung*) Beispiel für Bestimmung des Verantwortlichen für Standsicherheit [2]

Anlage 7

An (untere Bauaufsichts- / Abgrabungsbehörde)	Nr. im Bau- / Abgrabungsantragsverzeichnis der unteren Bauaufsichtsbehörde	Eingangsstempel der unteren Bauaufsichtsbehörde

Zutreffendes bitte ankreuzen ☒ oder ausfüllen

Baubeginnsanzeige (Art. 68 Abs. 5 BayBO)

Der Bauherr hat den Ausführungsbeginn genehmigungspflichtiger Vorhaben und die Wiederaufnahme der Bauarbeiten nach einer Unterbrechung von mehr als sechs Monaten mindestens eine Woche vorher der Bauaufsichtsbehörde schriftlich mitzuteilen (Art. 68 Abs. 7 BayBO). Dies gilt auch für Vorhaben, die unter das Genehmigungsfreistellungsverfahren (Art. 58 BayBO) fallen und für die Beseitigung baulicher Anlagen (Art. 57 Abs. 5 BayBO).

1. Antragsteller / Bauherr

Name	Vorname
Straße, Hausnummer	PLZ, Ort
Telefon (mit Vorwahl)	Fax
E-Mail	

Vertreter des Antragstellers / Bauherrn

Name	Vorname
Straße, Hausnummer	PLZ, Ort
Telefon (mit Vorwahl)	Fax
E-Mail	

2. Vorhaben

Genaue Bezeichnung des Vorhabens

3. Baugrundstück

Gemarkung	Flur-Nr.	Gemeinde
Straße, Hausnummer	Gemeindeteil	
Verwaltungsgemeinschaft		

Tag des Baubeginns / Wiederaufnahme:

Bild 2.9 Beispiel für Baubeginnsanzeige [2]

4.	**Standsicherheitsnachweis**	
4.1	**Ersteller des Standsicherheitsnachweises**	
	Name	Vorname
	Straße, Hausnummer	PLZ, Ort
	Telefon (mit Vorwahl)	Fax
	E-Mail	
	Listen- / Architektennummer	Land
	Berufsbezeichnung	
	Datum, Unterschrift des Erstellers des Standsicherheitsnachweises	

4.2	☐ Eine Prüfung des Standsicherheitsnachweises ist nicht erforderlich; die Bestätigung des Tragwerksplaners über die Prüffreiheit nach dem Kriterienkatalog gemäß Anlage 2 der BauVorlV (s. Anlage 1a) liegt bei.
	☐ Eine Prüfung des Standsicherheitsnachweises ist nicht erforderlich. (Bauvorhaben nach Art. 62 Abs. 3 Satz 2 BayBO)
	☐ Eine Bescheinigung des Standsicherheitsnachweises durch einen Prüfsachverständigen liegt bei. (Bauvorhaben nach Art. 62 Abs. 3 Satz 1 BayBO)

4.3	**Prüfsachverständiger für Standsicherheit**	
	Name	Vorname
	Straße, Hausnummer	PLZ, Ort
	Telefon (mit Vorwahl)	Fax
	E-Mail	
	Listen- / Architektennummer	Land
	Berufsbezeichnung	
4.4	**Beseitigung** (Art. 57 Abs. 5 Satz 3)	☐ Eine Bestätigung der Standsicherheit des Gebäudes, an das das zu beseitigende Gebäude angebaut ist, durch einen qualifizierten Tragwerksplaner liegt vor. (vgl. Nr. 5.3 der Beseitigungsanzeige)

Bild 2.9 (*Fortsetzung*) Beispiel für Baubeginnsanzeige [2]

5. Brandschutznachweis

5.1 Ersteller des Brandschutznachweises

Name	Vorname
Straße, Hausnummer	PLZ, Ort
Telefon (mit Vorwahl)	Fax
E-Mail	
Listen- / Architektennummer	Land
Berufsbezeichnung	

Datum, Unterschrift des Erstellers des Brandschutznachweises

5.2 ☐ Eine Bescheinigung des Brandschutznachweises durch einen Prüfsachverständigen liegt bei. (Bauvorhaben nach Art. 62 Abs. 3 Satz 3 BayBO)

5.3 Prüfsachverständiger für Brandschutz

Name	Vorname
Straße, Hausnummer	PLZ, Ort
Telefon (mit Vorwahl)	Fax
E-Mail	
Listen- / Architektennummer	Land
Berufsbezeichnung	

6. Anlagen

- ☐ Kriterienkatalog gemäß Anlage 2 der BauVorlV (Anlage 1a)
- ☐ Bescheinigung Standsicherheit I (Anlage 9)
- ☐ Bescheinigung Brandschutz I (Anlage 11)
- ☐ Bestimmung des Verantwortlichen für die Bauausführung (Anlage 6)

7. Unterschrift

- ☐ Antragsteller / Bauherr
- ☐ Vertreter

Datum, Unterschrift

Bild 2.9 (*Fortsetzung*) Beispiel für Baubeginnsanzeige [2]

zu Anlage 7

Erläuterungen zum Ausfüllen der Baubeginnsanzeige

Zu 4. – Standsicherheitsnachweis

4.1 – Ersteller des Standsicherheitsnachweises

Grundsätzlich schließt die Bauvorlageberechtigung nach Art. 61 Abs. 2, 3 und 4 Nrn. 2 bis 6 BayBO die Berechtigung zur Erstellung des Standsicherheitsnachweises mit ein.

Bei Gebäuden der Gebäudeklassen 1 bis 3 und sonstigen baulichen Anlagen, die keine Gebäude sind, muss der Standsicherheitsnachweis jedoch von einer hierfür besonders qualifizierten Person erstellt sein, da dieser Nachweis nicht in jedem Fall durch die Bauaufsichtsbehörde, einen Prüfingenieur oder ein Prüfamt zu prüfen oder durch einen Prüfsachverständigen zu bescheinigen ist.

Die Berechtigung zur Erstellung des Standsicherheitsnachweises bei den oben genannten Fällen haben nach Art. 62 Abs. 2 Satz 1 BayBO

- Personen mit einem berufsqualifizierenden Hochschulabschluss eines Studiums der Fachrichtung Architektur, Hochbau (i. S. v. Art. 49 Abs. 1 der Richtlinie 2005/36/EG) oder des Bauingenieurwesens mit einer mindestens dreijährigen Berufserfahrung in der Tragwerksplanung, die in eine entsprechende Liste der Bayerischen Architektenkammer oder der Bayerischen Ingenieurekammer-Bau eingetragen sind,
- staatlich geprüfte Techniker der Fachrichtung Bautechnik und Handwerksmeister des Maurer-, Betonbauer- oder Zimmererfachs mit dreijähriger zusammenhängender Berufserfahrung und Zusatzqualifikation im Rahmen ihrer Bauvorlageberechtigung (Liste bei der Handwerkskammer Mittelfranken, § 10 Abs. 3 ZQualVBau) sowie
- Absolventen eines – durch das Bayerische Staatsministerium des Innern als gleichwertig anerkannten – Studiengangs der Fachrichtung Holzbau und Ausbau für bestimmte Bauvorhaben in Holzbauweise im Rahmen ihrer Bauvorlageberechtigung.

4.2 – Prüfung / Bescheinigung des Standsicherheitsnachweises

Eine Prüfung des Standsicherheitsnachweises ist bei Gebäuden der Gebäudeklassen 1 bis 3, Behältern, Brücken, Stützmauern und Tribünen und sonstigen baulichen Anlagen, die keine Gebäude sind, mit einer Höhe von mehr als 10 m nicht erforderlich, sofern dies ein qualifizierter Tragwerksplaner im Sinn des Art. 62 Abs. 2 Satz 1 BayBO anhand des Kriterienkatalogs (Anlage 1a) bestätigt.

Bei Wohngebäuden der Gebäudeklassen 1 und 2 und nicht oder nur zum vorübergehenden Aufenthalt einzelner Personen bestimmten oberirdischen eingeschossigen Gebäuden mit freien Stützweiten von nicht mehr als 12 m und nicht mehr als 1.600 m^2 Fläche findet keine Überprüfung des Standsicherheitsnachweises statt.

Bild 2.9 (*Fortsetzung*) Beispiel für Baubeginnsanzeige [2]

Bei Gebäuden der Gebäudeklassen 4 und 5 oder sofern in den anderen Fällen die Kriterien des verbindlich eingeführten Kriterienkatalogs (Anlage 1a) nicht ausnahmslos erfüllt sind, hat eine Überprüfung des Standsicherheitsnachweises zu erfolgen. Bei Sonderbauten wird der Standsicherheitsnachweis durch die Bauaufsichtsbehörde oder durch einen Prüfingenieur oder ein Prüfamt für Standsicherheit im Auftrag der Bauaufsichtsbehörde überprüft; in den übrigen Fällen muss der Standsicherheitsnachweis im Auftrag des Bauherrn durch einen Prüfsachverständigen für Standsicherheit bescheinigt sein.

Zu 5. – Brandschutznachweis

5.1 – Ersteller des Brandschutznachweises

Grundsätzlich schließt die Bauvorlageberechtigung nach Art. 61 Abs. 2, 3 und 4 Nrn. 2 bis 6 BayBO die Berechtigung zur Erstellung des Brandschutznachweises mit ein.

Bei Gebäuden der Gebäudeklasse 4, ausgenommen Sonderbauten sowie Mittel- und Großgaragen, muss der Brandschutznachweis allerdings von einer hierfür besonders qualifizierten Person erstellt sein.

Die Berechtigung zur Erstellung des Brandschutznachweises haben nach Art. 62 Abs. 2 Satz 2 BayBO

- für das Bauvorhaben Bauvorlageberechtigte, die die erforderlichen Kenntnisse des Brandschutzes nachgewiesen haben und in eine entsprechende Liste der Bayerischen Architektenkammer oder der Bayerischen Ingenieurekammer-Bau eingetragen sind,
- Angehörige des Studiengangs der Fachrichtung Architektur, Hochbau (Art. 49 Abs. 1 der Richtlinie 2005/36/EG), Bauingenieurwesen oder eines Studiengangs mit Schwerpunkt Brandschutz, die ein Studium an einer deutschen Hochschule, ein gleichwertiges Studium an einer ausländischen Hochschule oder die Ausbildung für mindestens den feuerwehrtechnischen Dienst in der Qualifikationsebene drei abgeschlossen haben, danach mindestens zwei Jahre auf dem Gebiet der brandschutztechnischen Planung und Ausführung von Gebäuden oder deren Prüfung praktisch tätig gewesen sind, und die erforderlichen Kenntnisse des Brandschutzes nachgewiesen haben und in eine entsprechende Liste der Bayerischen Architektenkammer oder der Bayerischen Ingenieurekammer-Bau eingetragen sind oder
- Prüfsachverständige für Brandschutz als Brandschutzplaner (§ 16 PrüfVBau).

5.2 – Prüfung / Bescheinigung des Brandschutznachweises

Bei Sonderbauten, Mittel- und Großgaragen und Gebäuden der Gebäudeklasse 5 muss eine zusätzliche Überprüfung des Brandschutznachweises erfolgen. Entweder muss der Brandschutznachweis durch einen Prüfsachverständigen für Brandschutz bescheinigt sein oder er wird bauaufsichtlich geprüft (Art. 62 Abs. 3 Satz 3 BayBO). Die Entscheidung über die Art der Überprüfung hatte der Antragsteller/Bauherr bereits im Bauantrag zu treffen.

Bild 2.9 (*Fortsetzung*) Beispiel für Baubeginnsanzeige [2]

Anlage 8

An (untere Bauaufsichts- / Abgrabungsbehörde)	Nr. im Bau- / Abgrabungsantragsverzeichnis der unteren Bauaufsichtsbehörde	Eingangsstempel der unteren Bauaufsichtsbehörde

Zutreffendes bitte ankreuzen ☒ oder ausfüllen

Anzeige der Nutzungsaufnahme (Art. 78 Abs. 2 BayBO)

Die beabsichtigte Aufnahme der Nutzung einer nicht verfahrensfreien baulichen Anlage hat der Bauherr mindestens zwei Wochen vorher der Bauaufsichtsbehörde schriftlich mitzuteilen (Art. 78 Abs. 2 BayBO)

1. Antragsteller / Bauherr

Name	Vorname
Straße, Hausnummer	PLZ, Ort
Telefon (mit Vorwahl)	Fax
E-Mail	

Vertreter des Antragstellers / Bauherrn

Name	Vorname
Straße, Hausnummer	PLZ, Ort
Telefon (mit Vorwahl)	Fax
E-Mail	

2. Vorhaben

Genaue Bezeichnung des Vorhabens

3. Baugrundstück

Gemarkung	Flur-Nr.	Gemeinde
Straße, Hausnummer	Gemeindeteil	
Verwaltungsgemeinschaft		

Tag der Nutzungsaufnahme

Bild 2.10 Beispiel für Anzeige der Nutzungsaufnahme [2]

4. Anlagen

☐ Eine Bescheinigung des Prüfsachverständigen über die ordnungsgemäße Bauausführung hinsichtlich der Standsicherheit liegt bei (Art. 78 Abs. 2 Satz 2 Nr. 1 BayBO).

☐ Eine Bescheinigung des Prüfsachverständigen über die ordnungsgemäße Bauausführung hinsichtlich des Brandschutzes liegt bei (Art. 78 Abs. 2 Satz 2 Nr. 2 BayBO).

☐ Bestätigung des Nachweiserstellers oder eines anderen Nachweisberechtigten im Sinn des Art. 62 Abs. 2 Satz 2 BayBO über die mit dem Brandschutznachweis übereinstimmende Bauausführung liegt bei (Art. 78 Abs. 2 Satz 2 Nr. 3 BayBO).

5. Hinweise zum Brandschutz

Die Bayerische Bauordnung enthält in Art. 46 Abs. 4 die Verpflichtung, Wohnungen in den Schlafräumen, Kinderzimmern und Fluren, die zu Aufenthaltsräumen führen, mit Rauchwarnmeldern auszustatten. Eigentümer vorhandener Wohnungen sind verpflichtet, jede Wohnung bis zum 31. Dezember 2017 entsprechend auszustatten.
Der Alarm der Rauchwarnmelder ermöglicht bei Bränden die rechtzeitige Flucht und schnelle und wirksame Gegenmaßnahmen, noch bevor ein Raum völlig verraucht ist. Hierdurch können Leben gerettet werden.
Vgl. hierzu http://www.verwaltung.bayern.de/Anlage2755685/RauchwarnmelderrettenLeben.pdf.

6. Unterschrift

☐ Antragsteller / Bauherr
☐ Vertreter

Datum, Unterschrift

Bild 2.10 (*Fortsetzung*) Beispiel für Anzeige der Nutzungsaufnahme [2]

Anlage 9

Bescheinigung Standsicherheit I
(Vollständigkeit und Richtigkeit des Standsicherheitsnachweises nach Art. 62 Abs. 3 und 4 BayBO i. V. m. § 13 Abs. 4 PrüfVBau)

Bescheinigung über die Standsicherheit

- ☐ **Teil**bescheinigung
- ☐ **Abschließende** Bescheinigung

Auftragsnummer/-jahr: ____________ / ______

I. Angaben zum Bauvorhaben

1. Bauherr	
Name	Vorname
Straße, Hausnummer	PLZ, Ort
Telefon (mit Vorwahl)	Fax
E-Mail	

2. Vorhaben
Genaue Bezeichnung des Vorhabens, evtl. Bauabschnitt

3. Baugrundstück		
Gemarkung	Flur-Nr.	Gemeinde
Straße, Hausnummer	Gemeindeteil	
Verwaltungsgemeinschaft		

4. Zuständige Bauaufsichtsbehörde	
Name	Vorname
Straße, Hausnummer	PLZ, Ort
Telefon (mit Vorwahl)	Fax
E-Mail	

5. Entwurfsverfasser	
Name	Vorname
Straße, Hausnummer	PLZ, Ort
Telefon (mit Vorwahl)	Fax
E-Mail	

Bild 2.11 Beispiel für Bescheinigung Standsicherheit I [2]

6.	**Ersteller des Standsicherheitsnachweises**	
	Name	Vorname
	Straße, Hausnummer	PLZ, Ort
	Telefon (mit Vorwahl)	Fax
	E-Mail	

	Ggf. Ersteller der Konstruktionszeichnungen	
	Name	Vorname
	Straße, Hausnummer	PLZ, Ort
	Telefon (mit Vorwahl)	Fax
	E-Mail	

7.	**Prüfsachverständiger für Standsicherheit**	
	Name	Vorname
	Straße, Hausnummer	PLZ, Ort
	Telefon (mit Vorwahl)	Fax
	E-Mail	

II. Ergebnis der Prüfung

1. Prüfberichte:

(Auflistung der Prüfberichte gegebenenfalls als Anhang, mit jeweiligem Datum; die Prüfberichte müssen i. d. R. Angaben über Baubeschreibung bzw. Inhalt der geprüften Unterlagen, Lastannahmen einschließlich Feuerwiderstandsfähigkeit der tragenden Bauteile, Bauprodukte, Baugrund und Grundwasserverhältnisse, Prüfbemerkungen, Besonderheiten, Abweichungen enthalten, Erklärung über die Übereinstimmung der geprüften Pläne mit den Plänen des Entwurfsverfassers); bei **Teilbescheinigungen** muss ersichtlich sein, welche Bauteile überprüft wurden.

Nr.	Datum	Anzahl Pläne	Bemerkungen (z. B. bei Teilbescheinigung überprüfte Bauteile)

Bild 2.11 (*Fortsetzung*) Beispiel für Bescheinigung Standsicherheit I [2]

2. Die Bescheinigung beinhaltet folgende Abweichung(en) von materiell-rechtlichen Anforderungen:

Artikel BayBO	Gegenstand der Abweichung

3. Bescheinigung nach § 27 PrüfVBau durch einen Prüfsachverständigen für Erd- und Grundbau (§ 13 Abs. 4 Satz 3 PrüfVBau)

☐ Die Bescheinigung des Prüfsachverständigen für Erd- und Grundbau

vom liegt vor.

☐ ist nicht erforderlich.

III. Bescheinigung, Unterschrift Prüfsachverständiger

☐ **Die Vollständigkeit und Richtigkeit der Nachweise über die Standsicherheit wird bei Beachtung der Prüfbemerkungen bescheinigt (Art. 62 Abs. 3 und 4 BayBO, § 13 Abs. 4 PrüfVBau).**

Datum, Unterschrift / ggf. Stempel

Bild 2.11 (*Fortsetzung*) Beispiel für Bescheinigung Standsicherheit I [2]

Anlage 10

Bescheinigung Standsicherheit II
(ordnungsgemäße Bauausführung
nach Art. 77 Abs. 2 BayBO i. V. m. § 13 Abs. 5 PrüfVBau)

Auftragsnummer/-jahr: ____________/______

I. Angaben zum Bauvorhaben

1.	**Bauherr**	
	Name	Vorname
	Straße, Hausnummer	PLZ, Ort
	Telefon (mit Vorwahl)	Fax
	E-Mail	

2.	**Vorhaben**
	Genaue Bezeichnung des Vorhabens, evtl. Bauabschnitt

3.	**Baugrundstück**		
	Gemarkung	Flur-Nr.	Gemeinde
	Straße, Hausnummer	Gemeindeteil	
	Verwaltungsgemeinschaft		

4.	**Zuständige Bauaufsichtsbehörde**	
	Name	Vorname
	Straße, Hausnummer	PLZ, Ort
	Telefon (mit Vorwahl)	Fax
	E-Mail	

5.	**Entwurfsverfasser**	
	Name	Vorname
	Straße, Hausnummer	PLZ, Ort
	Telefon (mit Vorwahl)	Fax
	E-Mail	

Bild 2.12 Beispiel für Bescheinigung Standsicherheit II [2]

6. **Ersteller des Standsicherheitsnachweises**	
Name	Vorname
Straße, Hausnummer	PLZ, Ort
Telefon (mit Vorwahl)	Fax
E-Mail	

Ggf. Ersteller der Konstruktionszeichnungen	
Name	Vorname
Straße, Hausnummer	PLZ, Ort
Telefon (mit Vorwahl)	Fax
E-Mail	

7. **Prüfsachverständiger für Standsicherheit**	
Name	Vorname
Straße, Hausnummer	PLZ, Ort
Telefon (mit Vorwahl)	Fax
E-Mail	

II. Für die Bauausführung maßgebende Unterlagen:

Bescheinigung Standsicherheit I	
Nr.	Datum
Bemerkung	
Ggf. abweichender Prüfsachverständiger (sofern ein Fall des § 13 Abs. 5 Satz 2 PrüfVBau vorliegt)	
Name	Vorname
Straße, Hausnummer	PLZ, Ort
Telefon (mit Vorwahl)	Fax
E-Mail	

Bild 2.12 (*Fortsetzung*) Beispiel für Bescheinigung Standsicherheit II [2]

III. Ergebnis der Prüfung

1. Bericht(e) über stichprobenhafte Kontrollen während der Bauausführung:
(Auflistung der Kontrollen mit jeweiligem Datum und Ergebnis, ggf. als Anhang)

Datum	Art der Kontrolle	Ergebnis / Bemerkungen

2. Sonstige Bemerkungen

IV. Bescheinigung, Unterschrift Prüfsachverständiger

☐ **Die ordnungsgemäße Bauausführung der im Sinn des § 13 Abs. 5 PrüfVBau überwachten Bauteile und Bauarten wird bescheinigt (Art. 77 Abs. 2 BayBO).**

Datum, Unterschrift / ggf. Stempel

Bild 2.12 (*Fortsetzung*) Beispiel für Bescheinigung Standsicherheit II [2]

Anlage 11

Bescheinigung Brandschutz I
(Vollständigkeit und Richtigkeit des Brandschutznachweises nach Art. 62 Abs. 3 und 4 BayBO i. V. m. § 19 PrüfVBau)

Auftragsnummer/-jahr: ____/____

I. Angaben zum Bauvorhaben

1. Bauherr	
Name	Vorname
Straße, Hausnummer	PLZ, Ort
Telefon (mit Vorwahl)	Fax
E-Mail	

2. Vorhaben
Genaue Bezeichnung des Vorhabens, evtl. Bauabschnitt

3. Baugrundstück		
Gemarkung	Flur-Nr.	Gemeinde
Straße, Hausnummer	Gemeindeteil	
Verwaltungsgemeinschaft		

4. Zuständige Bauaufsichtsbehörde	
Name	Vorname
Straße, Hausnummer	PLZ, Ort
Telefon (mit Vorwahl)	Fax
E-Mail	

5. Entwurfsverfasser	
Name	Vorname
Straße, Hausnummer	PLZ, Ort
Telefon (mit Vorwahl)	Fax
E-Mail	

Bild 2.13 Beispiel für Bescheinigung Brandschutz I [2]

6. Ersteller des Brandschutznachweises

Name	Vorname
Straße, Hausnummer	PLZ, Ort
Telefon (mit Vorwahl)	Fax
E-Mail	

7. Prüfsachverständiger für Brandschutz

Name	Vorname
Straße, Hausnummer	PLZ, Ort
Telefon (mit Vorwahl)	Fax
E-Mail	

II. Ergebnis der Prüfung

1. Angaben zu Unterlagen, Brandschutznachweis
(Auflistung der Dokumente, die zur Bescheinigung vorgelegt wurden, ggf. als Anhang)

Nr.	Datum	Seiten	Bezeichnungen/Bemerkungen

2. Die Bescheinigung beinhaltet folgende Abweichung(en) von materiell-rechtlichen Anforderungen:

Artikel BayBO	Gegenstand der Abweichung

Bild 2.13 (*Fortsetzung*) Beispiel für Bescheinigung Brandschutz I [2]

3. Angaben zum Prüfbericht (im Anhang)

(Seitenzahl, Auflistung der Dokumente, die Bestandteil des Prüfberichts sind; z. B. Pläne, Beschreibungen, Berechnungen, Äußerung der örtlichen Feuerwehr, Prüfbemerkungen z. B. über weitergehende/reduzierte Anforderungen gemäß Art. 54 Abs. 3 BayBO, festgelegte Maßgaben)

4. Weitere erforderliche Nachweise, Bescheinigungen oder Prüfungen

4.1 Die Bescheinigung eines Prüfsachverständigen für die Prüfung sicherheitstechnischer Anlagen und Einrichtungen nach § 24 PrüfVBau ist erforderlich für:

Nr.	Bezeichnung der Gegenstände

4.2 Vor (der jeweiligen) Bauausführung sind neben den Verwendbarkeitsnachweisen (allgemeines bauaufsichtliches Prüfzeugnis, allgemeine bauaufsichtliche Zulassung, Zustimmung im Einzelfall) folgende Unterlagen zu erbringen:

Nr.	Bezeichnung der Unterlagen

4.3 Die **ordnungsgemäße Bauausführung** ist nach § 19 Abs. 1 Satz 2 PrüfVBau durch den Prüfsachverständigen für Brandschutz zu **bescheinigen**.

III. Bescheinigung, Unterschrift Prüfsachverständiger

☐ **Die Vollständigkeit und Richtigkeit des Brandschutznachweises wird bei Beachtung der im Prüfbericht enthaltenen Prüfbemerkungen bescheinigt (Art. 62 Abs. 3 und 4 BayBO, § 19 PrüfVBau).**

Datum, Unterschrift / ggf. Stempel

Bild 2.13 (*Fortsetzung*) Beispiel für Bescheinigung Brandschutz I [2]

Anlage 12

Bescheinigung Brandschutz II
(ordnungsgemäße Bauausführung nach
Art. 77 Abs. 2 BayBO i. V. m. § 19 PrüfVBau)

Auftragsnummer/-jahr: ________/______

I. Angaben zum Bauvorhaben

1.	**Bauherr**	
	Name	Vorname
	Straße, Hausnummer	PLZ, Ort
	Telefon (mit Vorwahl)	Fax
	E-Mail	

2.	**Vorhaben**
	Genaue Bezeichnung des Vorhabens, evtl. Bauabschnitt

3.	**Baugrundstück**		
	Gemarkung	Flur-Nr.	Gemeinde
	Straße, Hausnummer	Gemeindeteil	
	Verwaltungsgemeinschaft		

4.	**Zuständige Bauaufsichtsbehörde**	
	Name	Vorname
	Straße, Hausnummer	PLZ, Ort
	Telefon (mit Vorwahl)	Fax
	E-Mail	

5.	**Entwurfsverfasser**	
	Name	Vorname
	Straße, Hausnummer	PLZ, Ort
	Telefon (mit Vorwahl)	Fax
	E-Mail	

Bild 2.14 Beispiel für Bescheinigung Brandschutz II [2]

6. Ersteller des Brandschutznachweises	
Name	Vorname
Straße, Hausnummer	PLZ, Ort
Telefon (mit Vorwahl)	Fax
E-Mail	

7. Prüfsachverständiger für Brandschutz	
Name	Vorname
Straße, Hausnummer	PLZ, Ort
Telefon (mit Vorwahl)	Fax
E-Mail	

II. Ergebnis der Prüfung

1.	**Angaben zu den für die Bauausführung maßgebenden Unterlagen** (Bescheinigungen, Prüfungsergebnisse und Nachweise nach Nr. II 4 der Bescheinigung Brandschutz I)	
1.1	**Bescheinigung über den Nachweis des vorbeugenden Brandschutzes**	
	Datum	Auftragsnr. / Jahr
1.2	**Prüfung der Feuerwiderstandsfähigkeit der tragenden Teile**	
	Datum	Name des Prüfingenieurs/des Prüfamts/des Prüfsachverständigen
1.3	**Bescheinigungen über sicherheitsrelevante technische Anlagen und Einrichtungen**	
	Datum	Bezeichnung
1.4	**Sonstige**	
	Datum	Bezeichnung

Bild 2.14 (*Fortsetzung*) Beispiel für Bescheinigung Brandschutz II [2]

2. Angaben zum Prüfbericht über die Bauausführung (ggf. im Anhang)

(Seitenzahl, Auflistung der Dokumente, die Bestandteil des Prüfberichts sind oder auf die Bezug genommen wird; z. B. Pläne, Beschreibungen, Berechnungen, Verwendbarkeitsnachweise, sonstige Nachweise, Berichte über Baubegehungen während der Bauausführung usw.)

3. Prüfergebnis

Die Bauausführung entspricht unter Beachtung folgender Maßgaben zur späteren Nutzung (z. B. besondere Betriebsvorschriften, Nutzungsbeschränkungen) dem bescheinigten Brandschutznachweis;
die erforderlichen Bescheinigungen und Nachweise haben vorgelegen

III. Bescheinigung, Unterschrift Prüfsachverständiger

☐ **Die Übereinstimmung der Bauausführung mit dem bescheinigten Brandschutznachweis wird bescheinigt (Art. 77 Abs. 2 BayBO, § 19 Abs. 1 Satz 2 PrüfVBau).**

Datum, Unterschrift / ggf. Stempel

Bild 2.14 (*Fortsetzung*) Beispiel für Bescheinigung Brandschutz II [2]

Anlage 13

Bescheinigung Brandschutz III
(Vorliegen der Voraussetzungen für eine Abweichung nach Art. 63 Abs. 1 BayBO)

Auftragsnummer/-jahr: ______ / ______

I. Angaben zum Bauvorhaben

1. Bauherr	
Name	Vorname
Straße, Hausnummer	PLZ, Ort
Telefon (mit Vorwahl)	Fax
E-Mail	

2. Vorhaben
Genaue Bezeichnung des Vorhabens, evtl. Bauabschnitt

3. Baugrundstück		
Gemarkung	Flur-Nr.	Gemeinde
Straße, Hausnummer	Gemeindeteil	
Verwaltungsgemeinschaft		

4. Zuständige Bauaufsichtsbehörde	
Name	Vorname
Straße, Hausnummer	PLZ, Ort
Telefon (mit Vorwahl)	Fax
E-Mail	

5. Entwurfsverfasser	
Name	Vorname
Straße, Hausnummer	PLZ, Ort
Telefon (mit Vorwahl)	Fax
E-Mail	

Bild 2.15 Beispiel für Bescheinigung Brandschutz III [2]

6.	**Ersteller des Brandschutznachweises**	
	Name	Vorname
	Straße, Hausnummer	PLZ, Ort
	Telefon (mit Vorwahl)	Fax
	E-Mail	

7.	**Prüfsachverständiger für Brandschutz**	
	Name	Vorname
	Straße, Hausnummer	PLZ, Ort
	Telefon (mit Vorwahl)	Fax
	E-Mail	

II. Ergebnis der Prüfung

1. Angaben zu Unterlagen, Brandschutznachweis
(Auflistung der Dokumente, die zur Bescheinigung vorgelegt wurden, ggf. als Anhang)

Nr.	Datum	Seiten	Bezeichnungen/Bemerkungen

2. Angaben zu den Abweichungen

Artikel BayBO	Gegenstand der Abweichung

3. Angaben zum Prüfbericht (im Anhang)
(Seitenzahl, Auflistung der Dokumente, die Bestandteil des Prüfberichts sind; z. B. Pläne, Beschreibungen, Berechnungen, Prüfbemerkungen, festgelegte Maßgaben)

Bild 2.15 (*Fortsetzung*) Beispiel für Bescheinigung Brandschutz III [2]

4.	**Ggf. weitere erforderliche Nachweise, Bescheinigungen oder Prüfungen** (z. B. Bescheinigung eines Prüfsachverständigen für die Prüfung sicherheitstechnischer Anlagen und Einrichtungen nach § 24 PrüfVBau)
Nr.	Bezeichnung

III. Bescheinigung, Unterschrift Prüfsachverständiger

☐ **Das Vorliegen der Voraussetzungen für eine Abweichung nach Art. 63 Abs. 1 BayBO wird bescheinigt.**

Datum, Unterschrift / ggf. Stempel

Bild 2.15 (*Fortsetzung*) Beispiel für Bescheinigung Brandschutz III [2]

Anlage 14

Bescheinigung über die Einhaltung der festgelegten Grundfläche und Höhenlage nach Art. 68 Abs. 6 Satz 2 BayBO i. V. m. § 21 Satz 1 PrüfVBau

Auftragsnummer/-jahr: _________/______

I. Angaben zum Bauvorhaben

1. Bauherr	
Name	Vorname
Straße, Hausnummer	PLZ, Ort
Telefon (mit Vorwahl)	Fax
E-Mail	

2. Vorhaben
Genaue Bezeichnung des Vorhabens, evtl. Bauabschnitt

3. Baugrundstück		
Gemarkung	Flur-Nr.	Gemeinde
Straße, Hausnummer	Gemeindeteil	
Verwaltungsgemeinschaft		

4. Zuständige Bauaufsichtsbehörde und zuständiges Vermessungsamt	
Bauaufsichtsbehörde	Vorname
Straße, Hausnummer	PLZ, Ort
Telefon (mit Vorwahl)	Fax
E-Mail	
Vermessungsamt	Vorname
Straße, Hausnummer	PLZ, Ort
Telefon (mit Vorwahl)	Fax
E-Mail	

Bild 2.16 Beispiel für Bescheinigung über Einhaltung von Grundfläche und Höhenlage

5. Entwurfsverfasser

Name	Vorname
Straße, Hausnummer	PLZ, Ort
Telefon (mit Vorwahl)	Fax
E-Mail	

6. Prüfsachverständiger für Vermessung

Name	Vorname
Straße, Hausnummer	PLZ, Ort
Telefon (mit Vorwahl)	Fax
E-Mail	

II. Vermessung

1. Angaben zu den Unterlagen
(ggf. Baugenehmigung, Bauvorlagen, Bebauungsplan)

2. Angaben zur Vermessung
(Datum, Ergebnis, Bemerkungen)

III. Bescheinigung, Unterschrift Prüfsachverständiger

☐ **Die im** (Bescheid, Datum, Nr.) **festgelegte Grundfläche**
und die im (Bescheid, Datum, Nr.) **festgelegte Höhenlage**
sind eingehalten und werden hiermit bescheinigt (Art. 62 Abs. 4 BayBO entsprechend).

Datum, Unterschrift / ggf. Stempel

Bild 2.16 (*Fortsetzung*) Beispiel für Bescheinigung über Einhaltung von Grundfläche und Höhenlage

Anlage 15

Bescheinigung über die Vollständigkeit und Richtigkeit der Angaben über den Baugrund und dessen Tragfähigkeit nach § 27 PrüfVBau

Auftragsnummer/-jahr: ________/______

I. Angaben zum Bauvorhaben

1. Bauherr	
Name	Vorname
Straße, Hausnummer	PLZ, Ort
Telefon (mit Vorwahl)	Fax
E-Mail	

2. Vorhaben
Genaue Bezeichnung des Vorhabens, evtl. Bauabschnitt

3. Baugrundstück		
Gemarkung	Flur-Nr.	Gemeinde
Straße, Hausnummer	Gemeindeteil	
Verwaltungsgemeinschaft		

4. Zuständige Bauaufsichtsbehörde	
Name	Vorname
Straße, Hausnummer	PLZ, Ort
Telefon (mit Vorwahl)	Fax
E-Mail	

5. Entwurfsverfasser	
Name	Vorname
Straße, Hausnummer	PLZ, Ort
Telefon (mit Vorwahl)	Fax
E-Mail	

Bild 2.17 Beispiel für Bescheinigung zum Baugrund

6.	**Ersteller des Standsicherheitsnachweises**	
	Name	Vorname
	Straße, Hausnummer	PLZ, Ort
	Telefon (mit Vorwahl)	Fax
	E-Mail	

	Ggf. Ersteller der Konstruktionszeichnungen	
	Name	Vorname
	Straße, Hausnummer	PLZ, Ort
	Telefon (mit Vorwahl)	Fax
	E-Mail	

7.	**Ersteller des geotechnischen Berichts (Baugrundgutachten)**	
	Name	Vorname
	Straße, Hausnummer	PLZ, Ort
	Telefon (mit Vorwahl)	Fax
	E-Mail	

8.	**Prüfsachverständiger für Erd- und Grundbau**	
	Name	Vorname
	Straße, Hausnummer	PLZ, Ort
	Telefon (mit Vorwahl)	Fax
	E-Mail	

Bild 2.17 (*Fortsetzung*) Beispiel für Bescheinigung zum Baugrund

II. Unterlagen

Unterlagen für die Bescheinigung (ggf. als Anhang)

(Auflistung der Unterlagen, die der Bescheinigung zugrunde liegen, z. B. Boden- oder Baugrundgutachten oder andere Unterlagen wie Bodenaufschlüsse mit Angabe der Bohrfirma, Angaben zum Grundwasser, Beurteilung der Bodenbeschaffenheit mit Angabe des Baugrundlabors, Auswirkungen auf das Bauwerk einschließlich der erforderlichen Pläne, Beschreibungen und Berechnungen, jeweils mit Angabe der Anzahl, Seiten, Datum usw.)

III. Bescheinigung, Unterschrift Prüfsachverständiger

☐ **Die Vollständigkeit und Richtigkeit der Angaben über den Baugrund, dessen Tragfähigkeit und die getroffenen Annahmen zur Gründung oder Einbettung der baulichen Anlage wird bescheinigt (§ 27 PrüfVBau, Art. 62 Abs. 4 BayBO entsprechend).**

Datum, Unterschrift / ggf. Stempel

Bild 2.17 (*Fortsetzung*) Beispiel für Bescheinigung zum Baugrund

Anlage 16

Bescheinigung der Wirksamkeit und Betriebssicherheit der sicherheitstechnischen Anlagen und Einrichtungen
(§ 2 Abs. 1 SPrüfV, § 24 PrüfVBau)

☐ **Prüfung und Bescheinigung vor der ersten Inbetriebnahme**
☐ **Prüfung und Bescheinigung nach einer wesentlichen Änderung**
☐ **Bescheinigung nach einer wiederkehrenden Prüfung**

Auftragsnummer/-jahr: ________/______

I. Angaben zum Objekt, Bauvorhaben

1. Auftraggeber	
Name	Vorname
Straße, Hausnummer	PLZ, Ort
Telefon (mit Vorwahl)	Fax
E-Mail	

2. Betreiber bzw. Bauherr	
Name	Vorname
Straße, Hausnummer	PLZ, Ort
Telefon (mit Vorwahl)	Fax
E-Mail	

3. Vorhaben
Genaue Bezeichnung der sicherheitstechnischen Anlage oder Einrichtungen

4. Baugrundstück		
Gemarkung	Flur-Nr.	Gemeinde
Straße, Hausnummer	Gemeindeteil	
Verwaltungsgemeinschaft		

Bild 2.18 Beispiel für Bescheinigung zur Wirksamkeit und Betriebssicherheit sicherheitstechnischer Anlagen und Einrichtungen

5.	**Zuständige Bauaufsichtsbehörde**	
	Name	Vorname
	Straße, Hausnummer	PLZ, Ort
	Telefon (mit Vorwahl)	Fax
	E-Mail	

6.	**Entwurfsverfasser**	
	Name	Vorname
	Straße, Hausnummer	PLZ, Ort
	Telefon (mit Vorwahl)	Fax
	E-Mail	

7.	**Baugenehmigung**		
	Behörde	Aktenzeichen	Datum

8.	**Prüfsachverständiger für die Prüfung sicherheitstechnischer Anlagen und Einrichtungen**	
	Name	Vorname
	Straße, Hausnummer	PLZ, Ort
	Telefon (mit Vorwahl)	Fax
	E-Mail	

9.	**Bei Wiederholungsprüfungen** **Bescheinigung vor der ersten Inbetriebnahme / Bescheinigung der letzten Prüfung**		
	Datum Bescheinigung	Auftragsdatum	Auftragsnummer
	Prüfsachverständiger: Name	Vorname	
	Straße, Hausnummer	PLZ, Ort	
	Telefon (mit Vorwahl)	Fax	
	E-Mail		

Bild 2.18 (*Fortsetzung*) Beispiel für Bescheinigung zur Wirksamkeit und Betriebssicherheit sicherheitstechnischer Anlagen und Einrichtungen

II. Ergebnis der Prüfung

1. Angaben zu den Unterlagen

(Auflistung der Dokumente, die zur Prüfung und Bescheinigung vorgelegt wurden, Art, Anzahl, Seiten, Datum usw.)

2. Angaben zum Prüfbericht (ggf. als Anhang)

(Seitenzahl, Auflistung der Dokumente, die Bestandteil des Prüfberichts sind oder auf die Bezug genommen wird, z. B. Baugenehmigungsbescheid, Pläne, Beschreibungen, Berechnungen, Brandschutznachweis, Bescheinigungen / Prüfbemerkungen des Prüfsachverständigen für Brandschutz usw.)

Grundlagen, nach denen geprüft wurde; Berichte über Messungen usw.

Prüfbemerkungen (ggf. im Anhang)

3. Ggf. weitere erforderliche Nachweise, Bescheinigungen oder Prüfungen

(Weitere erforderliche Nachweise, Bescheinigungen, Prüfungen, Datum der nächsten Prüfung)

III. Bescheinigung, Unterschrift Prüfsachverständiger

☐ **Die Wirksamkeit und Betriebssicherheit der sicherheitstechnischen Anlagen wird bei Beachtung der Prüfbemerkungen unter Abschnitt II. 2 bescheinigt (§ 2 Abs. 1 SPrüfV, § 24 PrüfVBau).**

Datum, Unterschrift / ggf. Stempel

Bild 2.18 (*Fortsetzung*) Beispiel für Bescheinigung zur Wirksamkeit und Betriebssicherheit sicherheitstechnischer Anlagen und Einrichtungen

2.2.2.3 Anzahl der Bauvorlagen

Nach welchen Kriterien wird die Anzahl der Bauvorlagen bestimmt?

Die anzufertigende Anzahl der Bauvorlagen kann in den einzelnen Bundesländern unterschiedlich geregelt sein. Das nachstehende Beispiel der Bauvorlagenverordnung Bayern stellt eine Möglichkeit vor.

Beispiel BauVorlV, Bayern; Zitat:

§ 2 Anzahl

1 Bauvorlagen sind dreifach, ist die Gemeinde zugleich Bauaufsichtsbehörde, zweifach einzureichen. 2 Die Bauaufsichtsbehörde kann Mehrfertigungen verlangen, soweit dies zur Beteiligung von Stellen nach Art. 65 Abs. 1 Satz 1 Halbsatz 1 BayBO (Sternverfahren) erforderlich ist; die Mehrfertigungen müssen nicht nach Art. 51 Abs. 2 Satz 2, Art. 64 Abs. 4 Sätze 1 und 2 BayBO unterschrieben sein. 3 Im Fall der Errichtung, Änderung oder Nutzungsänderung einer baulichen Anlage mit Arbeitsstätten mit einem höheren Gefährdungspotenzial ist eine weitere Ausfertigung vorzulegen, die die Bauaufsichtsbehörde an das Gewerbeaufsichtsamt der zuständigen Regierung weiterleitet; ein höheres Gefährdungspotenzial liegt in der Regel nicht vor bei

1. Schulen, Hochschulen und ähnlichen Einrichtungen,

2. Gesundheitseinrichtungen, ausgenommen Krankenhäuser,

3. Heimen und sonstigen Einrichtungen zur Unterbringung oder Pflege von Personen sowie Tageseinrichtungen für Kinder, behinderte und alte Menschen, ausgenommen Werkstätten für Menschen mit Behinderung,

4. Gast- und Beherbergungsstätten und Lagereinrichtungen mit voraussichtlich weniger als 20 Beschäftigten,

5. Büro- und Verwaltungsgebäuden,

6. Anlagen des Dienstleistungs- sowie des Verlags- und Mediengewerbes, ausgenommen Anlagen des Druckgewerbes,

7. Anlagen des Bau- und Elektroinstallationsgewerbes,

8. Verkaufsstätten mit einer Fläche von weniger als 2 000 m^2,

9. Anlagen der Land- und Forstwirtschaft sowie der Fischerei,

10. Anlagen von Verkehrsbetrieben, ausgenommen Anlagen zum Güterumschlag,

11. Anlagen von Versorgungsbetrieben, ausgenommen Anlagen zum Güterumschlag.

2.2.2.4 Bauvorlagenarten

Für was sind Bauvorlagen vorzulegen?

Im Beispiel (BauVorlV, Bayern) sind für bauliche Anlagen, Werbeanlagen, Vorbescheide und Beseitigung von Anlagen die Vorlagen geregelt. Im Einzelnen stellt sich dies wie folgt dar:

Beispiel BauVorlV, Bayern; vorzulegende Bauvorlagen, Zitat:

§ 3 Bauliche Anlagen

Vorzulegen sind:

1. ein aktueller Auszug aus dem Katasterwerk und, soweit es sich nicht um Änderungen baulicher Anlagen handelt, bei denen Außenwände und Dächer sowie die Nutzung nicht verändert werden, der Lageplan (§ 7),

2. die Bauzeichnungen (§ 8),

3. die Baubeschreibung (§ 9),

4. der Nachweis der Standsicherheit (§ 10), soweit er bauaufsichtlich geprüft wird, andernfalls die Erklärung des Tragwerksplaners nach Maßgabe des Kriterienkatalogs der Anlage 2,

5. der Nachweis des Brandschutzes (§ 11), soweit er bauaufsichtlich geprüft wird und nicht bereits in den übrigen Bauvorlagen enthalten ist,

6. die erforderlichen Angaben über die gesicherte Erschließung hinsichtlich der Versorgung mit Wasser und Energie sowie der Entsorgung von Abwasser und der verkehrsmäßigen Erschließung, soweit das Bauvorhaben nicht an eine öffentliche Wasser- oder Energieversorgung oder eine öffentliche Abwasserentsorgungsanlage angeschlossen werden kann oder nicht in ausreichender Breite an einer öffentlichen Verkehrsfläche liegt,

7. bei Bauvorhaben im Geltungsbereich eines Bebauungsplans, der Festsetzungen darüber enthält, eine Berechnung des zulässigen, des vorhandenen und des geplanten Maßes der baulichen Nutzung,

8. soweit erforderlich, die Erklärung der Übernahme einer Abstandsfläche nach Art. 6 Abs. 2 Satz 3 Halbsatz 1 BayBO.

§ 4 Werbeanlagen

(1) Vorzulegen sind:

1. ein aktueller Auszug aus dem Katasterwerk mit Einzeichnung des Standorts,

2. eine Zeichnung (Abs. 2) und Beschreibung (Abs. 3) oder eine andere geeignete Darstellung der Werbeanlage, wie ein farbiges Lichtbild oder eine farbige Lichtbildmontage,

3. der Nachweis der Standsicherheit (§ 10), soweit er bauaufsichtlich geprüft wird, andernfalls die Erklärung des Tragwerkplaners nach Maßgabe des Kriterienkatalogs der Anlage 2.

(2) Die Zeichnung muss die Darstellung der Werbeanlage und ihre Maße, auch bezogen auf den Standort und auf Anlagen, an denen die Werbeanlage angebracht oder in deren Nähe sie aufgestellt werden soll, sowie Angaben über die Farbgestaltung enthalten.

(3) In der Beschreibung sind die Art und die Beschaffenheit der Werbeanlage, sowie, soweit erforderlich, die Abstände zu öffentlichen Verkehrsflächen sowie zu benachbarten Signalanlagen und Verkehrszeichen anzugeben.

§ 5 Vorbescheid

Vorzulegen sind diejenigen Bauvorlagen, die zur Beurteilung der durch den Vorbescheid zu entscheidenden Fragen des Bauvorhabens erforderlich sind.

§ 6 Beseitigung von Anlagen

Vorzulegen sind:

1. ein Lageplan, der die Lage der zu beseitigenden Anlagen unter Bezeichnung des Grundstücks nach Katasterwerk sowie nach Straße und Hausnummer darstellt (§ 7),

2. in den Fällen des Art. 57 Abs. 5 Satz 3 BayBO die Bestätigung des Tragwerksplaners,

3. in den Fällen des Art. 57 Abs. 5 Satz 4 BayBO die Bescheinigung des Prüfsachverständigen.

2.2.2.5 Inhalt der Bauvorlagen

Was beinhalten Bauvorlagen?

Im Beispiel (BauVorlV, Bayern) beinhalten die Bauvorlagen:

- Auszug aus dem Katasterwerk (**Bild 2.19**), Lageplan, § 7 (**Bild 2.20**);
- Bauzeichnungen (**Bild 2.21**), § 8;
- Baubeschreibung, § 9;
- Standsicherheitsnachweis, § 10;
- Brandschutznachweis, § 11;
- Nachweise für Wärme-, Schall-, Erschütterungsschutz, § 12;
- Übereinstimmungsgebot, § 13;
- Abgrabungsplan, § 14.

Bild 2.19 Auszug aus einem amtlichen Katasterplan
Quelle: Geoportal Berlin

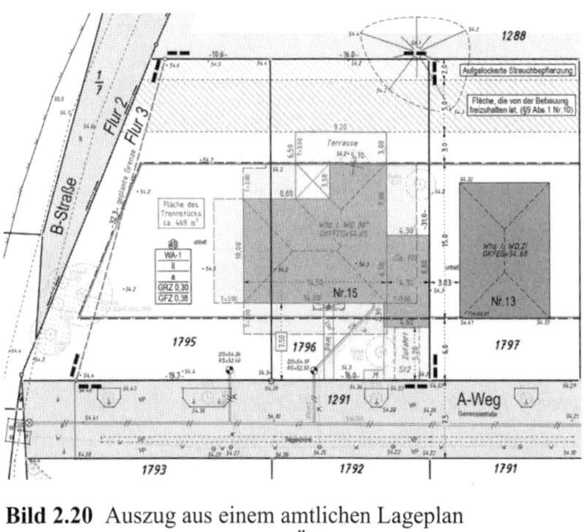

Bild 2.20 Auszug aus einem amtlichen Lageplan
Quelle: Dipl.-Ing. *Anja Junge*, Öffentlich bestellte Vermessungsingenieurin im Land Brandenburg, www.vermessung-junge.de

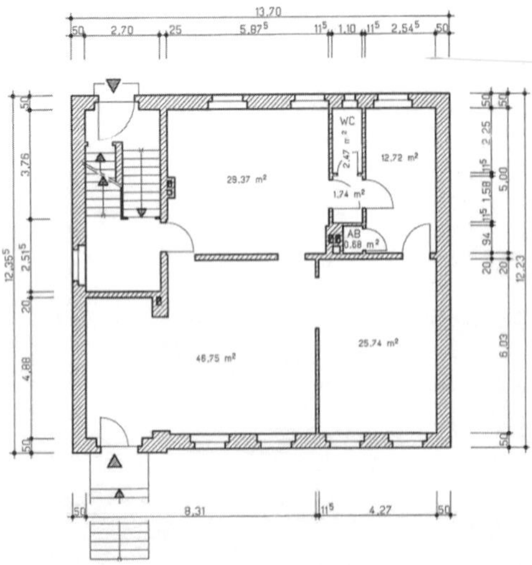

Bild 2.21 Beispiel einer Bauzeichnung
Quelle: *Joachim Schünemann*, www.schuene.net

Die einzelnen Forderungen an die Inhalte der Bauvorlagen nach der Bauvorlagenverordnung Bayern § 7 bis § 14 werden nachfolgend vorgestellt.

Beispiel BauVorlV, Bayern – Inhalt der Bauvorlagen, Zitat:

§ 7 Auszug aus dem Katasterwerk, Lageplan

(1) 1 Der Auszug aus dem Katasterwerk (Ausschnitt aus der Flurkarte) muss das Baugrundstück und die benachbarten Grundstücke im Umkreis von mind. 50 m darstellen. 2 Das Baugrundstück ist zu kennzeichnen. 3 Der Auszug ist mit dem Namen des Bauherrn, der Bezeichnung des Bauvorhabens und dem Datum des dazugehörigen Bauantrags oder der Unterlagen nach Art. 58 Abs. 3 Satz 1 Halbsatz 2 BayBO zu beschriften.

(2) 1 Der Lageplan ist auf der Grundlage des Auszugs aus dem Katasterwerk zu erstellen. 2 Dabei ist ein Maßstab nicht kleiner als 1:1 000 zu verwenden. 3 Ein größerer Maßstab ist zu wählen, wenn es für die Beurteilung des Vorhabens erforderlich ist. 4 Der Auszug muss jeweils von der katasterführenden Behörde (Art. 12 Abs. 4 des Vermessungs- und Katastergesetzes – VermKatG) beglaubigt oder durch ein automatisiertes Abrufverfahren gemäß Art. 11 Abs. 2 VermKatG zum Zweck der Bauvorlage abgerufen worden sein.

(3) Der Lageplan muss, soweit dies zur Beurteilung des Vorhabens erforderlich ist, enthalten:

1. den Maßstab und die Nordrichtung,

2. die katastermäßigen Flächen, Flurstücknummern und die Flurstückgrenzen des Baugrundstücks und der benachbarten Grundstücke,

3. die im Grundbuch geführte Bezeichnung des Baugrundstücks und der benachbarten Grundstücke mit den jeweiligen Eigentümerangaben,

4. die vorhandenen baulichen Anlagen auf dem Baugrundstück und den benachbarten Grundstücken mit Angabe ihrer Nutzung, First- und Außenwandhöhe, Dachform und der Art der Außenwände und der Bedachung,

5. Baudenkmäler einschließlich Ensembles sowie geschützte Teile von Natur und Landschaft auf dem Baugrundstück und auf den Nachbargrundstücken,

6. Leitungen, die der öffentlichen Versorgung mit Wasser, Gas, Elektrizität, Wärme, der öffentlichen Abwasserentsorgung oder der Telekommunikation und Rohrleitungen, die dem Ferntransport von Stoffen dienen, sowie deren Abstände zu der geplanten baulichen Anlage,

7. die angrenzenden öffentlichen Verkehrsflächen mit Angabe der Breite, der Straßenklasse und der Höhenlage mit Bezug auf das Höhenbezugssystem,

8. Hydranten und andere Wasserentnahmestellen für die Feuerwehr,

9. die Festsetzungen eines Bebauungsplans für das Baugrundstück über die überbaubaren und die nicht überbaubaren Grundstücksflächen,

10. die geplante bauliche Anlage unter Angabe der Außenmaße, der Dachform und der Höhenlage des Erdgeschossfußbodens zur Straße,

11. die Höhenlage der Eckpunkte des Baugrundstücks und der Eckpunkte der geplanten baulichen Anlage mit Bezug auf das Höhenbezugssystem,

12. die Aufteilung der nicht überbauten Flächen unter Angabe der Lage und Breite der Zu- und Abfahrten, der Anzahl, Lage und Größe der Kinderspielplätze, der Stellplätze und der Flächen für die Feuerwehr,

13. die Abstände der geplanten baulichen Anlage zu anderen baulichen Anlagen auf dem Baugrundstück und auf den benachbarten Grundstücken, zu den Nachbargrenzen sowie die Abstandsflächen der geplanten baulichen Anlagen und der bestehenden Anlagen auf dem Baugrundstück und den Nachbargrundstücken,

14. die Abstände der geplanten baulichen Anlage zu oberirdischen Gewässern,

15. geschützten Baumbestand.

(4) Der Inhalt des Lageplans nach Abs. 3 ist auf besonderen Blättern in geeignetem Maßstab darzustellen, wenn der Lageplan sonst unübersichtlich würde.

(5) 1 Im Lageplan sind die Zeichen und Farben der Anlage 1 zu verwenden; im Übrigen ist die Planzeichenverordnung 1990 (PlanzV 90) vom 18. Dezember 1990 (BGBl 1991 I S. 58) entsprechend anzuwenden. 2 Sonstige Darstellungen sind zu erläutern.

§ 8 Bauzeichnungen

(1) 1 Für die Bauzeichnungen ist ein Maßstab von 1:100 zu verwenden. 2 Ein größerer Maßstab ist zu wählen, wenn er zur Darstellung der erforderlichen Eintragung notwendig ist; ein kleinerer Maßstab kann gewählt werden, wenn er dafür ausreicht.

(2) In den Bauzeichnungen sind darzustellen:

1. die Grundrisse aller Geschosse mit Angabe der vorgesehenen Nutzung der Räume und mit Einzeichnung der

a) Treppen,

b) lichten Durchgangsmaße der Türen sowie deren Art, Anordnung und Aufschlagrichtung an und in Rettungswegen,

c) Abgasanlagen,

d) Räume für die Aufstellung von Feuerstätten unter Angabe der Nennleistung sowie der Räume für die Brennstofflagerung unter Angabe der vorgesehenen Art und Menge des Brennstoffs,

e) Aufzugsschächte, Aufzüge und der nutzbaren Grundflächen der Fahrkörbe von Personenaufzügen,

f) Installationsschächte, -kanäle und Lüftungsleitungen, soweit sie raumabschließende Bauteile durchdringen,

g) Räume für die Aufstellung von Lüftungsanlagen.

2. die Schnitte, aus denen folgende Punkte ersichtlich sind:

a) die Gründung der geplanten baulichen Anlage und, soweit erforderlich, die Gründungen anderer baulicher Anlagen,

b) der Anschnitt der vorhandenen und der geplanten Geländeoberfläche,

c) die Höhenlage des Erdgeschossfußbodens mit Bezug auf das Höhenbezugssystem,

d) die Höhe der Fußbodenoberkante des höchstgelegenen Geschosses, in dem ein Aufenthaltsraum möglich ist, über der geplanten Geländeoberfläche,

e) die lichten Raumhöhen,

f) der Verlauf der Treppen und Rampen mit ihrem Steigungsverhältnis,

g) die Wandhöhe im Sinne des Art. 6 Abs. 4 BayBO,

h) die Dachhöhen und Dachneigungen,

3. die Ansichten der geplanten baulichen Anlage mit dem Anschluss an Nachbargebäude unter Angabe von Baustoffen und Farben, der vorhandenen und geplanten Geländeoberfläche sowie des Straßengefälles.

(3) In den Bauzeichnungen sind anzugeben:

1. der Maßstab und die Maße,

2. die wesentlichen Bauprodukte und Bauarten,

3. die Rohbaumaße der Fensteröffnungen in Aufenthaltsräumen,

4. bei Änderung baulicher Anlagen die zu beseitigenden und die geplanten Bauteile.

(4) In den Bauzeichnungen sind die Zeichen und Farben der Anlage 1 zu verwenden.

§ 9 Baubeschreibung

1 In der Baubeschreibung sind das Vorhaben und seine Nutzung zu erläutern, soweit dies zur Beurteilung erforderlich ist und die notwendigen Angaben nicht im Lageplan und den Bauzeichnungen enthalten sind. 2 Die Gebäudeklasse und die Höhe im Sinne des Art. 2 Abs. 3 Satz 2 BayBO sind anzugeben. 3 Die Baukosten der baulichen Anlagen einschließlich der dazugehörenden Wasserversorgungsanlagen auf dem Baugrundstück sind anzugeben.

§ 10 Standsicherheitsnachweis

(1) Für den Nachweis der Standsicherheit tragender Bauteile einschließlich ihrer Feuerwiderstandsfähigkeit nach § 11 Abs. 1 Satz 1 Nr. 1 sind eine Darstellung des gesamten statischen Systems sowie die erforderlichen Konstruktionszeichnungen, Berechnungen und Beschreibungen vorzulegen.

(2) 1 Die statischen Berechnungen müssen die Standsicherheit der baulichen Anlagen und ihrer Teile nachweisen. 2 Die Beschaffenheit des Baugrunds und seine Tragfähigkeit sind anzugeben. 3 Soweit erforderlich, ist nachzuweisen, dass die Standsicherheit anderer baulicher Anlagen und die Tragfähigkeit des Baugrunds der Nachbargrundstücke nicht gefährdet werden.

(3) Die Standsicherheit kann auf andere Weise als durch statische Berechnungen nachgewiesen werden, wenn hierdurch die Anforderungen an einen Standsicherheitsnachweis in gleichem Maß erfüllt werden.

§ 11 Brandschutznachweis

(1) Für den Nachweis des Brandschutzes sind im Lageplan, in den Bauzeichnungen und in der Baubeschreibung, soweit erforderlich, anzugeben:

1. das Brandverhalten der Baustoffe (Baustoffklasse) und die Feuerwiderstandsfähigkeit der Bauteile (Feuerwiderstandsklasse) entsprechend den Benennungen nach Art. 24 BayBO oder entsprechend den Klassifizierungen nach den Anlagen zur Bauregelliste A Teil 1,

2. die Bauteile, Einrichtungen und Vorkehrungen, an die Anforderungen hinsichtlich des Brandschutzes gestellt werden, wie Brandwände und Decken, Trennwände, Unterdecken, Installationsschächte und -kanäle, Lüftungsanlagen, Feuerschutzabschlüsse und Rauchschutztüren, Öffnungen zur Rauchableitung, einschließlich der Fenster nach Art. 33 Abs. 8 Satz 2 BayBO,

3. die Nutzungseinheiten, die Brand- und Rauchabschnitte,

4. die aus Gründen des Brandschutzes erforderlichen Abstände innerhalb und außerhalb des Gebäudes,

5. der erste und zweite Rettungsweg nach Art. 31 BayBO, insbesondere notwendige Treppenräume, Ausgänge, notwendige Flure, mit Rettungsgeräten der Feuerwehr erreichbare Stellen einschließlich der Fenster, die als Rettungswege nach Art. 31 Abs. 2 Satz 2 BayBO dienen, unter Angabe der lichten Maße und Brüstungshöhen,

6. die Flächen für die Feuerwehr, Zu- und Durchgänge, Zu- und Durchfahrten, Bewegungsflächen und die Aufstellflächen für Hubrettungsfahrzeuge,

7. die Löschwasserversorgung.

(2) 1 Bei Sonderbauten, Mittel- und Großgaragen müssen, soweit es für die Beurteilung erforderlich ist, zusätzlich Angaben gemacht werden, insbesondere über:

1. brandschutzrelevante Einzelheiten der Nutzung, insbesondere auch die Anzahl und Art der die bauliche Anlage nutzenden Personen sowie Explosions- oder erhöhte Brandgefahren, Brandlasten, Gefahrstoffe und Risikoanalysen,

2. Rettungswegbreiten und -längen, Einzelheiten der Rettungswegführung und -ausbildung einschließlich Sicherheitsbeleuchtung und -kennzeichnung,

3. technische Anlagen und Einrichtungen zum Brandschutz, wie Branderkennung, Brandmeldung, Alarmierung, Brandbekämpfung, Rauchableitung, Rauchfreihaltung,

4. die Sicherheitsstromversorgung,

5. die Bemessung der Löschwasserversorgung, Einrichtungen zur Löschwasserentnahme sowie die Löschwasserrückhaltung,

6. betriebliche und organisatorische Maßnahmen zur Brandverhütung, Brandbekämpfung und Rettung von Menschen und Tieren wie Feuerwehrplan, Brandschutzordnung, Werkfeuerwehr, Bestellung von Brandschutzbeauftragten und Selbsthilfekräften.

2 Anzugeben ist auch, weshalb es der Einhaltung von Vorschriften wegen der besonderen Art oder Nutzung baulicher Anlagen oder Räume oder wegen besonderer Anforderungen nicht bedarf (Art. 54 Abs. 3 Satz 2 BayBO). 3 Der Brandschutznachweis kann auch gesondert in Form eines objektbezogenen Brandschutzkonzepts dargestellt werden.

§ 12 Nachweise für Wärme-, Schall-, Erschütterungsschutz

Die Berechnungen müssen den nach bauordnungsrechtlichen Vorschriften geforderten Wärme-, Schall- und Erschütterungsschutz nachweisen.

§ 13 Übereinstimmungsgebot

Die Bauzeichnungen, Baubeschreibungen, Berechnungen und Konstruktionszeichnungen sowie sonstige Zeichnungen und Beschreibungen, die den bautechnischen Nachweisen zugrunde liegen, müssen miteinander übereinstimmen und gleiche Positionsangaben haben.

2.2.2.6 Abgrabungsplan

Wie muss ein Abgrabungsplan beschaffen sein?

§ 14 Abgrabungsplan

1 Für den Abgrabungsplan (Art. 7 Abs. 1 Satz 1 Bayerisches Abgrabungsgesetz BayAbgrG) gelten die Vorschriften der § 1 bis § 13 Bauvorlagenverordnung Bayern entsprechend.

2.2.2.7 Bauzustandsanzeigen

Was sind Bauzustandsanzeigen im Sinne des Bauordnungsrechts?

Zu den Bauzustandsanzeigen im Bauordnungsrecht (Beispiel BauVorlV, Bayern) zählen:

- Baubeginnanzeige, § 15;
- Anzeige der beabsichtigten Nutzungsaufnahme, § 16.

Die einzelnen Forderungen an die Inhalte der Bauvorlagen nach der Bauvorlagenverordnung Bayern § 15 und § 16 werden nachfolgend vorgestellt.

Beispiel BauVorlV, Bayern – Bauzustandsanzeigen, Zitat:

§ 15 Baubeginnanzeige

(1) 1 Soweit bautechnische Nachweise nicht bauaufsichtlich geprüft und nicht durch einen Prüfsachverständigen bescheinigt werden, ist eine Erklärung des jeweiligen Nachweiserstellers nach Art. 62 Abs. 1 Satz 2, Abs. 2 BayBO über die Erstellung des bautechnischen Nachweises spätestens mit der Baubeginnanzeige (Art. 68 Abs. 7, Art. 58 Abs. 5 Satz 2 BayBO) vorzulegen. 2 Wird das Bauvorhaben abschnittsweise ausgeführt, muss die Erklärung spätestens bei Beginn der Ausführung des jeweiligen Bauabschnitts vorliegen.

(2) Für die nach Art. 68 Abs. 5 Nr. 2 BayBO vorzulegenden Bescheinigungen nach Art. 62 Abs. 3 BayBO gilt Abs. 1 Satz 2 entsprechend.

(3) Muss der Standsicherheitsnachweis bei Bauvorhaben nach Art. 62 Abs. 3 Satz 1 Halbsatz 1 Nr. 2 BayBO nicht bauaufsichtlich geprüft und nicht durch einen Prüfsachverständigen bescheinigt werden, ist spätestens mit der Baubeginnanzeige eine Erklärung des Tragwerksplaners hierüber nach Maßgabe des Kriterienkatalogs der Anlage 2 vorzulegen.

§ 16 Anzeige der beabsichtigten Nutzungsaufnahme

Sind bei einem Bauvorhaben wiederkehrende bauaufsichtliche Prüfungen durch Rechtsverordnung nach Art. 80 Abs. 1 Nr. 5 BayBO oder im Einzelfall vorgeschrieben, ist mit der Anzeige nach Art. 78 Abs. 2 Satz 1 BayBO über die in Art. 78 Abs. 2 Satz 2 BayBO genannten Bescheinigungen und Bestätigungen hinaus der Brandschutznachweis (§ 11) vorzulegen, soweit er nicht bauaufsichtlich geprüft ist.

2.2.2.8 Zeichen und Farben für Bauvorlagen

Welche Zeichen und Farben sind für Bauvorlagen zu verwenden?

In der Anlage 1 der Bauvorlagenverordnung Bayern werden die Zeichen und Farben vorgeschrieben.

Beispiel BauVorlV, Bayern Zeichen und Farben für Bauvorlagen (zu § 7 Abs. 5 und § 8 Abs. 4 BauVorlV), Zitat:

Anlage 1

Zeichen und Farben für Bauvorlagen (zu § 7 Abs. 5 und § 8 Abs. 4), siehe **Bild 2.22**.

	Zeichen	Farbe
1. Grenzen des Grundstücks	— — — — — -	violett
2. vorhandene bauliche Anlagen oder Bauteile	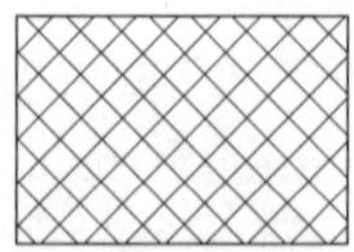	grau
3. geplante bauliche Anlagen oder Bauteile	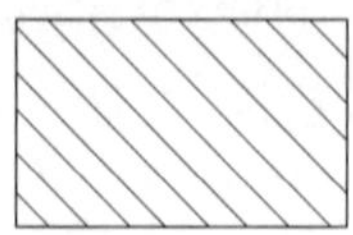	rot
4. zu beseitigende bauliche Anlagen oder Bauteile	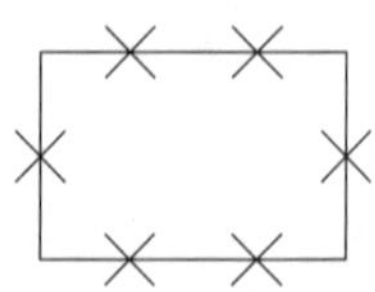	gelb
5. Flächen, die von Baulasten betroffen sind	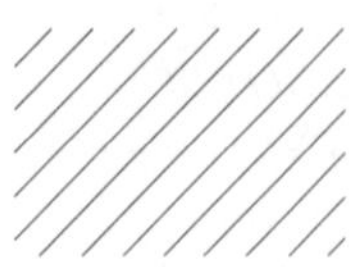	braun

Bild 2.22 Zeichen und Farben für Bauvorlagen

2.2.2.9 Prüfung des Standsicherheitsnachweises

Wann ist eine Prüfung des Standsicherheitsnachweises nach der Bauvorlagenverordnung nicht erforderlich?

Im Beispiel (BauVorlV, Bayern) gibt es einen Kriterienkatalog in der Anlage 2 der Verordnung. Werden alle Kriterien ausnahmslos erfüllt, ist eine Prüfung des Standsicherheitsnachweises nicht erforderlich. Nachfolgend wird dieser Katalog vorgestellt.

BauVorlV, Bayern – Anlage 2, Zitat:

Anlage 2

Kriterienkatalog nach § 15 Abs. 3

Sind die nachfolgenden Kriterien ausnahmslos erfüllt, ist eine Prüfung des Standsicherheitsnachweises nicht erforderlich:

1. Die Baugrundverhältnisse sind eindeutig und erlauben eine übliche Flachgründung entsprechend DIN 1054. Ausgenommen sind Gründungen auf setzungsempfindlichem Baugrund.

2. Bei erddruckbelasteten Gebäuden beträgt die Höhendifferenz zwischen Gründungssohle und Erdoberfläche max. 4 m. Einwirkungen aus Wasserdruck müssen rechnerisch nicht berücksichtigt werden.

3. Angrenzende bauliche Anlagen oder öffentliche Verkehrsflächen werden nicht beeinträchtigt. Nachzuweisende Unterfangungen oder Baugrubensicherungen sind nicht erforderlich.

4. Die tragenden und aussteifenden Bauteile gehen im Wesentlichen bis zu den Fundamenten unversetzt durch. Ein rechnerischer Nachweis der Gebäudeaussteifung, auch für Teilbereiche, ist nicht erforderlich.

5. Die Geschossdecken sind linienförmig gelagert und dürfen für gleichmäßig verteilte Lasten (kN/m^2) und Linienlasten aus nicht tragenden Wänden (kN/m) bemessen werden. Geschossdecken ohne ausreichende Querverteilung erhalten keine Einzellasten.

6. Die Bauteile der baulichen Anlage oder die bauliche Anlage selbst können mit einfachen Verfahren der Baustatik berechnet oder konstruktiv festgelegt werden. Räumliche Tragstrukturen müssen rechnerisch nicht nachgewiesen

2.2.3 Elektrotechnische Anlagen in Bauvorlagen [3, 4, 5]

Werden Angaben zu technischen Anlagen in den Bauvorlagen verlangt?

In verschiedenen Verordnungen zur Bayerischen Bauordnung wird gefordert, dass die Bauvorlagen Angaben über

1. die Sicherheitsstromversorgung,
2. die Sicherheitsbeleuchtung,
3. die Einrichtungen zur Rauchableitung,
4. die Feuerlöscheinrichtungen,
5. die Brandmeldeanlage,
6. die Alarmierungsanlage

enthalten müssen.

In **Bild 2.23** werden an den Beispielen

- Verordnung über den Bau und Betrieb von Garagen sowie über die Zahl der notwendigen Stellplätze (GaStellV),
- Verordnung über den Bau und Betrieb von Verkaufsstätten (Verkaufsstättenverordnung – VkV),
- Verordnung über den Bau und Betrieb von Versammlungsstätten (Versammlungsstättenverordnung – VStättV)[1]

die konkreten Forderungen zu den Bauvorlagen aus den jeweiligen Verordnungen zitiert.

Angaben zu technischen Anlagen in den Bauvorlagen
Beispiele

GaStellV	VkV	VStättV
Teil IV Bauvorlagen, Prüfungen § 19 Bauvorlagen Die Bauvorlagen müssen zusätzliche Angaben enthalten über: ... 2. die Brandmelde- und Feuerlöschanlagen, 3. den Rauch- und Wärmeabzug, 4. die CO-Warnanlagen, 5. die natürliche Lüftung oder die maschinellen Lüftungsanlagen, 6. die Sicherheitsbeleuchtung.	*§ 29 Zusätzliche Bauvorlagen Die Bauvorlagen müssen zusätzliche Angaben enthalten über ... 4. die Sprinkleranlagen, die sonstigen Feuerlöscheinrichtungen und die Feuerlöschgeräte, 5. die Brandmeldeanlagen, 6. die Alarmierungseinrichtungen, 7. die Sicherheitsbeleuchtung und die Sicherheitsstromversorgung, 8. die Rauchabzugsvorrichtungen und Rauchabzugsanlagen, ...*	*§ 44 Zusätzliche Bauvorlagen, Bestuhlungs- und Rettungswegeplan ... (2) 1 Zusätzlich zu den Angaben nach § 11 Abs. 1 der Bauvorlagenverordnung (BauVorlV) müssen die Bauvorlagen mind. Angaben enthalten über 1. die Sicherheitsstromversorgung, 2. die Sicherheitsbeleuchtung, 3. die Einrichtungen zur Rauchableitung, 4. die Feuerlöscheinrichtungen, 5. die Brandmeldeanlage, 6. die Alarmierungsanlage, ...*

Bild 2.23 Beispiele für Forderungen in Verordnungen zur Bauordnung (BayBO) über Angaben zu technischen Anlagen in den Bauvorlagen

[1] Die Verpflichtungen aus der Richtlinie 98/34/EG des Europäischen Parlaments und des Rates vom 22. Juni 1998 über ein Informationsverfahren auf dem Gebiet der Normen und technischen Vorschriften (ABl. EG Nr. L 204 S. 37), zuletzt geändert durch die Richtlinie 98/48/EG des Europäischen Parlaments und des Rates vom 20. Juli 1998 (ABl. EG Nr. L 217 S. 18) sind beachtet worden.

2.2.4 Bauvorlagenverordnung (BauVorlV) im Ländervergleich [6]

In **Tabelle 2.4** sind die Bezeichnungen und Inhaltsübersichten für identische Verordnungen in den anderen Bundesländern dargestellt.

Bauvorlagenverordnung im Ländervergleich		
Bundesland	**Überschrift der Verordnung (VO)**	**Wesentlicher Inhalt der Verordnung**
Baden-Württemberg, BW	VerfahrensVO zur Landesbauordnung (LBOVVO)	Bauvorlagen im Allgemeinen, Inhalt und Verfasser einzelner Bauvorlagen, bautechnische Nachweise zu Standsicherheit, Wärme- und Schallschutz, Bauvorlagen für Abbruch und Werbeanlagen, Anlage: besonders erdbebengefährdete Gebiete
Bayern, Bay	Bauvorlagenverordnung (BauVorlV)	Art, Zahl, Beschaffenheit und Inhalt der Bauvorlagen, Abgrabungsplan, bautechnische Nachweise zur Standsicherheit, Feuerwiderstand, Brand-, Wärme- und Schallschutz
Berlin, Bln	VO über Bauvorlagen im bauaufsichtlichen Verfahren Bauvorlagen-VO (BauVorlVO)	Bauvorlagen im Wesentlichen wie BW, zusätzlich Bauvorlagen für die Wasserbehörde, Anlage: Zeichen für den Lageplan
Brandenburg, Bbg	Bauvorlagenverordnung (BauVorlVO)	im Wesentlichen wie BW, zusätzlich Bauvorlagen für Typenprüfungen und fliegende Bauten, Anlage: Zeichen für die Bauvorlagen
Hamburg, Hamb	BauvorlagenVO (BauVorlVO)	im Wesentlichen wie Bay, auch Haustechnik, Abfall, Abwasser, Nachweise vor Inbetriebnahme
Mecklenburg-Vorpommern, M-V	VO über Bauvorlagen und bautechnische Prüfungen, BauprüfVO (BauPrüfVO)	Bauvorlagen im Wesentlichen wie BW, Anlage: Zeichen für Bauvorlagen
Niedersachsen, Nds	VO über Bauantrag und Bauvorlagen im bauaufsichtlichen Genehmigungsverfahren (BauVorlVO)	im Wesentlichen wie BW, zusätzlich Vorbescheid, Typengenehmigungen, fliegende Bauten, Grundstücksteilungen
Nordrhein-Westfalen, NRW	VO über bautechnische Prüfungen (BauPrüfVO), erster Teil Bauvorlagen	allgemeine Anforderungen an Bauvorlagen, Bauvorlagen für bestimmte Verfahren und Vorhaben, Nachweise zu Standsicherheit, Schallschutz, Brandschutz, Anlage: Zeichen und Farben für Bauvorlagen
Rheinland-Pfalz, Rh-Pf	LandesVO über Bauunterlagen und die bautechnischen Überprüfung (BauuntPrüfVO)	allgemeine Anforderungen an Bauvorlagen, Bauvorlagen für bestimmte Verfahren und Anlagen, Typengenehmigung, fliegende Bauten, Standsicherheitsnachweis, Anlage: Zeichen für die Bauvorlagen
Saarland, Saar	BauvorlagenVO, BAuVorlVO	wie Rh-Pf

Tabelle 2.4 Bauvorlagenverordnung im Ländervergleich [6]

Bauvorlagenverordnung im Ländervergleich		
Bundesland	**Überschrift der Verordnung (VO)**	**Wesentlicher Inhalt der Verordnung**
Sachsen, Sachs	VO zur Durchführung der sächsischen Bauordnung (DurchführungsVO zur SächsBO), Teil 1: Bauvorlagen und bautechnische Prüfungen	allgemeine Anforderungen an Bauvorlagen, Bauvorlagen für bestimmte Verfahren und Vorhaben, Typenprüfungen, fliegende Bauten, Nachweise zu Standsicherheit und Brandschutz, Anlage: Zeichen und Farben für die Bauvorlagen
Sachsen-Anhalt, SachsAnh	BauvorlagenVO, BauVorlVO	wie Sachs
Thüringen, Thür	VO über bautechnischen Prüfungen (BauPrüfVO), Teil 1	wie Sachs

Tabelle 2.4 (*Fortsetzung*) Bauvorlagenverordnung im Ländervergleich [6]

2.2.5 Literatur zu 2.2

[1] Verordnung über Bauvorlagen und bauaufsichtliche Anzeigen (Bauvorlagenverordnung – BauVorlV, Bayern) vom 10. November 2007. BayGVBl. 81 (2007) Nr. 26, S. 792–799. – ISSN 0005-7134

[2] Vollzug der Bauvorlagenverordnung. Bekanntmachung des Bayerischen Staatsministeriums des Innern vom 31. Oktober 2012, Az.: IIB4-4102.2-002/99. Allgemeines Ministerialblatt AllMBl. 25 (2012) Nr. 14, S. 898–961. – ISSN 1867-9072

[3] Verordnung über den Bau und Betrieb von Garagen sowie über die Zahl der notwendigen Stellplätze (GaStellV, Bayern) vom 30. November 1993. BayGVBl. 67 (1993) Nr. 29, S. 910–916. – ISSN 0005-7134

[4] Verordnung über den Bau und Betrieb von Verkaufsstätten (Verkaufsstättenverordnung – VkV, Bayern) vom 6. November 1997. BayGVBl. 71 (1997) Nr. 27, S. 751–758. – ISSN 0005-7134

[5] Landesverordnung über den Bau und Betrieb von Versammlungsstätten (Versammlungsstättenverordnung – VStättV, Bayern)[2] vom 2. November 2007. BayGVBl. 81 (2007) Nr. 25, S. 736–766. – ISSN 0005-7134

[6] *Reichel, G. H.*: 16. Kapitel Untergesetzliche Rechtsnormen und Ordnungswidrigkeiten – Teil 2: Rechtsverordnungen im Ländervergleich, Rn. 115, S. 1 227–1 228 in: *Reichel, G. H.* (Hrsg.); *Dageförde, H.-J.*: Handbuch Bauordnungsrecht. München: C. H. Beck, 2004. – ISBN 3-406-50443-4

[2] Die Verpflichtungen aus der Richtlinie 98/34/EG des Europäischen Parlaments und des Rates vom 22. Juni 1998 über ein Informationsverfahren auf dem Gebiet der Normen und technischen Vorschriften (ABl. EG Nr. L 204 S. 37), zuletzt geändert durch die Richtlinie 98/48/EG des Europäischen Parlaments und des Rates vom 20. Juli 1998 (ABl. EG Nr. L 217 S. 18) sind beachtet worden.

2.3 Feuerungsverordnung (FeuV)

2.3.1 Inhaltsübersicht [1]

Feuerungsverordnung (FeuV)

Aufgrund des Art. 80 Abs. 1 Satz 1 Nrn. 1 und 2 sowie Abs. 6 der Bayerischen Bauordnung (BayBO) in der Fassung der Bekanntmachung vom 14. August 2007 (GVBl. S. 588, BayRS 2132-1-I) erlässt das Bayerische Staatsministerium des Innern die Feuerungsverordnung[3] (FeuV).

Die Verordnung behandelt Feuerungsanlagen, Wärme-und Brennstoffversorgungsanlagen.

Wie ist die Feuerungsverordnung strukturiert?

Die Regelungen der Feuerungsverordnung sind in 15 Paragrafen gefasst (**Tabelle 2.5**).

Paragrafen der Feuerungsverordnung				
§ 1	**§ 2**	**§ 3**	**§ 4**	**§ 5**
Einschränkung des Anwendungsbereichs	Begriffe	Verbrennungsluftversorgung von Feuerstätten	Aufstellung von Feuerstätten, Gasleitungsanlagen	Aufstellräume für Feuerstätten
§ 6	**§ 7**	**§ 8**	**§ 9**	**§ 10**
Heizräume	Abgasanlagen	Abstände von Abgasanlagen zu brennbaren Bauteilen	Abführung von Abgasen	Wärmepumpen, Blockheizkraftwerke und ortsfeste Verbrennungsmotoren
§ 11	**§ 12**	**§ 13**	**§ 14**	**§ 15**
Brennstofflagerung in Brennstofflagerräumen	Brennstofflagerung außerhalb von Brennstofflagerräumen	Flüssiggasanlagen und Dampfkesselanlagen	Ordnungswidrigkeiten	Inkrafttreten, Außerkrafttreten

Tabelle 2.5 Paragrafen der Feuerungsverordnung

[3] Die Verpflichtungen aus der Richtlinie 98/34/EG des Europäischen Parlaments und des Rates vom 22. Juni 1998 über ein Informationsverfahren auf dem Gebiet der Normen und technischen Vorschriften (ABl. EG Nr. L 204, S. 37), geändert durch die Richtlinie 98/48/EG des Europäischen Parlaments und des Rates vom 20. Juli 1998 (ABl. EG Nr. L 217, S. 18), jetzt Richtlinie des Europäischen Parlaments und des Rates über ein Informationsverfahren auf dem Gebiet der Normen und technischen Vorschriften und der Vorschriften für die Dienste der Informationsgesellschaft, sind beachtet worden.

2.3.2 Sicherheitstechnische Anforderungen [1]

Für welche Anlagen ist die Feuerungsverordnung anzuwenden?

Die Feuerungsverordnung ist anzuwenden für:

- Feuerstätten,
- Wärmepumpen,
- Blockheizkraftwerke.

Gibt es Einschränkungen im Anwendungsbereich?

Einschränkungen für den Anwendungsbereich werden im § 1 der Feuerungsverordnung festgelegt. Sie sind im **Bild 2.24** dargestellt.

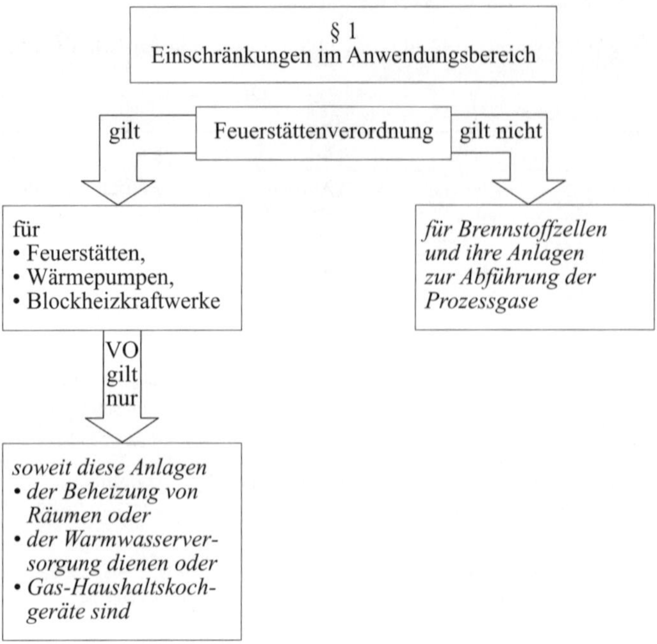

Bild 2.24 Anwendungsbereich der Feuerungsverordnung Bayern

Welche sicherheitstechnischen Forderungen stellt die Feuerungsverordnung an Feuerstätten?

Die Feuerungsverordnung ist in den meisten Bundesländern ähnlich aufgebaut, siehe Tabelle 2.5. In der Feuerungsverordnung werden

- Sicherheitseinrichtungen (§§ 3 und 4),
- selbsttätige Vorrichtungen (§ 5),
- Notschalter (§ 5), **Bild 2.25**

gefordert.

Bild 2.25 Notschalter außerhalb des Aufstellorts

Die schaltungstechnischen Zusammenhänge sind in **Bild 2.26** dargestellt.

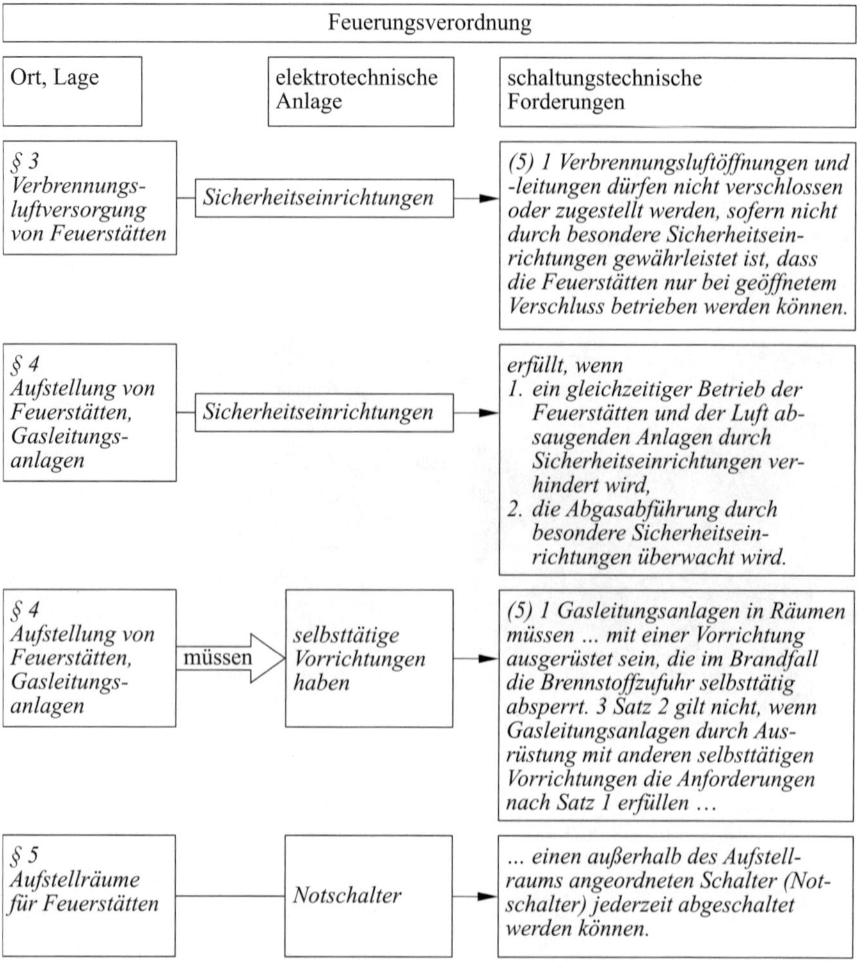

Bild 2.26 Sicherheitstechnische Forderungen in der Feuerungsverordnung

2.3.3 Feuerungsverordnung (FeuV) im Ländervergleich [2]

In der **Tabelle 2.6** werden die Verordnungen zu Feuerungsanlagen der Bundesländer genannt und deren Inhalt kurz angegeben.

Bauvorlagenverordnung im Ländervergleich		
Bundesland	**Überschrift der Verordnung (VO)**	**Wesentlicher Inhalt der Verordnung**
Baden-Württemberg, BW	1. VO über Anforderung an Feuerungsanlagen, Wärme- und Brennstoffversorgungsanlagen (FeuerungsVO – FeuVO) 2. VO über die Kehrung und Überprüfung von Feuerungsanlagen, Lüftungsanlagen u. ä. Einrichtungen (Kehr- und Überprüfungsordnung – KÜO)	Anwendungsbereich, Verbrennungsluftversorgung, Aufstellung, Heizräume, Abgasanlagen, Mündungen von Schornsteinen und Abgasleitungen, Wärmepumpen, Blockheizkraftwerke, ortsfeste Verbrennungsmotoren, Brennstofflagerung, Anhang: Technische Regeln zur bundesrechtlichen DruckbehälterVO Kehr- und überprüfungsbedürftige Anlagen und Einrichtungen, besonders Kehrarbeiten, Ankündigung und Ausführung, Gebührenerhebung mit Gebührenverzeichnis
Bayern, Bay	VO über Feuerungsanlagen, Wärme- und Brennstoffversorgungsanlagen (FeuerungsVO – FeuV)	wie BW zu 1.), ohne Anhang
Berlin, Bln	Feuerungsverordnung (FeuVO)	wie BW zu 1.), Anhang: Schutzzonen und Flüssiggasbehälter im Freien
Brandenburg, Bbg	FeuerungsVO (BbgFeuVO)	wie BW zu 1.), ohne Anhang
Bremen, Brem	Bremische Feuerungsverordnung (BremFeuVO)	wie BW zu 1.), ohne Anhang
Hamburg, Hamb	Feuerungsverordnung (FeuVO)	wie BW zu 1.), ohne Anhang
Hessen, Hess	VO über Feuerungsanlagen und Brennstofflagerung	wie BW zu 1.), ohne Anhang
Mecklenburg-Vorpommern, M-V	wie Bln	wie Bln
Niedersachsen, Nds	1. VO über die Ausführung von Schornsteinfegerarbeiten (Kehr- und Überprüfungsordnung), 2. Kehr- und Überprüfungsgebührenordnung	wie BW zu 2.), ohne Gebühren
Nordrhein-Westfalen, NRW	Feuerungsverordnung (FeuVO)	im Wesentlichen wie BW zu 1.), ohne Anhang
Rheinland-Pfalz, Rh-Pf	Feuerungsverordnung (FeuVO)	wie BW zu 1.), ohne Anhang

Tabelle 2.6 Feuerungsverordnung im Ländervergleich [2]

Bauvorlagenverordnung im Ländervergleich		
Bundesland	**Überschrift der Verordnung (VO)**	**Wesentlicher Inhalt der Verordnung**
Saarland, Saar nicht belegt		
Sachsen, Sachs	Sächsische Feuerungsverordnung (SächsFeuVO)	wie BW zu 1.), ohne Anhang
Sachsen-Anhalt, SachsAnh	Feuerungsverordnung (FeuVO)	wie BW zu 1.), ohne Anhang
Schleswig-Holstein, Schl-H	Landesverordnung über Feuerungs-anlagen Feuerungsverordnung – FeuVO	wie BW zu 1.), mit Anhang
Thüringen, Thür	Feuerungsverordnung – ThürFeuVO	wie BW zu 1.), ohne Anhang

Tabelle 2.6 (*Fortsetzung*) Feuerungsverordnung im Ländervergleich [2]

2.3.4 Literatur zu 2.3

[1] Feuerungsverordnung (FeuV, Bayern) vom 11. November 2011. BayGVBl. 81 (2007) Nr. 26, S. 800–806. – ISSN 0005-7134

[2] *Reichel, G. H.*: 16. Kapitel Untergesetzliche Rechtsnormen und Ordnungswidrigkeiten – Teil 2: Rechtsverordnungen im Ländervergleich, Rn. 120, S. 1 231–1 232 in: *Reichel, G. H.* (Hrsg.); *Dageförde, H.-J.*: Handbuch Bauordnungsrecht. München: C. H. Beck, 2004. – ISBN 3-406-50443-416

2.4 Verordnung über den Bau und Betrieb von Garagen sowie über die Zahl der notwendigen Stellplätze (GaStellV)

2.4.1 Inhaltsübersicht [1]

Aufgrund von Art. 90 Abs. 1 Nrn. 1 und 3 der Bayerischen Bauordnung (BayBO) in der Fassung der Bekanntmachung vom 4. August 1997 (GVBl. S. 433, BayRS 2132-1-I) und Art. 38 Abs. 3 des Landesstraf- und Verordnungsgesetzes erlässt das Bayerische Staatsministerium des Innern die Verordnung über den Bau und Betrieb von Garagen sowie über die Zahl der notwendigen Stellplätze – (GaStellV).

Wie ist die Verordnung über den Bau und Betrieb von Garagen sowie über die Zahl der notwendigen Stellplätze (GaStellV) gegliedert?

Die Verordnung über den Bau und Betrieb von Garagen sowie über die Zahl der notwendigen Stellplätze ist in vier Teile mit insgesamt 24 Paragrafen unterteilt.

Einleitend in Teil 1 § 1 und § 2 werden die Begriffe und die allgemeinen Anforderungen definiert (**Tabelle 2.7** bis Tabelle 2.9).

Teil 1 „Allgemeine Vorschriften"

§ 1 Begriffe und die allgemeinen Anforderungen

Tabelle 2.7 GaStellV, § 1

Es folgen Bauvorschriften in den §§ 2 bis 16 (**Tabelle 2.8**).

§ 2	**§ 3**	**§ 4**	**§ 5**	**§ 6**	**§ 7**	**§ 8**	**§ 9**
Zu- und Abfahrten	Rampen	Einstellplätze und Fahrgassen	Lichte Höhe	Tragende Wände, Decken, Dächer	Außenwände	Trennwände	Brandwände als Gebäudeabschlusswand
§ 10	**§ 11**	**§ 12**	**§ 13**	**§ 14**	**§ 15**	**§ 16**	
Rauchabschnitte, Brandabschnitte	Verbindungen zu anderen Räumen und zwischen Garagengeschossen	Rettungswege	Beleuchtung	Lüftung	Feuerlöschanlagen, Rauch- und Wärmeabzug	Brandmeldeanlagen	

Tabelle 2.8 GaStellV, §§ 2 bis 16

Betriebsvorschriften, Bauvorlagen, Prüfungen, notwendige Anlagen, Schlussbestimmungen werden in den §§ 17 bis 24 der GaStellV festgeschrieben. Die GaStellV hat am Schluss eine Anlage. Eine Übersicht dazu zeigt **Tabelle 2.9**.

Betriebsvorschriften		**Bauvorlagen, Prüfungen**	**Notwendige Stellplätze**	**Schlussvorschriften**				**Anlage**
§ 17	**§ 18**	**§ 19**	**§ 20**	**§ 21**	**§ 22**	**§ 23**	**§ 24**	
Betriebsvorschriften für Garagen	Abstellen von Kraftfahrzeugen in anderen Räumen als Garagen	Bauvorlagen	Notwendige Stellplätze	Weitergehende Anforderungen	Ordnungswidrigkeiten	Übergangsvorschriften	Inkrafttreten	

Tabelle 2.9 GaStellV, §§ 17 bis 28 und Anlage

2.4.2 Sicherheitstechnische Anforderungen [1]

Welche Arten von Garagen gib es nach der GaStellV?

In den allgemeinen Vorschriften der Garagenstellplatzverordnung (GaStellV) werden in § 1 Begriffe und allgemeine Anforderungen für Garagen wie folgt unterteilt in:

- offene Garagen,
- geschlossene Garagen,
- oberirdische Garagen,
- unterirdische Garage,
- automatische Garagen, **Bild 2.27**.

Bei der automatischen Garage werden die Autos über ein Terminal (**Bild 2.28**) angefordert.

Die Autos werden bei automatischen Garagen in einer Übergabebox (**Bild 2.29**) abgegeben und wieder abgeholt.

Bild 2.27 Beispiel für eine automatische Garage
Quelle: *Roland Mösl*, www.pege.org [2]

Bild 2.28 Beispiel für Terminal bei automatischen Garagen
Quelle: *Roland Mösl*, www.pege.org [2]

Bild 2.29 Beispiel für eine Übergabebox bei automatischen Garagen
Quelle: *Roland Mösl*, www.pege.org [2]

In **Bild 2.30** werden die Kriterien für die Zuordnung zu den genannten Garagentypen dargestellt.

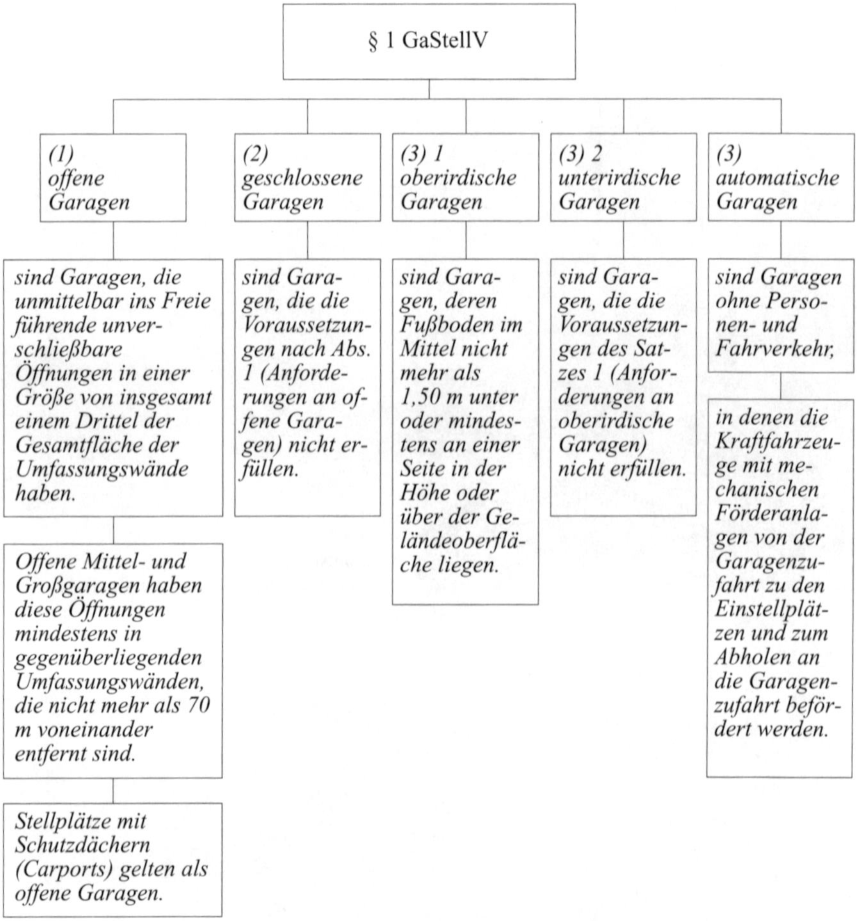

Bild 2.30 Arten von Garagen mit Zuordnungskriterien – entsprechend den Kriterien nach GaStellV (Bayern)

Was wird in der GaStellV als Einstellplatz (Bild 2.31) definiert?

Die GaStellV (Bayern) führt in § 1 (5) „Begriffe und allgemeine Anforderungen" aus:

„(5) Ein Einstellplatz ist die Fläche, die dem Abstellen eines Kraftfahrzeugs in einer Garage dient."

Bild 2.31 Beispiel für einen Einstellplatz in Garagen

Wie wird die Nutzfläche einer Garage nach der GaStellV berechnet?

Die GaStellV (Bayern) § 1 (6) „Begriffe und allgemeine Anforderungen" führt dazu aus:

„(6) 1 Die Nutzfläche einer Garage ist die Summe aller Flächen der Einstellplätze und der Verkehrsflächen. 2 Einstellplätze auf Dächern (Dacheinstellplätze) und die dazugehörigen Verkehrsflächen werden der Nutzfläche nicht zugerechnet, soweit nichts anderes bestimmt ist."

Bezogen auf die Nutzfläche werden die Garagen unterschieden in

- Kleingaragen,
- Mittelgaragen,
- Großgaragen.

Die Zuordnungen nach GaStellV (Bayern) § 1 (7) „Begriffe und allgemeine Anforderungen" zeigt **Tabelle 2.10**.

Nutzflächen/Anzahl der Einstellplätze	Kleingaragen	Mittelgaragen	Großgaragen
bis 100 m^2	×		
über 100 m^2 und bis 1000 m^2		×	
über 1000 m^2			×
automatische Garagen mit mehr als 50 Einstellplätzen			×

Tabelle 2.10 Garagenzuordnung nach der Nutzfläche (GaStellV Bayern § 1 (7))

Welche sicherheitstechnischen Forderungen sind in der GaStellV enthalten?

Ein großer Teil der Bundesländer hat eine ähnliche Garagenverordnung wie Bayern (siehe Tabelle 2.11). In der GaStellV werden folgende technische Anlagen gefordert:

- Sicherheitsbeleuchtung, § 12 (Bild 2.32);
- allgemeine Beleuchtung, § 13 (Bild 2.32);
- maschinelle Abluftanlagen, § 14 (Bild 2.37);
- maschinelle Rauch- und Wärmeabzugsanlagen, § 15 (Bild 2.33);
- Brandmeldeanlagen, § 16.

Die Sicherheitsbeleuchtung und allgemeine Beleuchtung gemäß § 12 und § 13 GaStellV Bayern zeigt **Bild 2.32**.

Den möglichen Aufbau einer maschinellen Rauchabzugsanlage gemäß § 14 GaStellV Bayern dokumentiert **Bild 2.33**.

Die schaltungstechnischen Zusammenhänge sind in **Bild 2.34** dargestellt.

Rettungswege in Mittel- und Großgaragen müssen nach § 12 GaStellV Bayern Sicherheitsbeleuchtung und dauerhaft beleuchtete Hinweise haben, siehe **Bild 2.35**.

Mittel- und Großgaragen müssen nach § 13 GaStellV Bayern eine allgemeine Beleuchtung haben, siehe **Bild 2.36**.

In § 14 GaStellV wird für Mittel- und Großgaragen eine maschinelle Abluftanlage mit zwei gleich großen Ventilatoren gefordert, siehe **Bild 2.37**.

Bild 2.32 Beispiel für die Sicherheitsbeleuchtung und allgemeine Beleuchtung gemäß GaStellV

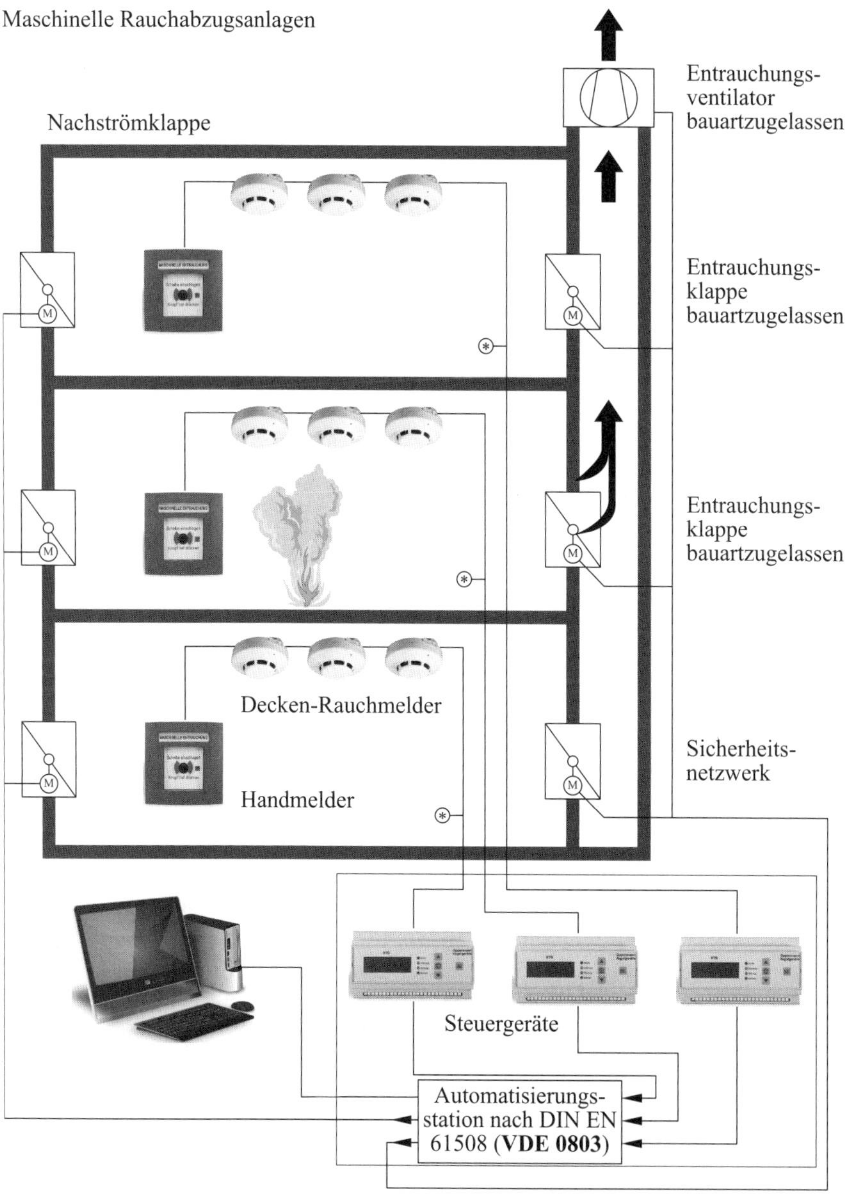

Bild 2.33 Beispiel für den Aufbau einer maschinellen Rauchabzugsanlage
Quelle: Oppermann Regelgeräte GmbH, Leinfelden-Echterdingen [3]

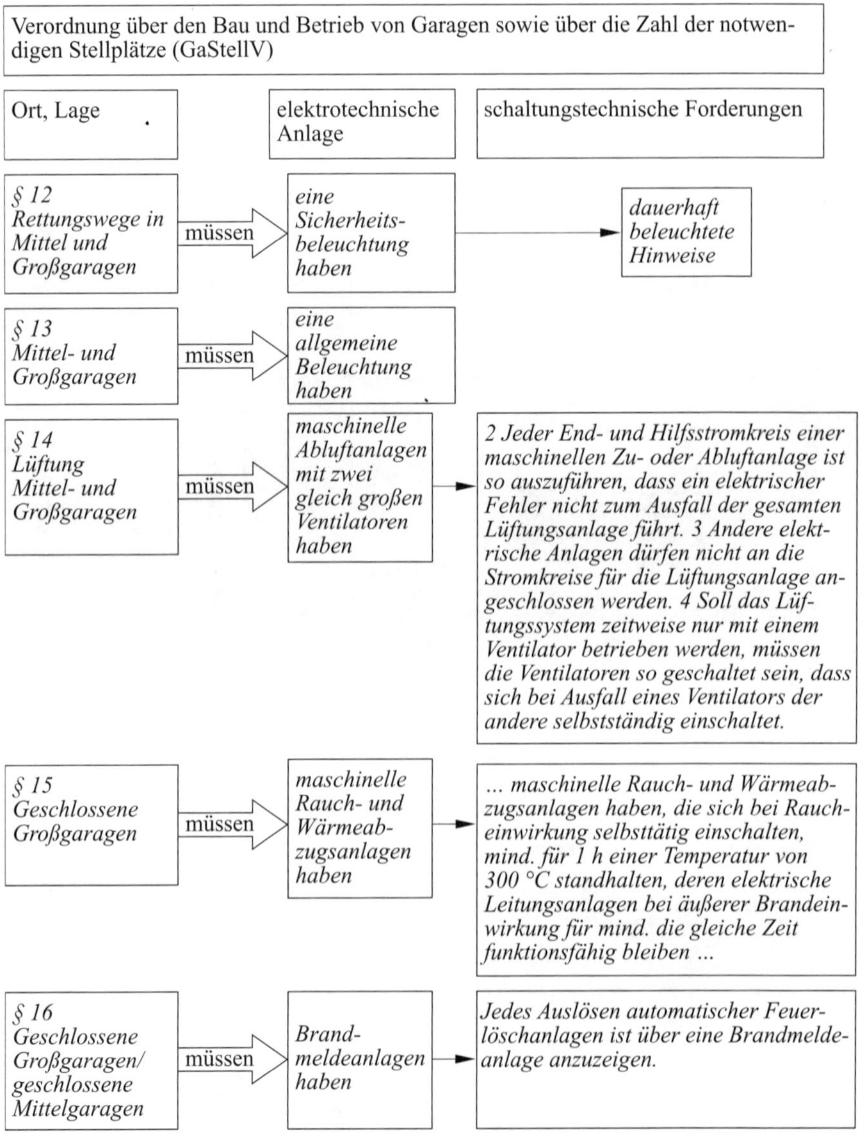

Bild 2.34 Sicherheitstechnische Forderungen in der GaStellV

Bild 2.35 Rettungsweg mit dauerhaft beleuchteten Hinweisen in Mittel- und Großgaragen nach § 12 GaStellV Bayern

Bild 2.36 Mittel- und Großgaragen mit allgemeiner Beleuchtung nach § 13 GaStellV Bayern

Bild 2.37 Maschinelle Abluftanlage mit zwei gleich großenVentilatoren gemäß § 14 GaStellV
Quelle: Colt International GmbH, Kleve [4]

Wie funktioniert das Brandschutzkonzept für Parkhaus und Tiefgaragenlüftung in Bild 2.38? [3]

Das Colt-Totalkonzept unter Einsatz von Schubventilatoren ermöglicht sowohl die Funktion der täglichen Lüftung als auch die der maschinellen Entrauchung. Die sichere Ableitung der Auspuffabgase zu Lüftungszwecken erfolgt entweder über einen kontinuierlichen oder aber ganz spezifischen Luftwechsel in Abhängigkeit der jeweils gemessenen CO-Konzentrationsrate bzw. eines definierten Grenzwerts. Im Brandfall gibt die Brandmeldeanlage ein Schaltsignal an die Zentrale, sodass die Ventilatoren auf max. Leistung fahren.

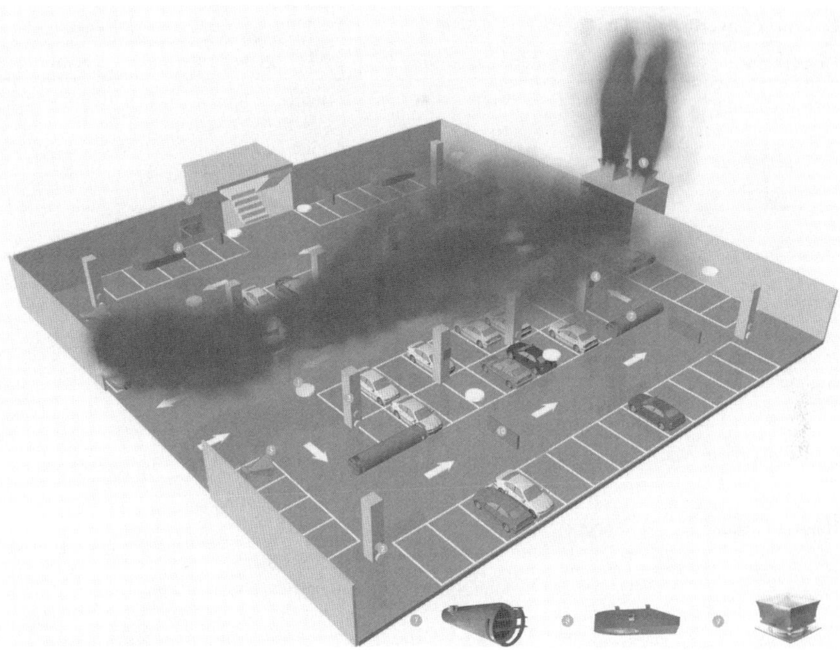

Bild 2.38 Beispiel Brandschutzkonzept für Parkhaus und Tiefgaragenlüftung
Quelle: Colt International GmbH, Kleve [4]

Legende zu Bild 2.38

1 Rauchmelder,
2 CO-Sensoren,
3 Flüssiggas-Sensoren,
4 Handtaster zur manuellen Auslösung der Brandmeldeanlage,
5 Alarmsirene mit Blitzlicht,
6 Brandmeldeanlage,
7 Jetstream-Ventilatoren,
8 Cyclone-Ventilatoren,
9 Entrauchungsventilatoren,
10 Leuchtsignale zur Evakuierung der Gefahrenzone

Bauvorlagenverordnung im Ländervergleich		
Bundesland	**Überschrift der Verordnung (VO)**	**Wesentlicher Inhalt der Verordnung**
Baden-Württemberg, BW	GaragenVO (GaVO)	Begriffe, Bauvorschriften, Betriebsvorschriften, Abstellen von Kfz in anderen Räumen, besondere Anforderungen
Bayern, Bay	Verordnung über den Bau und Betrieb von Garagen sowie über die Zahl der notwendigen Stellplätze (GaStellV)	Begriffsbestimmungen, Bau- und Betriebsvorschriften, zusätzliche Bauvorlagen, turnusmäßige Prüfungen sicherheitsrelevanter Teile, weitergehende Anforderungen
Berlin, Bln	wie Bay	wie Bay, Besonderheit: Frauenstellplätze in Großgaragen
Brandenburg, Bbg	VO über den Bau von Garagen und Stellplätzen und den Betrieb von Garagen (BbgGStV)	wie Bay
Bremen, Brem	VO über Garagen und Stellplätze (BremGaVO)	nicht belegt
Hamburg, Hamb	VO über den Bau und Betrieb von Garagen und offenen Stellplätzen	wie BW
Hessen, Hess	VO über den Bau und Betrieb von Garagen und Stellplätzen (Garagenverordnung – GAVO)	wie Bay, aber turnusmäßige Prüfung von Großgaragen
Mecklenburg-Vorpommern, M-V	wie Bay	nicht belegt
Niedersachsen, Nds	VO über den Bau und Betrieb von Garagen (GaVO)	im Wesentlichen wie Bay
Nordrhein-Westfalen, NRW	VO über Bau und Betrieb von Garagen	im Wesentlichen wie Bay, ohne besondere Anforderungen
Rheinland-Pfalz, Rh-Pf	VO über Bau und Betrieb von Garagen (GarVO)	nicht belegt
Saarland, Saar	Garagenverordnung (GarVO)	wie Bay
Sachsen, Sachs	VO über den Bau und Betrieb von Garagen (Sächsische Garagenverordnung – Sächs-GarVO)	wie Bay
Sachsen-Anhalt, SachsAnh	Garagenverordnung (GaVO)	wie Bln
Schleswig-Holstein, Schl-H	Landesverordnung über den Bau und Betrieb von Garagen (GarVO)	wie Bln, Besonderheit: Frauenparkplätze in Großgaragen und Parkplätze für Behinderte in allgemein zugänglichen Garagen
Thüringen, Thür	VO über den Bau und Betrieb von Garagen (Thüringer Garagenverordnung – ThürGarVO)	wie BW

Tabelle 2.11 Garagenverordnung im Ländervergleich [5]

2.4.3 Garagenverordnung (GaStellV) im Ländervergleich

In der **Tabelle 2.11** sind die Namen und groben Inhaltsangaben der Verordnungen über Garagen dargestellt, die es in den einzelnen Bundesländern gibt.

2.4.4 Literatur zu 2.4

[1] Verordnung über den Bau und Betrieb von Garagen sowie über die Zahl der notwendigen Stellplätze (GaStellV, Bayern). BayGVBl. (1993) Nr. 29, S. 910–916. – ISSN 0005-7134

[2] Wohnen Bauen Energie – Das Architektur und Solararchitektur Online-Magazin der Planetary Engineering Group (PEGE), Gartenau/Österreich: http://wohnen.pege.org

[3] Oppermann Regelgeräte GmbH, Leinfelden-Echterdingen: www.oppermann-regelgeraete.de

[4] Colt International GmbH, Kleve: www.colt-info.de

[5] *Reichel, G. H.*: 16. Kapitel Untergesetzliche Rechtsnormen und Ordnungswidrigkeiten – Teil 2: Rechtsverordnungen im Ländervergleich, Rn. 122, S. 1 233–1 234 in: *Reichel, G. H.* (Hrsg.); *Dageförde, H.-J.*: Handbuch Bauordnungsrecht. München: C. H. Beck, 2004. – ISBN 3-406-50443-416

2.5 Richtlinie über die bauaufsichtliche Behandlung von Hochhäusern – Hochhausrichtlinie (HHR)

2.5.1 Inhaltsübersicht [1]

Wie ist die Richtlinie über die bauaufsichtliche Behandlung von Hochhäusern gegliedert?

Die Richtlinie über die bauaufsichtliche Behandlung von Hochhäusern ist nach der Inhaltsübersicht in fünf Abschnitte gegliedert (**Tabelle 2.12**).

Inhalts-übersicht	**1 Begriff**	**2 Flächen für die Feuerwehr**	**3 Bauliche Ausführung**	**4 Technische Einrichtungen**	**5 Betriebs-vorschriften**

Tabelle 2.12 Abschnitte der Richtlinien über die bauaufsichtliche Behandlung von Hochhäusern

Die Abschnitte 3 „Bauliche Ausführung“, 4 „Technische Einrichtungen“, 5 „Betriebsvorschriften“ sind nochmals untergliedert.

3.1 Wände	**3.2 Decken, obere Raumabschlüsse**	**3.3 Dächer**	**3.4 Verkleidungen, Dämmschichten, Dehnungsfugen**	**3.5 Rettungswege**	**3.6 Treppenräume**	**3.7 Allgemein zugängliche Flure**	**3.8 Ausgänge ins Freie**
3.1.1 Tragende Wände	3.2.1 Decken	3.3.1 Tragwerk, Dachschalung, Dachaufbauten	3.4.1 Wand- und Deckenverkleidungen	3.5.1 Bemessung	3.6.1 Anzahl, Zugänglichkeit	3.7.1 Flure im Gebäudeinneren	3.8.1 Unmittelbarer Ausgang
3.1.2 Außenwände	3.2.2 Obere Raumabschlüsse	3.3.2 Begehbare Flachdächer	3.4.2 Dämmschichten, Sperrschichten, Dehnungsfugen	3.5.2 Beleuchtung	3.6.2 Bauliche Beschaffenheit	3.7.2 Laubengänge	3.8.2 Mittelbarer Ausgang
3.1.3 Außenwandverkleidungen	3.2.3 Bodenbeläge	3.3.3 Dächer niedrigerer Gebäude oder Gebäudeteile		3.5.3 Kennzeichnung	3.6.3 Lage	3.7.3 Rettungsbalkone	3.8.3 Ausgang auf nach oben offene Flächen
3.1.4 Trennwände		3.3.4 Lichtbänder, Lichtkuppeln		3.5.4 Einbauten	3.6.4 Maisonettetreppen	3.7.4 Rettungstunnel	
3.1.5 Räume mit erhöhter Brandgefahr					3.6.5 Ausgänge und Treppen in Kellergeschossen		
					3.6.6 Sicherheitstreppenräume		
					3.6.7 Sicherheitstreppenräume an der Außenwand		

Tabelle 2.13 Bereiche in Abschnitt 3 „Bauliche Ausführung“

3.1 Wände	**3.2 Decken, obere Raumabschlüsse**	**3.3 Dächer**	**3.4 Verkleidungen, Dämmschichten, Dehnungsfugen**	**3.5 Rettungswege**	**3.6 Treppenräume**	**3.7 Allgemein zugängliche Flure**	**3.8 Ausgänge ins Freie**
					3.6.8 Sicherheitstreppenräume an einem Schacht mit natürlicher Lüftung		
					3.6.9 Sicherheitstreppenräume im Gebäudeinneren		

Tabelle 2.13 (*Fortsetzung*) Bereiche in Abschnitt 3 „Bauliche Ausführung“

4.1 Aufzüge	**4.2 Feuerwehraufzüge**	**4.3 Verlegung von Leitungen**	**4.4 Ersatzstromversorgungsanlage**	**4.5 Lüftungsanlagen**	**4.6 Heizungsanlagen**	**4.7 Müllabwurföffnungen**	**4.8 Brandmeldeanlagen**	**4.9 Feuerlöscheinrichtungen**	**4.10 Alarmeinrichtungen**
	4.2.1 Anzahl, Lage							4.9.1 Steigleitungen, Wandhydranten	
	4.2.2 Schächte und Vorräume							4.9.2 Selbsttätige Feuerlöschanlagen	
	4.2.3 Triebwerksraum							4.9.3 Druckerhöhungsanlagen	
	4.2.4 Schalteinrichtungen und Leitungen							4.9.4 Feuerlöscher	
	4.2.5 Kennzeichnung								

Tabelle 2.14 Bereiche Abschnitt 4 „Technische Einrichtungen“

Der Abschnitt 3 „Bauliche Ausführung“ gliedert sich in acht Bereiche (**Tabelle 2.13**). Der Abschnitt 4 „Technische Einrichtungen“ umfasst neun Bereiche (**Tabelle 2.14**). Abschnitt 5 „Betriebsvorschriften“ ist in fünf Bereiche unterteilt (**Tabelle 2.15**).

5.1	**5.2**	**5.3**	**5.4**	**5.5**
Wege und Flächen auf dem Grundstück	Rettungswege im Gebäude	Sonstige Betriebsvorschriften	Prüfungen	Wartung

Tabelle 2.15 Bereiche Abschnitt 5 „Betriebsvorschriften“

2.5.2 Sicherheitstechnische Anlagen [1]

Wie werden Hochhäuser nach der Hochhausrichtlinie definiert?

Hochhausrichtlinie (HHR), Bayern:

„1. Begriffe
Hochhäuser sind Gebäude, in denen der Fußboden mindestens eines Aufenthaltsraums mehr als 22 m über der natürlichen oder festgelegten Geländeoberfläche liegt (Art. 2 Abs. 3 BayBO). Die Bauaufsichtsbehörde legt insbesondere in Zweifelsfällen die Geländeoberfläche fest.“

2.5.2.1 Ersatzstromversorgung

Wird für Hochhäuser in der Hochhausrichtlinie eine Ersatzstromversorgung verlangt?

Gemäß 4.4 der Hochhausrichtlinie müssen Hochhäuser mit einer Ersatzstromversorgungsanlage ausgerüstet sein. Die zu versorgenden Anlagen und die schaltungstechnischen Forderungen sind in **Bild 2.39** dargestellt.

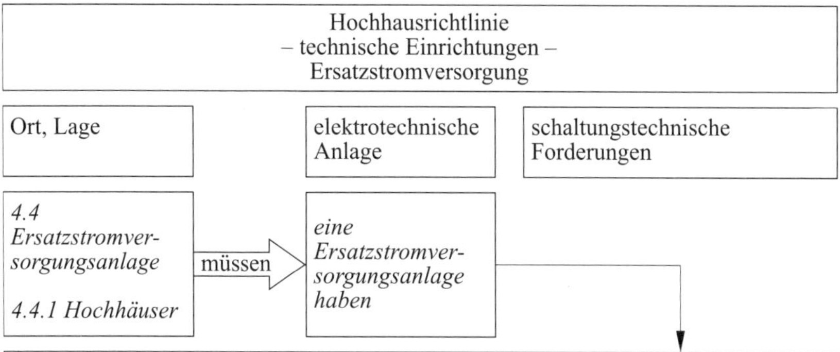

4.4.1 Hochhäuser müssen eine von der allgemeinen Stromversorgung unabhängige Ersatzstromversorgungsanlage mit einem bei Ausfall des Netzstroms sich selbsttätig innerhalb von höchstens 15 s einschaltenden Stromerzeugungsaggregat haben. An die Anlage sind alle elektrisch betätigten notwendigen Anlagen anzuschließen, die der Sicherheit dienen und für die eine Unterbrechung der Stromversorgung bis zu 15 s zulässig ist. Anlagen dieser Art sind z. B.

1. Wasserdruckerhöhungsanlagen und Steuerungseinrichtungen zur Löschwasserversorgung,
2. Feuerwehraufzüge,
3. Personenaufzüge, die bei Ausfall der öffentlichen Stromversorgung wenigstens nacheinander in das Eingangsgeschoss gefahren werden müssen,
4. Rauchabzugsvorrichtungen,
5. Feuerschutzabschlüsse (z. B. Rolltore),
6. Notbeleuchtung der Rettungswege,
7. Einrichtungen zur Alarmierung und zur Erteilung von Anweisungen an Besucher und Beschäftigte,
8. Lüftungsanlagen von Sicherheitstreppenräumen, Schleusen, innen liegenden Treppenräumen, Fahrschächten und Triebwerksräumen von Feuerwehraufzügen,
9. CO-Warnanlagen, Gaswarnanlagen. Sind nur Anlagen nach den vorstehenden Nrn. 4 bis 7 und 9 vorhanden, so kann anstelle des Stromerzeugungsaggregats eine Batterie vorgesehen werden. Sind Anlagen vorhanden, die eine unterbrechungslose Stromversorgung erfordern (z. B. nach dem Ruhestromprinzip gehaltene Rauchabzugsklappen), muss das durch geeignete Maßnahmen gesichert sein.

4.4.2 Die elektrischen Betriebsmittel der Ersatzstromversorgungsanlage müssen von den Betriebsmitteln der allgemeinen Stromversorgung getrennt sein; sie müssen feuerbeständig geschützt sein; sie sind in der Niederspannungshauptverteilung auch räumlich zu trennen. Sie brauchen nur feuerhemmend geschützt zu sein, wenn wegen der Art der Anlagen, der Gebäudekonstruktion, der örtlichen Verhältnisse oder der Durchführung der Brandbekämpfung keine Bedenken bestehen. Satz 1 gilt nicht für Stromkreise der Ersatzstrombeleuchtung, sofern diese Stromkreise einzeln verlegt sind …

4.4.3 Die Ersatzstromversorgung muss VDE 0108 entsprechen. Die Betriebsräume der elektrischen Anlagen sind entsprechend der Verordnung über den Bau von Betriebsräumen für elektrische Anlagen (EltBauV) vom 13. April 1977 (GVBl. S. 421) auszuführen …

Bild 2.39 Hochhausrichtlinie – technische Einrichtungen – Ersatzstromversorgung

Nach 4.4.1 der Hochhausrichtlinie Bayern müssen Hochhäuser ein Stromerzeugungsaggregat haben (**Bild 2.40**).

Bild 2.40 Beispiel für ein Stromversorgungsaggregat
Bild: MTU Onsite Energy GmbH, Augsburg [2]

2.5.2.2 Feuerwehraufzüge – Anzahl, Lage, Schalteinrichtungen und Leitungen

Was für Forderungen an die Stromversorgung bei Feuerwehraufzügen werden in der Hochhausrichtlinie gestellt?

Feuerwehraufzüge müssen an eine Ersatzstromversorgungsanlage angeschlossen werden. Anforderungen an die Verlegung der Leitungen und schaltungstechnische Forderungen zeigt **Bild 2.41**.

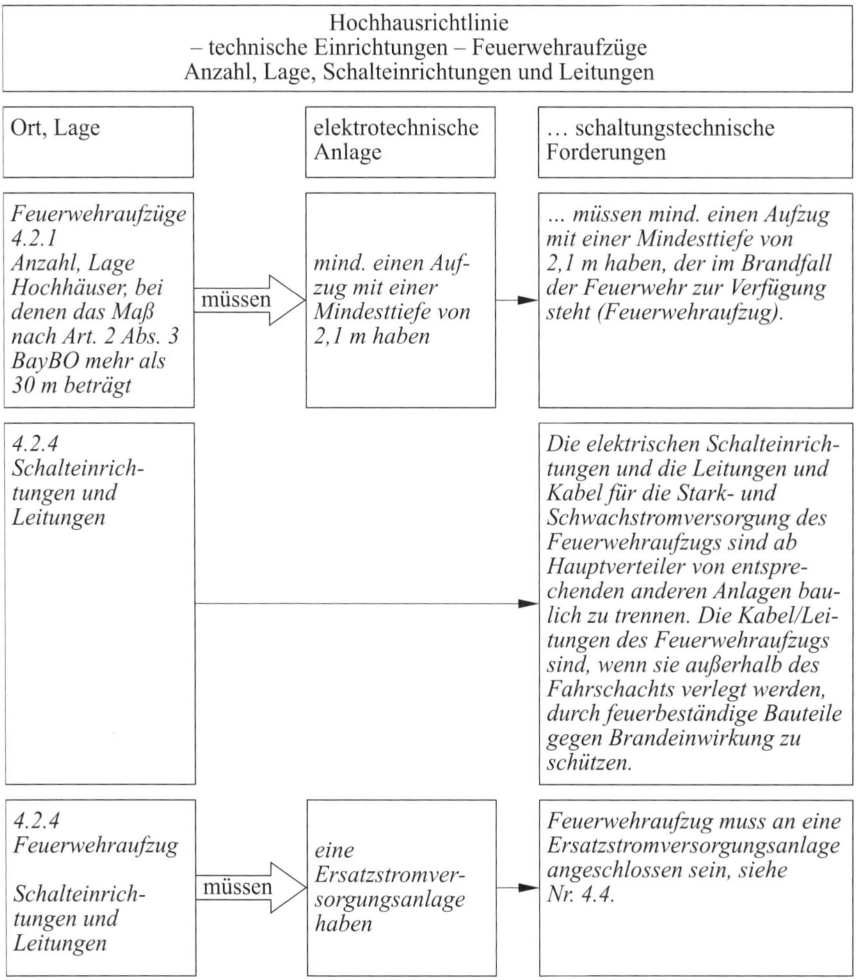

Bild 2.41 Forderungen für und an elektrotechnische Anlagen/Feuerwehraufzüge in der Hochhausrichtlinie – Anzahl, Lage, Schalteinrichtungen und Leitungen

Die Kabine mit montierter Leiter für einen Feuerwehraufzug ist in **Bild 2.42** abgebildet.

Bild 2.42 Kabine mit montierter Leiter für einen Feuerwehraufzug
Quelle: Wikipedia-Benutzer: Daniel 1992 [CC-BY-SA 3.0]

2.5.2.3 Verlegung von Leitungen in Hochhäusern

Was ist bei der Verlegung von Leitungen in Hochhäusern nach der Hochhausrichtlinie zu beachten?

In 4.3.2 der Hochhausrichtlinie sind Anforderungen an Leitungsverlegungen beschrieben, siehe **Bild 2.43**.

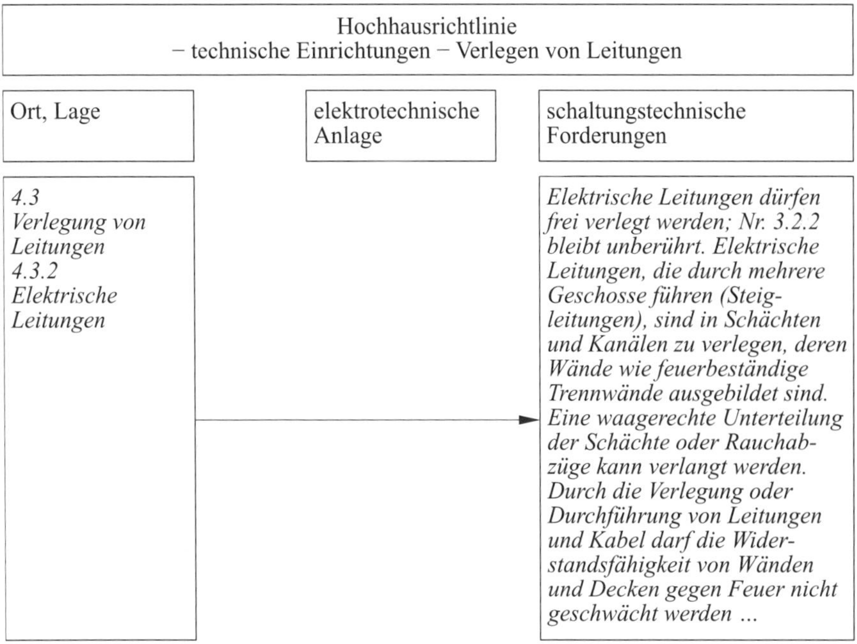

Bild 2.43 Forderungen für und an elektrotechnische Anlagen/Hochhausrichtlinie – Verlegen von Leitungen

2.5.2.4 Alarmeinrichtungen in Hochhäusern

Sind Alarmeinrichtungen in Hochhäusern nach der Hochhausrichtlinie vorgeschrieben?

In Abhängigkeit der Abmessung des Hochhauses werden in 4.10 der Hochhausrichtlinie Einrichtungen zur Personenalarmierung gefordert (**Bild 2.44**).

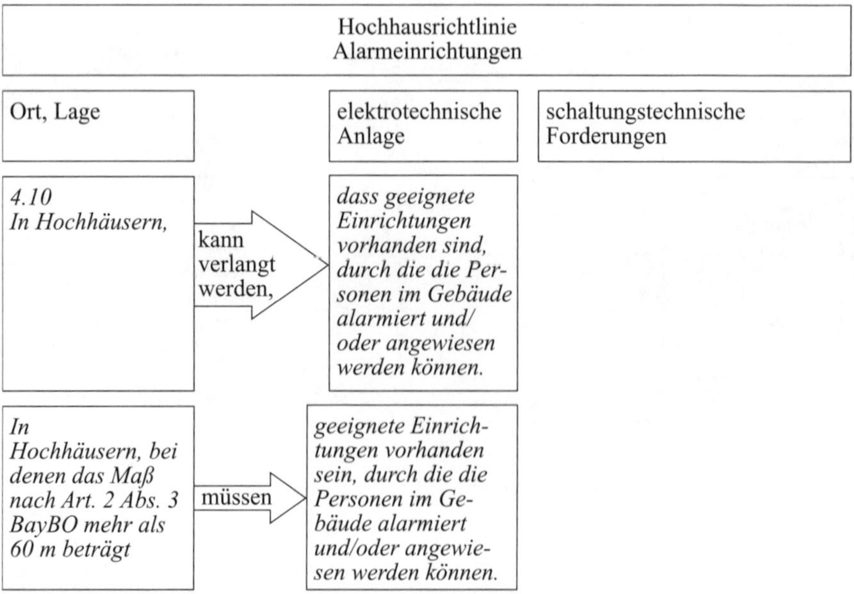

Bild 2.44 Forderungen für und an Alarmeinrichtungen in der Hochhausrichtlinie

2.5.2.5 Aufzugsanlagen in Hochhäuser

Gibt es schaltungstechnische Forderungen an Aufzugsanlagen in Hochhäuser nach der Hochhausrichtlinie?

In 4.1 der Hochhausrichtlinie werden die Mindestanzahl an Aufzügen und deren schaltungstechnischen Forderungen definiert (**Bild 2.45**).

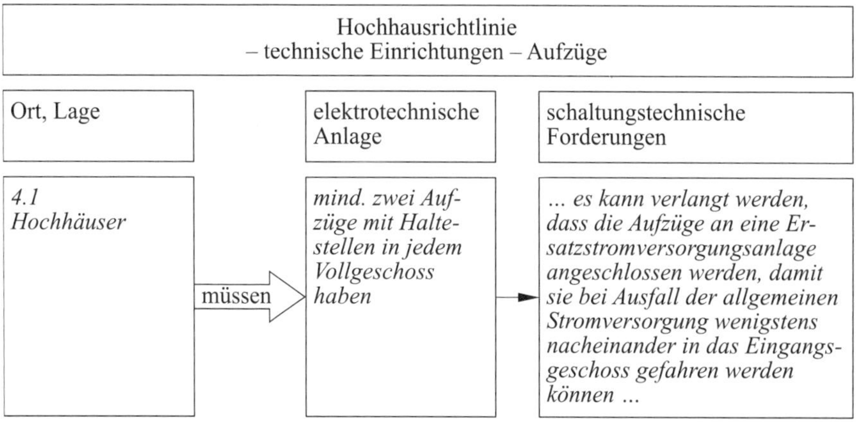

Bild 2.45 Forderungen für und an elektrotechnische Anlagen/Aufzüge in der Hochhausrichtlinie

2.5.2.6 Brandmeldeanlagen in Hochhäusern

Sind Brandmeldeanlagen in Hochhäusern nach der Hochhausrichtlinie vorgeschrieben?

In Abhängigkeit der zu erwartenden Brandgefahr (4.8.1 Hochhausrichtlinie) sowie der Abmessungen des Hochhauses (4.8.1 und 4.8.3 Hochhausrichtlinie) werden Brandmeldeanlagen gefordert. In **Bild 2.46** sind die Kriterien zur Notwendigkeit von Brandmeldeanlagen und die damit verbundenen schaltungstechnischen Forderungen dargestellt.

Für Hochhäuser mit erhöhter Brandgefahr können gemäß 4.8.1 Hochhausrichtlinie Bayern Brandmeldeanlagen (BMA) nach der DIN 14675 [3] verlangt werden, **Bild 2.47**.

Der konkrete Umfang der Ausstattung der Brandmeldeanlage ist abhängig vom Brandschutzkonzept und den geltenden Vorschriften einschließlich der der Hochhausrichtlinie.

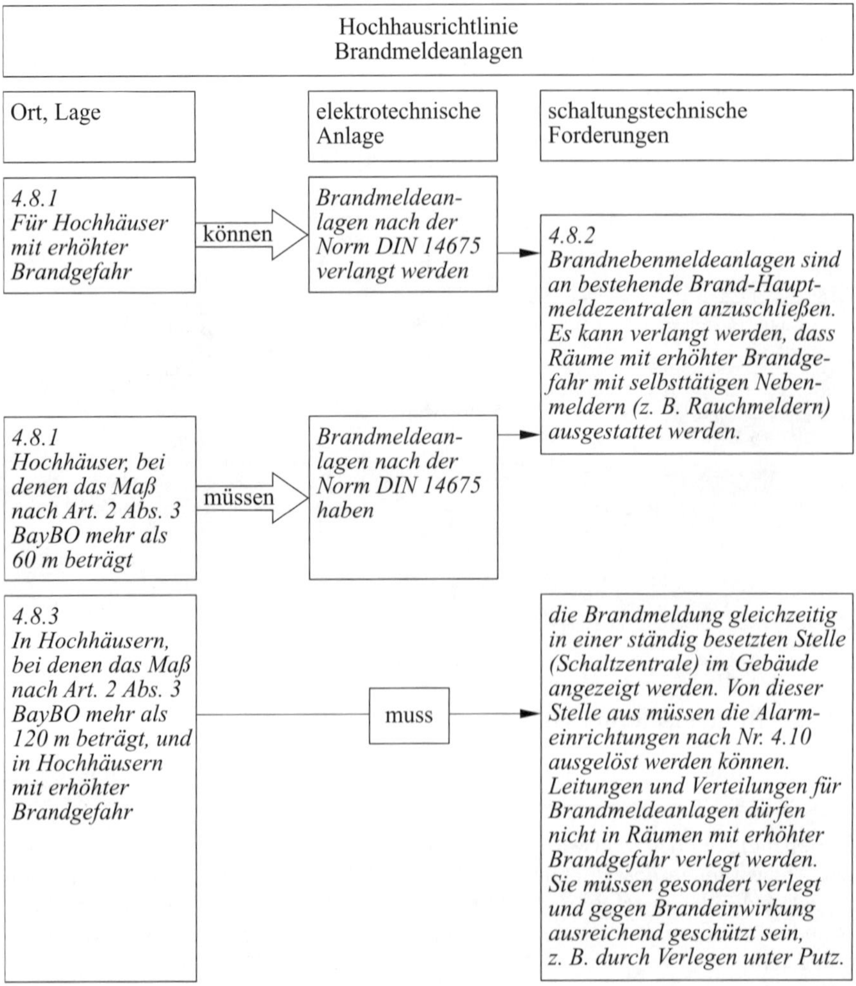

Bild 2.46 Forderungen für und an Brandmeldeanlagen in der Hochhausrichtlinie

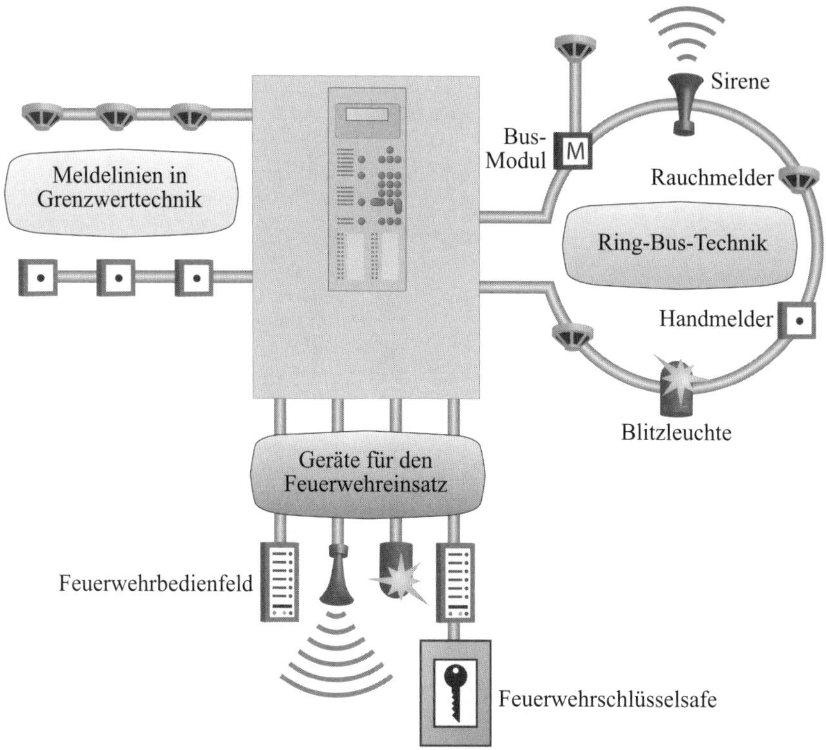

Bild 2.47 Beispiel einer Brandmeldeanlage
Quelle: Calanbau Brandschutzanlagen GmbH, Sarstedt [4]

2.5.2.7 Lüftungsanlagen in Hochhäusern

Gibt es schaltungstechnische Anforderungen an Lüftungsanlagen in Hochhäusern nach der Hochhausrichtlinie?

In der Hochhausrichtlinie werden an die Lüftungsanlagen in Bezug auf den Brandschutz Forderungen gestellt (**Bild 2.48**):

- an die Anordnung (4.5.1),
- die Feuerwiderstandsdauer (4.5.2),
- an die Betriebsdauer im Brandfall (4.5.2),
- an die Schaltmöglichkeiten (4.5.3).

Hochhausrichtlinie Lüftungsanlagen		
Ort, Lage	elektrotechnische Anlage	schaltungstechnische Forderungen
4.5 Lüftungsanlagen 4.5.1 Lüftungsanlagen	müssen	*... so angeordnet oder ausgebildet sein, dass Feuer oder Rauch nicht in Treppenräume, andere Geschosse oder Brandabschnitte übertragen werden können. Lüftungsanlagen nach der Norm DIN 18017-1 und -2 sind unzulässig. An Lüftungsanlagen nach der Norm DIN 18017-3 dürfen nur Bäder und Aborte angeschlossen werden ...*
4.5.2 Lüftungsleitungen, die durch Geschosse oder Brandabschnitte führen	müssen	*mind. 90 min widerstandsfähig gegen Feuer sein (L 90 nach DIN 4102-6).*
Lüftungsanlagen für Treppenräume (siehe Nr. 3.6.3.3) und Sicherheitstreppenräume (siehe Nr. 3.6.9) einschließlich der zugehörigen Vorräume, Sicherheitsschleusen und Aufzugsvorräume (siehe Nr. 4.2.2)	müssen	*... von sonstigen Lüftungsanlagen getrennt ausgeführt werden; sie müssen baulich so geschützt sein, dass sie im Brandfall mind. 90 min betriebssicher bleiben ...*
4.5.3 Lüftungsanlagen, außer Einzelentlüftungsanlagen nach DIN 18017-3 müssen	*ein- und ausgeschaltet, selbsttätig abschalten*	*... an zentraler Stelle, z. B. beim Feuerwehrzugang oder bei der Schaltwarte nach Nr. 4.8.3, ein- und ausgeschaltet werden können. Bei Auftreten von Rauch in der Zuluftanlage, insbesondere durch Umluftbetrieb, müssen Lüftungsanlagen selbsttätig abschalten ...*

Bild 2.48 Forderungen für und an elektrotechnische Anlagen/Lüftungsanlagen in der Hochhausrichtlinie

Gemäß 4.5 Lüftungsanlagen Hochhausrichtlinie (Bild 2.48) müssen Lüftungsanlagen so angeordnet oder ausgebildet sein, dass Feuer oder Rauch nicht in Treppenräume, andere Geschosse oder Brandabschnitte übertragen werden können. Die Verhinderung der Rauchübertragung kann z. B. durch den Einsatz einer zusätzlichen Rauchauslöseeinrichtung für Brandschutzklappen (**Bild 2.49**) mit einer allgemeinen bauaufsichtlichen Zulassung durch das DIBt (Deutsches Institut für Bautechnik [5]) erreicht werden (siehe auch VDE-Schriftenreihe 131 [6]).

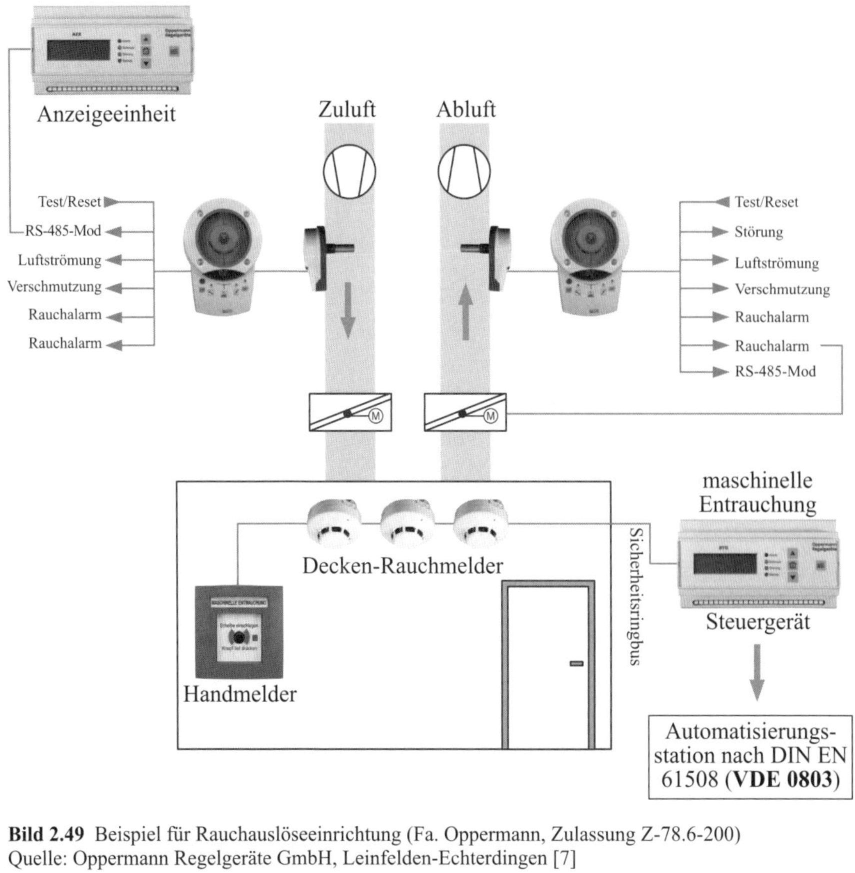

Bild 2.49 Beispiel für Rauchauslöseeinrichtung (Fa. Oppermann, Zulassung Z-78.6-200)
Quelle: Oppermann Regelgeräte GmbH, Leinfelden-Echterdingen [7]

2.5.2.8 Rettungswege und Flure in Hochhäusern

Welche Forderungen an die elektrotechnische Ausstattung der Rettungswege und Flure in Hochhäusern gibt es in der Hochhausrichtlinie?

Für Rettungswege und Flure in Hochhäusern gibt es Anforderungen

- an die Beleuchtung (3.5.2),
- an die Anbindung der Stromversorgung an eine Ersatzstromanlage (3.5.2),
- an die Kennzeichnung von Fluren und deren Stromversorgung (3.5.3.2).

Die schaltungstechnischen Zusammenhänge sind in **Bild 2.50** dargestellt.

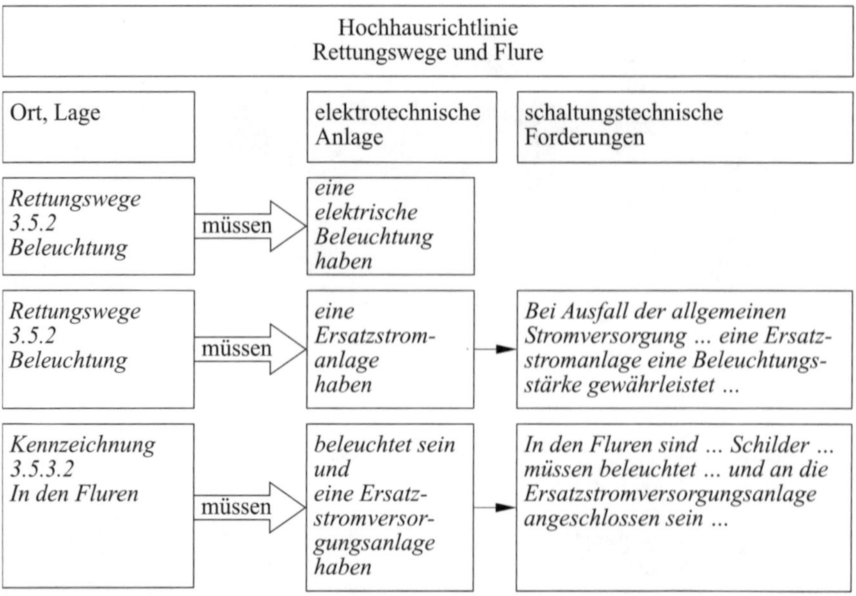

Bild 2.50 Forderungen für und an elektrotechnische Anlagen in Rettungswegen und Fluren in der Hochhausrichtlinie

2.5.2.9 Treppenräume in Hochhäusern

Wie sind Treppenräume in Hochhäusern sicherheitstechnisch auf den Brandschutz bezogen nach der Hochbaurichtlinie auszustatten?

Treppenräume in Hochhäusern sind mit

- Rauchabzugsöffnungen (3.6.2), Bild 2.51,
- Rauchmeldern

auszustatten.

Zu den möglichen Ausstattungselementen für Treppenräume mit Rauchabzugsöffnungen zählen z. B. Brandmelder, RWA-Kompaktzentralen mit integriertem Rauchabzugs- und Lüftungstaster, Bedienelemente (Taster) mit optional integrierter Lüftungsfunktion, Antriebe für die Fassadenöffnungen mit integriertem Motor und Hubeinrichtung, siehe **Bild 2.51**.

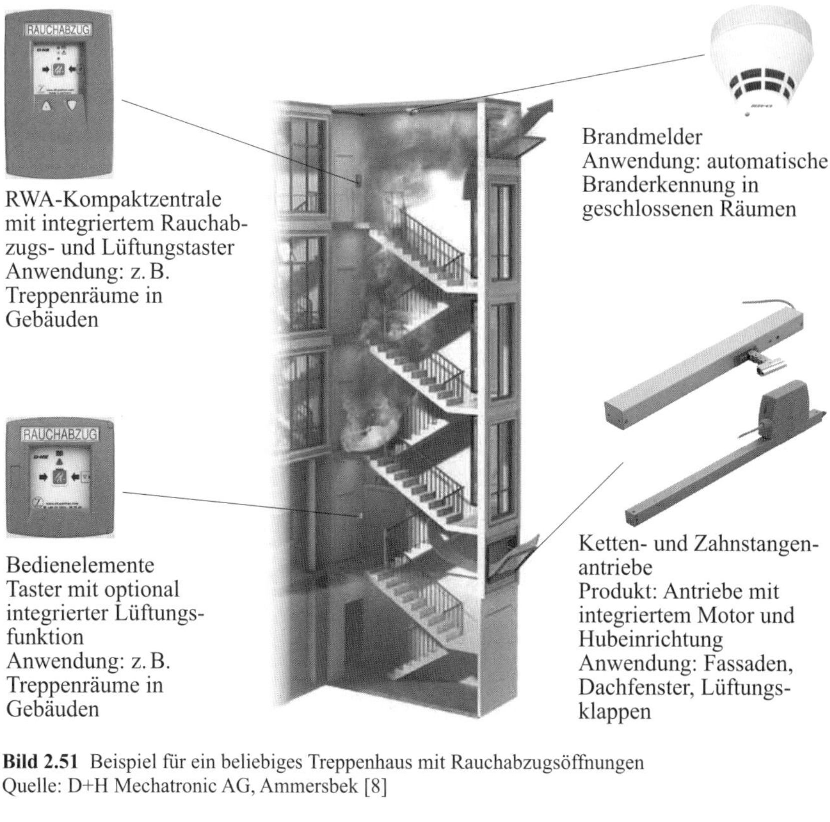

Bild 2.51 Beispiel für ein beliebiges Treppenhaus mit Rauchabzugsöffnungen
Quelle: D+H Mechatronic AG, Ammersbek [8]

Der notwendige Ausstattungsumfang für Treppenräume in Hochhäusern wird in der Hochhausrichtlinie festgelegt, Tabelle 2.16.

Die schaltungstechnischen Forderungen dazu sind in **Bild 2.52** dargestellt.

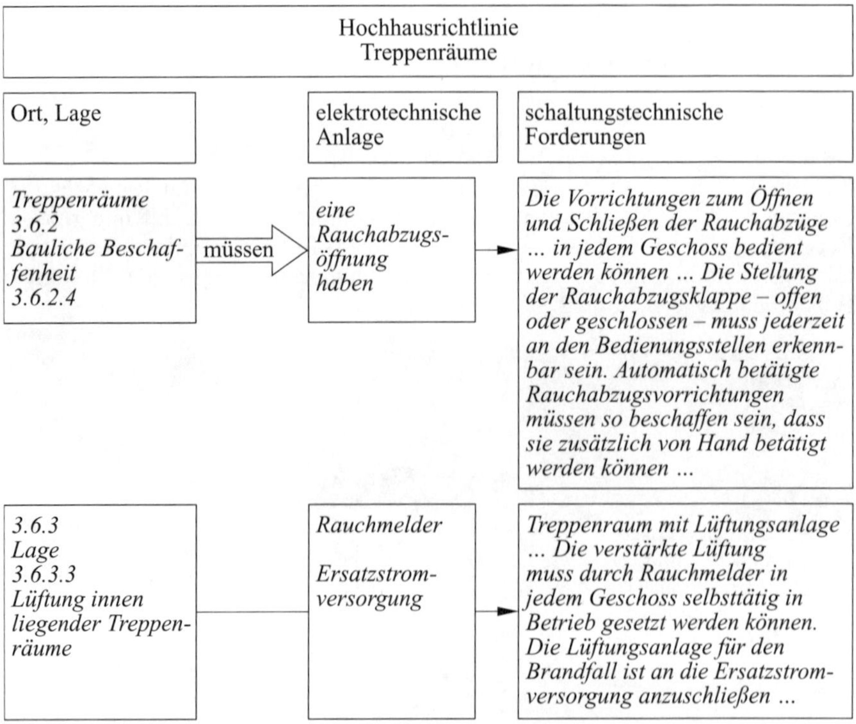

Bild 2.52 Forderungen für und an elektrotechnische Anlagen in Treppenräumen in der Hochhausrichtlinie

2.5.3 Hochhausrichtlinie im Ländervergleich [2]

In der **Tabelle 2.16** werden die Verordnungen und Richtlinien zu Hochhäusern der Bundesländer genannt und deren Inhalt kurz angegeben.

Hochhausrichtlinie/Verordnung im Ländervergleich		
Bundesland	**Überschrift der Verordnung (VO)**	**Wesentlicher Inhalt der Verordnung**
Bayern, Bay	Richtlinien über die bauaufsichtliche Behandlung von Hochhäusern Hochhausrichtlinie (HHR)	Flächen für die Feuerwehr, bauliche Ausführung, technische Einrichtungen, Betriebsvorschriften, Rettungswege, Brandschutz
Nordrhein-Westfalen, NRW	Verordnung über den Bau und Betrieb von Hochhäusern	besondere Bauvorschriften, Betriebsvorschriften, Rettungswege, Brandschutz, regelmäßige Prüfung durch Bauaufsichtsbehörde, wenn > 60 m
Sachsen, Sachs	Hochhausbaurichtlinie (HhBauR)	„auf Grundlage" der vorstehenden VO NRW
Sachsen-Anhalt, SachsAnh	Richtlinie über den Bau und Betrieb von Hochhäusern	im Wesentlichen wie NRW
Thüringen, Thür	Bekanntmachung über den Brandschutz in bestehenden Hochhäusern	Bekanntmachung über den Brandschutz in bestehenden Hochhäusern

Tabelle 2.16 Hochhäuser im Ländervergleich [2]

2.5.4 Literatur zu 2.5

[1] Bauaufsichtliche Behandlung von Hochhäusern – Hochhausrichtlinie (HHR) vom 25. Mai 1983. MABl. 102 (1983) Nr. 18, S. 495–515

[2] MTU Onsite Energy GmbH, Augsburg: www.mtuonsiteenergy.com

[3] DIN 14675:2012-04 Brandmeldeanlagen – Aufbau und Betrieb. Berlin: Beuth

[4] Calanbau Brandschutz GmbH, Sarstedt: www.fire-protection-solutions.com

[5] *Jackisch, J.*: Elektrische Anlagen und Bauordnungsrecht. VDE-Schriftenreihe 131. Berlin · Offenbach: VDE VERLAG, 2014. – ISBN 978-3-8007-3563-1, ISSN 0506-6719

[6] Deutsches Institut für Bautechnik (DIBt), Berlin: www.dibt.de

[7] Oppermann Regelgeräte GmbH, Leinfelden-Echterdingen: www.oppermann-regelgeraete.de

[8] D+H Mechatronic AG, Ammersbek: www.dh-partner.com

[9] *Reichel, G. H.*: 16. Kapitel Untergesetzliche Rechtsnormen und Ordnungswidrigkeiten – Teil 2: Rechtsverordnungen im Ländervergleich, Rn. 126, S. 1 236–1 237 in: *Reichel, G. H.* (Hrsg.); *Dageförde, H.-J.*: Handbuch Bauordnungsrecht. München: C. H. Beck, 2004. – ISBN 3-406-50443-416

2.6 Verkaufsstättenverordnung (VkV)

2.6.1 Inhaltsübersicht [1]

Aufgrund von Art. 90 Abs. 1 Nrn. 3 und 5 der Bayerischen Bauordnung (BayBO) und Art. 38 Abs. 3 des Landesstraf- und Verordnungsgesetzes erlässt das Bayerische Staatsministerium des Innern Verordnung über den Bau und Betrieb von Verkaufsstätten (Verkaufsstättenverordnung – VkV) vom 6. November 1997.

Wie ist die Verordnung über den Bau und Betrieb von Verkaufsstätten (Verkaufsstättenverordnung – VkV) aufgebaut?

Die Regelungen in der Verordnung über den Bau und Betrieb von Verkaufsstätten sind nach der Inhaltsübersicht in 34 Paragrafen gefasst.

Im einleitenden Teil findet man die Informationen zum Inhalt, zum Anwendungsbereich und zu den Begriffsdefinitionen (**Tabelle 2.17**).

Einleitender Teil		
Inhaltsübersicht	**§ 1**	**§ 2**
	Anwendungsbereich	Begriffe

Tabelle 2.17 Einleitender Teil der Verkaufsstättenverordnung (VkV)

In den §§ 3 bis 16 sind im Wesentlichen hochbauliche Forderungen enthalten (**Tabelle 2.18**).

Teil „Hochbau“						
§ 3	**§ 4**	**§ 5**	**§ 6**	**§ 7**	**§ 8**	**§ 9**
Tragende Wände, Pfeiler und Stützen	Außenwände	Trennwände	Brandabschnitte	Decken	Dächer	Bekleidungen, Dämmstoffe, Bodenbeläge
§ 10	**§ 11**	**§ 12**	**§ 13**	**§ 14**	**§ 15**	**§ 16**
Rettungswege in Verkaufsstätten	Treppen	Treppenräume, Treppenraumerweiterungen	Ladenstraßen, Flure, Hauptgänge	Ausgänge	Türen in Rettungswegen	Rauchabführung

Tabelle 2.18 Teil „Hochbau“ der Verkaufsstättenverordnung (VkV)

Die Belange der Betriebs- und Sicherheitstechnik werden im Wesentlichen in den §§ 17 bis 21 geregelt (**Tabelle 2.19**).

Teil „Betriebs- und Sicherheitstechnik“				
§ 17	**§ 18**	**§ 19**	**§ 20**	**§ 21**
Beheizung	Sicherheits-beleuchtung	Blitzschutz-anlagen	Feuerlöscheinrichtungen, Brandmeldeanlagen und Alarmierungseinrichtungen	Sicherheitsstrom-versorgungsanlagen

Tabelle 2.19 Teil „Betriebs- und Sicherheitstechnik“ der Verkaufsstättenverordnung (VkV)

Raumanordnungen, Rettungswege, Behindertenstellplätze, Ablauf bei Brand und Gefahren, Verantwortlichkeiten, zusätzliche Bauvorlagen, Prüfungen und weitere Anforderungen sind in den §§ 22 bis 31 festgelegt (**Tabelle 2.20**).

Teil „Weitere Regelungen“				
§ 22	**§ 23**	**§ 24**	**§ 25**	**§ 26**
Lage der Verkaufsräume	Räume für Abfälle zur Beseitigung und Verwertung	Gefahren-verhütung	Rettungswege auf dem Grundstück, Flächen für die Feuerwehr	Verantwortliche Personen
§ 27	**§ 28**	**§ 29**	**§ 30**	**§ 31**
Brandschutz-ordnung	Stellplätze für Behinderte	Zusätzliche Bauvorlagen	Prüfungen	Weitergehende Anforderungen

Tabelle 2.20 Teil „Weitere Regelungen“ der Verkaufsstättenverordnung (VkV)

Im abschließenden Teil sind in den §§ 32 bis 34 Übergangsvorschriften, Ordnungswidrigkeiten und Inkrafttreten festgeschrieben (**Tabelle 2.21**).

Abschließender Teil		
§ 32	**§ 33**	**§ 34**
Übergangsvorschriften	Ordnungswidrigkeiten	Inkrafttreten

Tabelle 2.21 Abschließender Teil der Verkaufsstättenverordnung (VkV)

2.6.2 Sicherheitstechnische Anlagen [1]

Für welche Verkaufsstätten ist die Verkaufsstättenverordnung anzuwenden?

Der Anwendungsbereich ist in § 1 der Verkaufsstättenverordnung Bayern definiert und in **Bild 2.53** dargestellt.

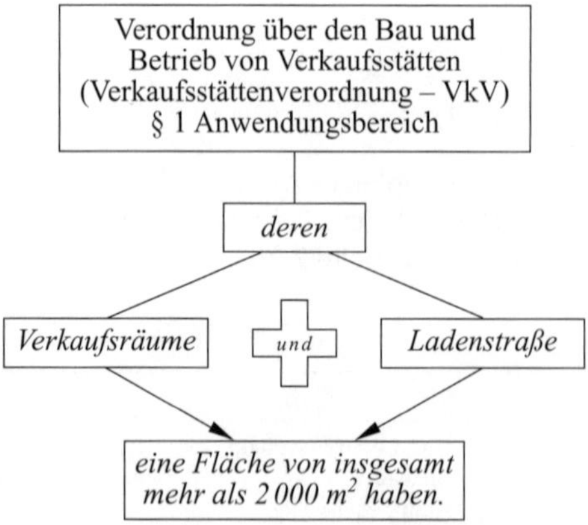

Bild 2.53 Anwendungsbereich der Verkaufsstättenverordnung am Beispiel VkV Bayern

Was versteht man unter Verkaufsstätten im Sinne der Verkaufsstättenverordnung?

Am Beispiel der Verkaufsstättenverordnung Bayern werden die notwendigen Begriffe erläutert:

- Verkaufsstätte (**Bild 2.54** und **Bild 2.55**),
- erdgeschossige Verkaufsstätten (**Bild 2.56**),
- Verkaufsräume (**Bild 2.57** und **Bild 2.58**),
- Ladenstraße (**Bild 2.59** und **Bild 2.60**),
- Treppenraumerweiterungen (**Bild 2.61**).

Nach § 2 (6) VkV Bayern sind Flächen von Gebäuden, Geschossen und Räumen als Brutto-Grundfläche zu ermitteln, wenn nichts anderes geregelt ist.

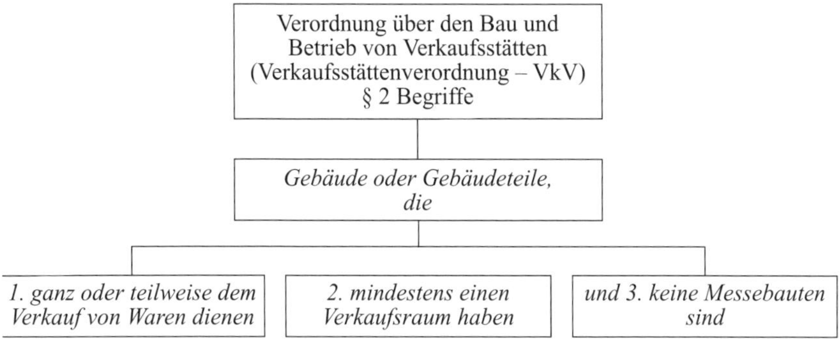

Bild 2.54 Gebäude und Gebäudeteile gemäß Verkaufsstättenverordnung am Beispiel VkV Bayern

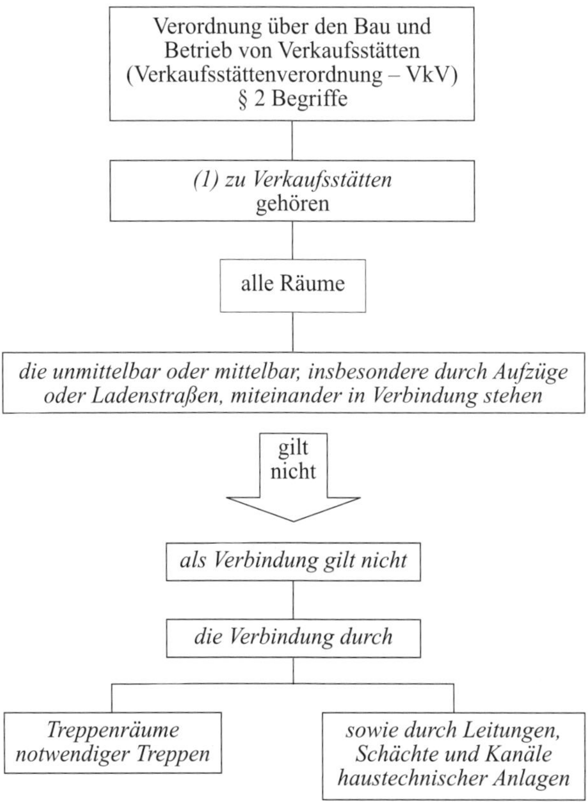

Bild 2.55 Räume und Verbindungen – Definition einer Verkaufsstätte nach Verkaufsstättenverordnung am Beispiel VkV Bayern

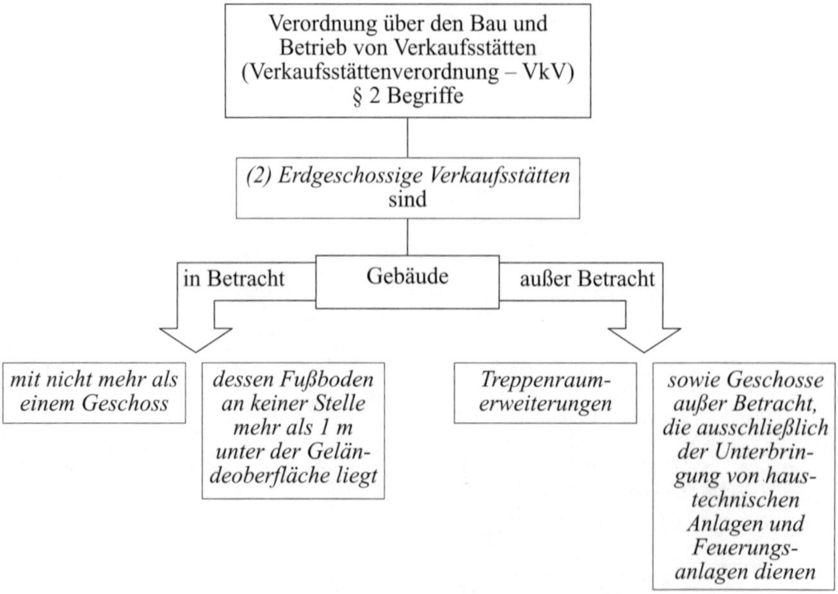

Bild 2.56 Erdgeschossige Verkaufsstätten nach Verkaufsstättenverordnung am Beispiel VkV Bayern

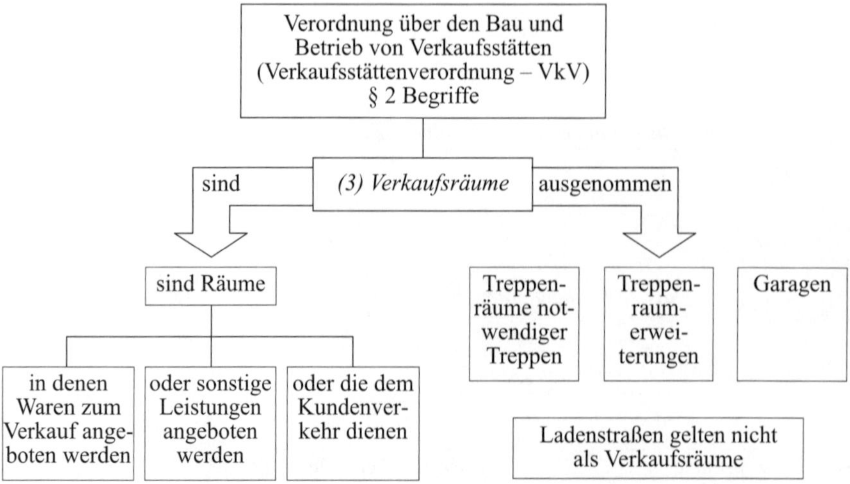

Bild 2.57 Definition von Verkaufsräumen nach Verkaufsstättenverordnung am Beispiel VkV Bayern

Bild 2.58 Verkaufsraum nach Verkaufsstättenverordnung

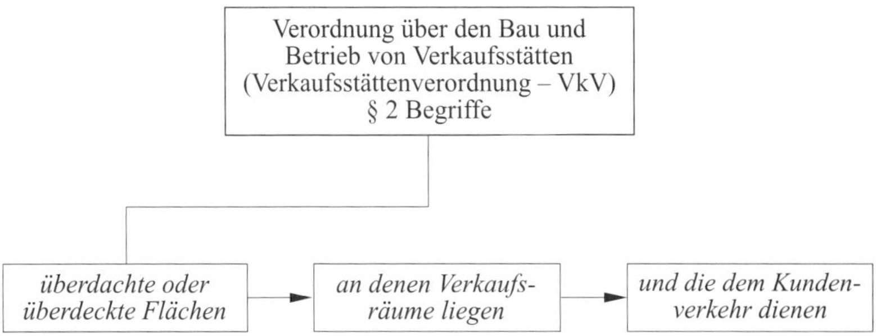

Bild 2.59 Definition Ladenstraßen nach Verkaufsstättenverordnung am Beispiel VkV Bayern

Bild 2.60 Ladenstraßen nach Verkaufsstättenverordnung

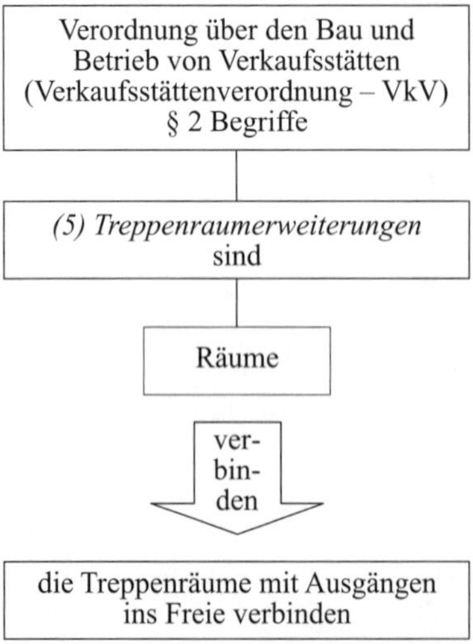

Bild 2.61 Definition von Treppenraumerweiterungen nach Verkaufsstättenverordnung am Beispiel VkV Bayern

2.6.2.1 Schaltungstechnische Forderungen zur Rauchabführung im Brandfall

Rauchabzugsanlagen nach § 16 (2) VkV Bayern müssen von Hand und automatisch durch Rauchmelder ausgelöst werden können. Sie sind an der Bedienungsstelle mit der Aufschrift „Rauchabzug" zu versehen, **Bild 2.63**.

Erläuterungen zur technischen Ausführung von Rauchabzugsanlagen und Lüftungsanlagen finden sich in Kapitel 1.8.2 „Anlagentechnischer Brandschutz" dieses Buchs.

Welche Anlagen und schaltungstechnischen Forderungen zur Rauchabführung im Brandfall enthält die Verkaufsstättenverordnung?

Im § 16 der VkV werden Forderungen für und an

- Rauchabzugsanlagen,
- Lüftungsanlagen zur Rauchabführung und
- Rauchmeldern

gestellt. Einsatzorte und schaltungstechnische Forderungen sind in **Bild 2.62** dargestellt.

Verordnung über den Bau und Betrieb von Verkaufsstätten (Verkaufsstättenverordnung – VkV) Rauchabführung

Ort, Lage		elektrotechnische Anlage	schaltungstechnische Forderungen
§ 16 Rauchabführung (1) 1 Verkaufsräume ohne notwendige Fenster nach Art. 45 Abs. 2 BayBO sowie Ladenstraßen	müssen	*ausreichende Rauchabzugsanlagen haben*	
§ 16 in Verkaufsstätten mit Sprinkleranlagen	genügen	*Lüftungsanlagen*	*... die im Brandfall so betrieben werden können, dass sie nur entlüften und die Zweckbestimmung von Absperrvorrichtungen gegen Brandübertragung dies zulässt.*
§ 16 (2) 1 Rauchabzugsanlagen	müssen	*Rauchmelder haben*	*... von Hand und automatisch durch Rauchmelder ausgelöst werden können; sie sind an den Bedienungsstellen mit der Aufschrift „Rauchabzug" zu versehen. 2 An den Bedienungseinrichtungen muss erkennbar sein, ob die Rauchabzugsanlage offen oder geschlossen ist.*
§ 16 (3) 1 Innen liegende Treppenräume notwendiger Treppen	müssen	*Rauchabzugsanlagen haben*	*Die Rauchabzugsvorrichtungen müssen von jedem Geschoss aus zu öffnen sein.*

Bild 2.62 Forderungen an die Rauchabführung in der Verkaufsstättenverordnung

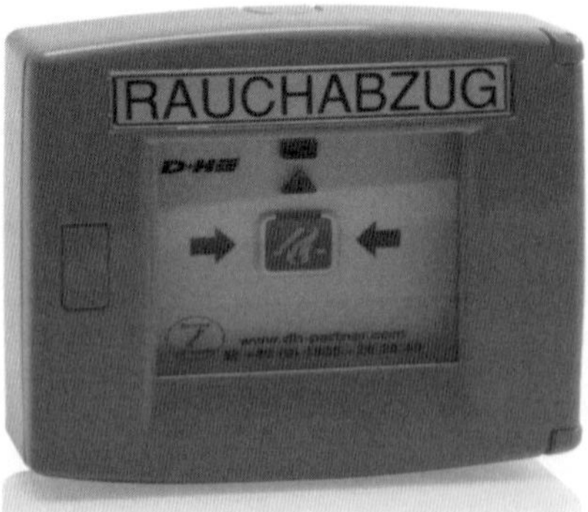

Bild 2.63 Bedienungsstelle mit der Aufschrift „Rauchabzug" –
Rauchabzugsanlagen nach Verkaufsstättenverordnung, z. B. § 16 (2) VkV Bayern
Quelle: D+H Mechatronic AG, Ammersbek [2]

2.6.2.2 Beleuchtung von Rettungswegen [1]

Wie sind Rettungswege in Verkaufsstätten nach der VkV zu beleuchten?

Für Rettungswege in Verkaufsstätten sind nach § 10 VkV

- Stufenbeleuchtung und
- beleuchtete Sicherheitszeichen

vorzusehen.

Die schaltungstechnischen Forderungen sind in **Bild 2.64** dargestellt.

Die Verkaufsstättenverordnung (z. B. § 10 (7) 1 VkV Bayern) fordert, dass an Kreuzungen der Ladenstraßen und der Hauptgänge sowie an Türen im Zug von Rettungswegen durch beleuchtete Sicherheitszeichen (**Bild 2.65**) deutlich und dauerhaft auf die Ausgänge hinzuweisen ist.

Verordnung über den Bau und Betrieb von Verkaufsstätten (Verkaufsstättenverordnung – VkV) Brandabschnitte, Rettungswege

Ort, Lage	elektrotechnische Anlage	schaltungstechnische Forderungen
§ 10 Rettungswege in Verkaufsstätten → müssen	*Stufenbeleuchtung, beleuchtete Sicherheitszeichen haben* →	*(6) 1 In Rettungswegen ist nur eine Folge von mind. drei Stufen zulässig. 2 Die Stufen müssen eine Stufenbeleuchtung haben. (7) 1 An Kreuzungen der Ladenstraßen und der Hauptgänge sowie an Türen im Zug von Rettungswegen ist durch beleuchtete Sicherheitszeichen deutlich und dauerhaft auf die Ausgänge hinzuweisen ...*

Bild 2.64 Forderungen für und an elektrotechnische Anlagen in Rettungswege gemäß der Verkaufsstättenverordnung

Bild 2.65 Beleuchtetes Sicherheitszeichen an der Tür im Zug des Rettungswegs in der Verkaufsstätte

2.6.2.3 Technische Ausstattungen von Türen in Rettungswegen [1]

Welche technischen Ausstattungen müssen Türen in Rettungswegen von Verkaufsstätten nach der Verkaufsstättenverordnung haben?

Gemäß § 15 der VkV müssen Türen in Rettungswegen

- rauchdicht und
- selbstschließend

sein.

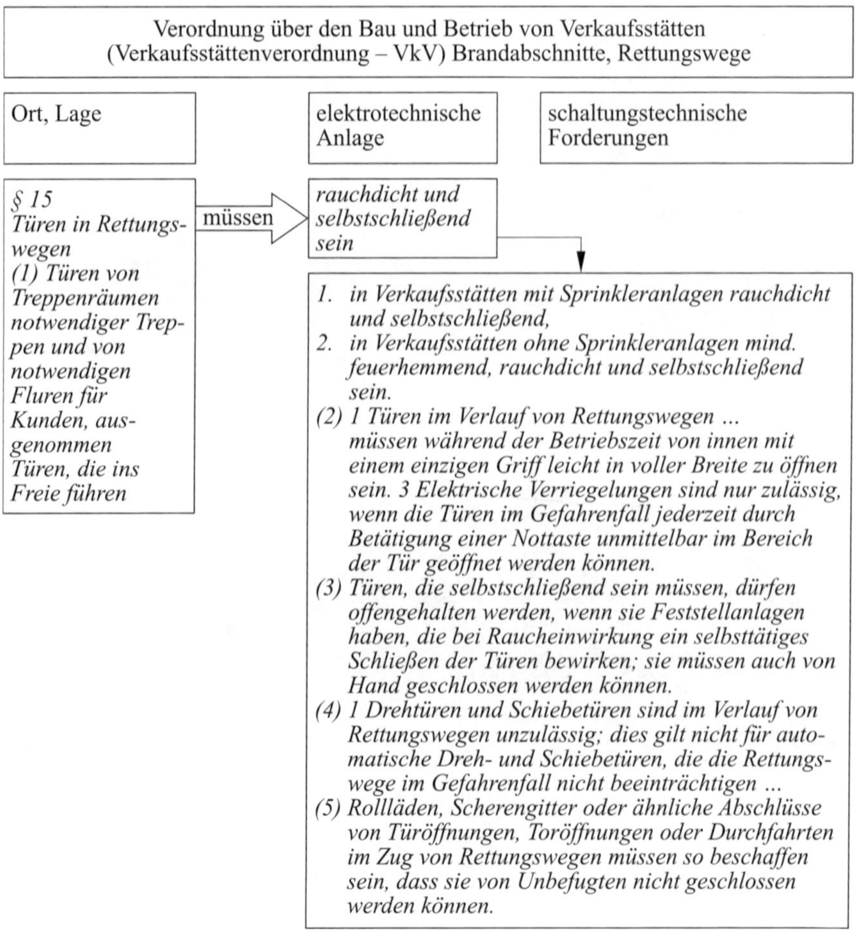

Bild 2.66 Forderungen an die technischen Ausstattungen von Türen in Rettungswegen

Die schaltungstechnischen Zusammenhänge sind in **Bild 2.66** dargestellt.

Die Verkaufsstättenverordnung (z. B. § 15 (2) 3 VkV Bayern) regelt, dass für Türen in Rettungswegen elektrische Verriegelungen nur zulässig sind, wenn die Tür im Gefahrfall jederzeit durch Betätigung einer Nottaste im Bereich der Tür geöffnet werden kann (**Bild 2.67**). Ein mögliches Installationsschema zeigt **Bild 2.68**.

Die Verkaufsstättenverordnung (z. B. § 15 (3) VkV Bayern) regelt, dass Türen in Rettungswegen, die selbstschließend sein müssen, offen gehalten werden dürfen, wenn sie Feststellanlagen haben, die bei Raucheinwirkung ein selbsttätiges Schließen der Türen bewirken, **Bild 2.69**.

Bild 2.67 Tür im Rettungsweg mit elektrischer Verriegelung und Nottaster –
1 Nottaster,
2 Türverriegelung
Quelle: Dorma GmbH & Co. KG, Ennepetal [3]

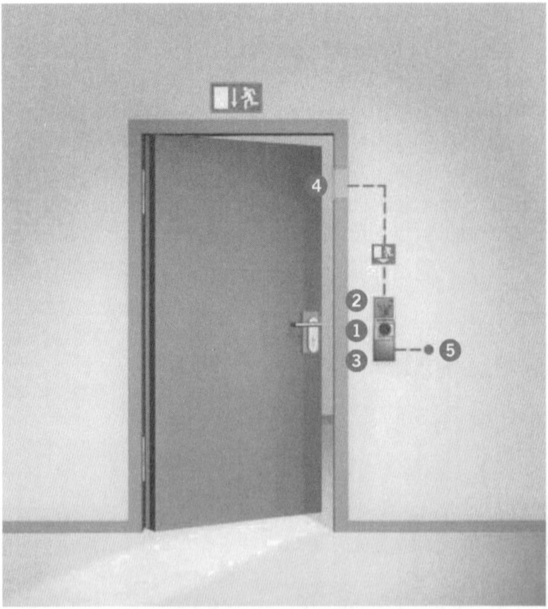

1 Nottaster,
2 Schlüsseltaster,
3 Steuerung,
4 Türverriegelung,
5 Spannungsversorgung

Bild 2.68 Tür im Rettungsweg mit elektrischer Verriegelung und Nottaster (Schema)
Quelle: Dorma GmbH & Co. KG, Ennepetal [3]

Bild 2.69 Offen gehaltene Tür im Rettungsweg einer Verkaufsstätte mit Feststellanlage

Wie ist die Funktionsweise einer Feststellanlage für eine zweiflüglige Drehtür? (Bild 2.70, [5])

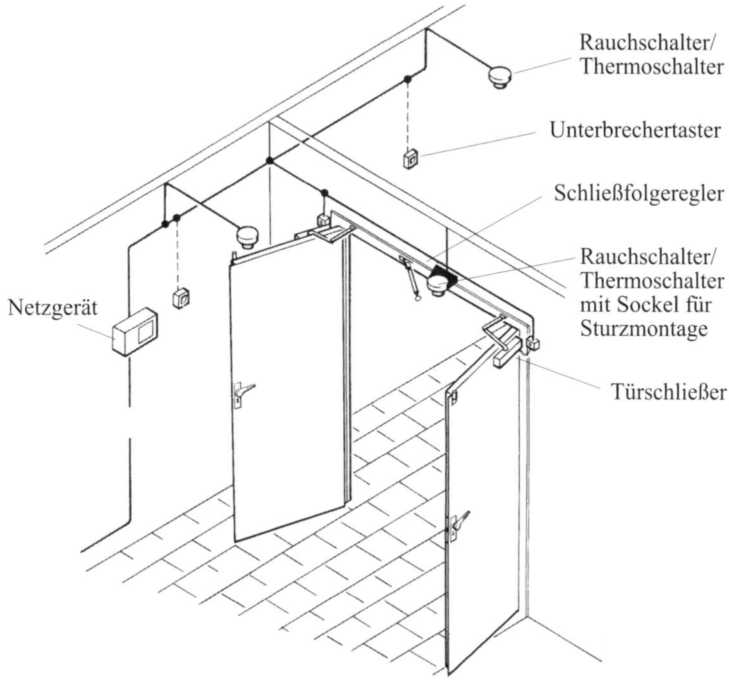

Bild 2.70 Beispiel einer Türschließanlage für eine zweiflügelige Drehtür
Quelle: Brandschutz-Technik und Rauchabzug GmbH, Hamburg [4]

Der Türschließer wird in Verbindung mit dem Rauchschalter/Thermostatschalter und dem Netzgerät als Feststellanlage für Feuerschutzabschlüsse und rauchdichte Abschlüsse, hier die zweiflüglige Drehtür, eingesetzt. Die Feststellung erfolgt hydraulisch beim Türschließer. Wird die Tür von Hand betätigt (oder bei Stromausfall) öffnet ein elektromagnetisch gesteuertes Ventil – der Türschließer schließt die Tür. Dieser Vorgang wird im Brandfall automatisch über Rauchschalter/Thermoschalter und Netzgerät ausgelöst.

Die Schließfolge für die Türflügel bestimmt ein Schließfolgeregler. Die Tür wird zum Feststellen bis zum gewünschten Türöffnungswinkel (z. B. zwischen 80° und 180° stufenlos) geöffnet und losgelassen. Über einen Unterbrechungstaster kann das Schließen der Tür auch manuell eingeleitet werden. Die geltenden Vorschriften sowie DIBt-Richtlinien und die Installationsbereiche für Rauchmelder sind zu beachten.

2.6.2.4 Anlagen zur Alarmierung und Brandbekämpfung [1]

Welche Anlagen zur Alarmierung und Brandbekämpfung werden in Verkaufsstätten nach der Verkaufsstättenverordnung gefordert?

In der Verkaufsstättenverordnung im § 20 werden

- Sprinkleranlagen,
- Brandmeldeanlagen und
- Alarmierungseinrichtungen

gefordert.

Die schaltungstechnischen Forderungen sind in **Bild 2.71** dargestellt.

Die Verkaufsstättenverordnung (z. B. § 20 (1) 1, 2 VkV Bayern) fordert Sprinkleranlagen und geeignete Brandmeldeanlagen in Verkaufsstätten. Beispiele für eine Sprinkleranlage und Brandmelder in einer Ladenstraße bzw. einem Verkaufsraum zeigen **Bild 2.72** und **Bild 2.73**.

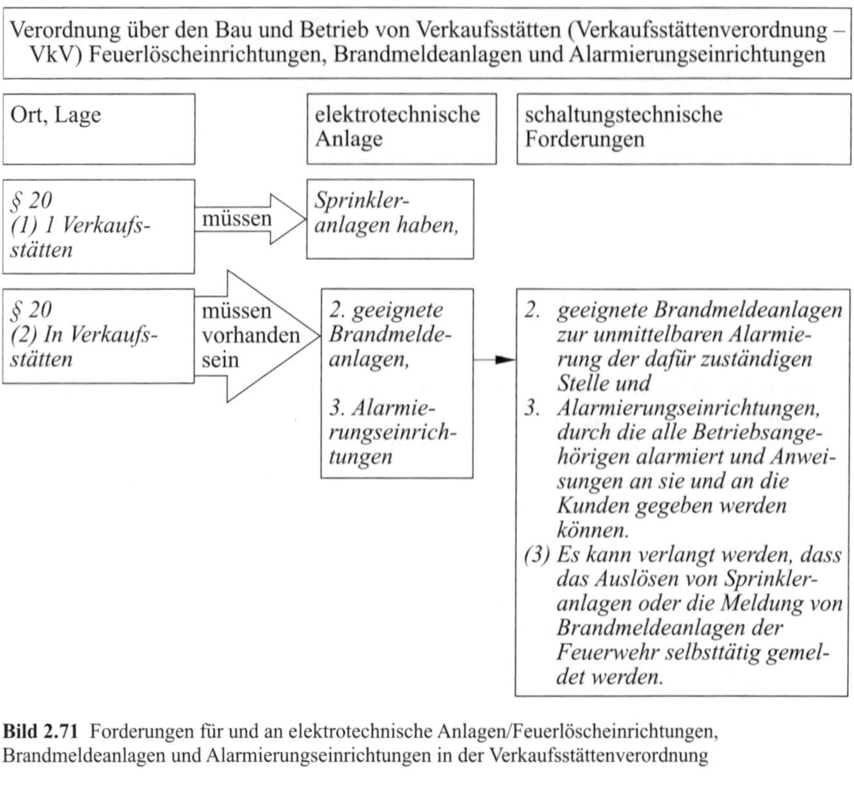

Bild 2.71 Forderungen für und an elektrotechnische Anlagen/Feuerlöscheinrichtungen, Brandmeldeanlagen und Alarmierungseinrichtungen in der Verkaufsstättenverordnung

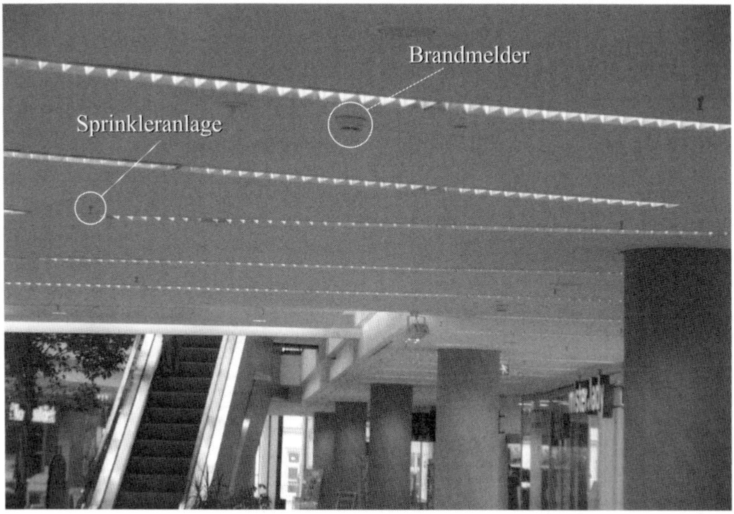

Bild 2.72 Beispiel für Sprinkleranlage und Brandmelder in einer Ladenstraße

Bild 2.73 Beispiel für Sprinkleranlage und Brandmelder im Verkaufsraum

Erläuterungen zur technischen Ausführung von Sprinkleranlagen finden sich in Kapitel 1.8.2 „Anlagentechnischer Brandschutz“ dieses Buchs.

Welche Anforderungen an die Ansteuerung von Brandschutzeinrichtungen, z. B. Feuerlöschanlagen, durch die Brandmeldeanlage (BMA) stellt die DIN VDE 0833-2:2009-06?
(Aufzählung nicht abschließend)

In DIN VDE 0833-2:2009-06 gibt es in Abschnitt 5 „Anforderungen an die Ansteuerung von Brandschutzeinrichtungen" Regelungen zur Ansteuerung von Brandschutzeinrichtungen, z. B. Feuerlöschanlagen durch die Brandmeldezentrale (BMZ):

- Grundsätzlich muss die Ansteuerung der elektrischen Steuereinrichtung einer Brandschutzeinrichtung durch die Ansteuereinrichtung der Brandmeldezentrale über eine Schnittstelle erfolgen, **Bild 2.74**.
- Über überwachte Übertragungswege müssen Störmeldungen von Brandschutzeinrichtungen an die BMZ erfolgen. Die Steuereinrichtung der Brandschutzeinrichtung überwacht der Übertragungsweg zur Ansteuerung der elektrischen Steuereinrichtung von Brandschutzeinrichtungen.
- Über überwachte Übertragungswege muss die direkte Ansteuerung einer Brandschutzeinrichtung durch die BMZ erfolgen.

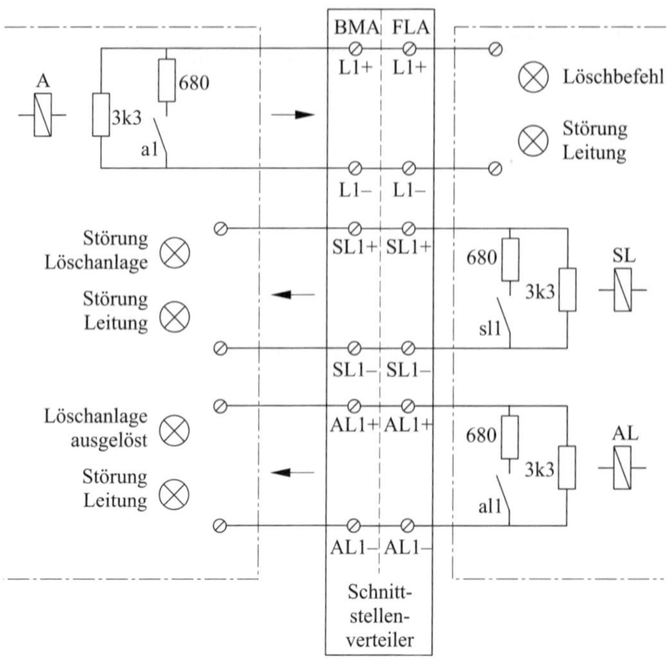

Bild 2.74 Beispiel für eine Standardschnittstelle Brandmeldezentrale (BMZ) und Löschanlage
Quelle: DIN VDE 0833-2:2009-06, Bild D.1

- Lösch- oder Auslösebefehle von Ansteuereinrichtungen der Brandmeldeanlage an die Feuerlöschanlage müssen je Löschbereich übertragen werden.
- Störungsmeldungen aus der Feuerlöschanlage an die Brandmeldezentrale müssen als Sammelstörung übertragen werden.
- Bei der Ansteuerung der Feuerlöschanlage muss sichergestellt sein, dass im Fall einer Störung in einer Ansteuereinrichtung der BMZ maximal ein Löschbereich der Löschanlage ausfällt. Es darf höchstens in einem Löschbereich eine Fehlerauslösung auftreten.
- Die Personenschutzmaßnahmen müssen bei Feuerlöschanlagen mit Personengefährdung sowohl bei einer Auslösung im Brandfall als auch bei einer Fehlauslösung eingehalten werden.

2.6.2.5 Blitzschutzanlagen [1]

Werden für Verkaufsstätten Blitzschutzanlagen nach der VkV gefordert?

In § 19 VkV wird die Forderung nach Blitzschutzanlagen für Verkaufsstätten gestellt (**Bild 2.75**).

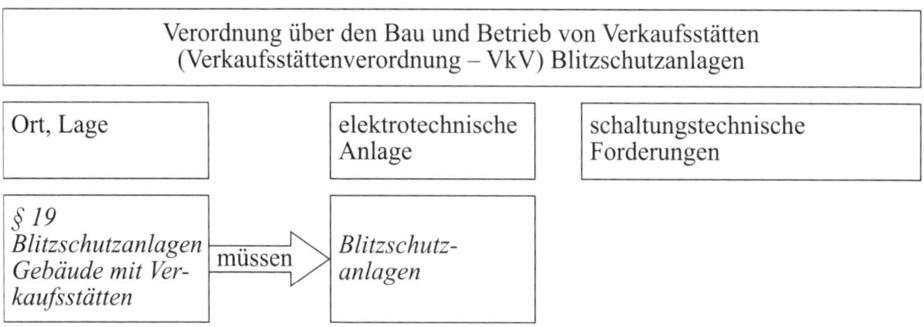

Bild 2.75 Forderungen an Blitzschutzanlagen in der Verkaufsstättenverordnung

2.6.2.6 Öffnungen in Brandwänden [1]

Wann sind Öffnungen in Brandwänden von Verkaufsstätten nach der VkV zulässig?

Öffnungen in Brandwänden von Brandabschnitten in Verkaufsstätten sind nach § 6 VkV zulässig, wenn sie durch

- Feststellanlagen

verschließbar sind.
Die schaltungstechnischen Forderungen sind in **Bild 2.76** dargestellt.

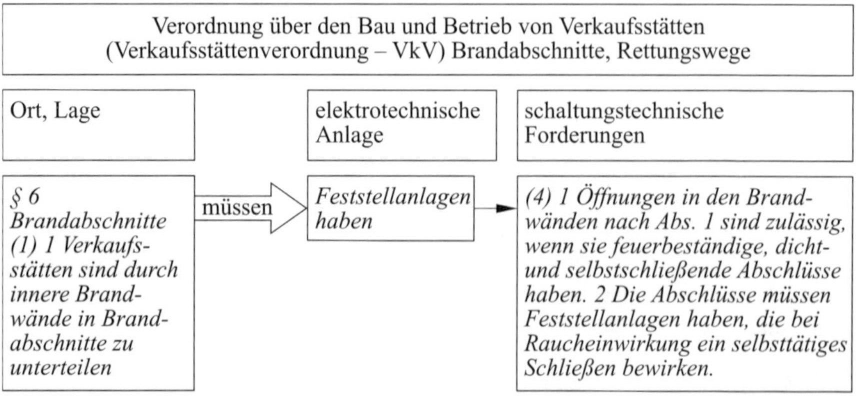

Bild 2.76 Forderungen an Brandabschnitte nach der Verkaufsstättenverordnung

Nach der Verkaufsstättenverordnung (z. B. § 6 (4) 1 VkV Bayern) sind Öffnungen in den Brandwänden zulässig, wenn sie feuerbeständige, dicht- und selbstschließende Abschlüsse haben. Die Abschlüsse müssen Feststellanlagen haben, die bei Raucheinwirkung ein selbsttätiges Schließen bewirken.

Welche Anforderungen an Feststellanlagen für Feuerschutzabschlüsse (FSA) stellt die DIN VDE 0833-2:2009-06?
(Aufzählung nicht abschließend)

In DIN VDE 0833-2:2009-06 [5] sind im Abschnitt 5 „Anforderungen an die Ansteuerung von Brandschutzeinrichtungen“ Regelungen zu Feststellanlagen für Feuerschutzabschlüsse (FSA) getroffen:

- Melder und andere Teile der Brandmeldeanlage (BMA) dürfen in FSA verwendet werden.
- Die DIBt-Richtlinien sind einzuhalten.
- Zulässig ist die zusätzliche Ansteuerung der FSA durch weitere Brandmelder oder Meldegruppen.
- Übertragungseinrichtungen dürfen nicht durch Brandmelder der FSA angesteuert werden.
- Bei Alarm (Brandmeldung), Störungen, wie Unterbrechung, Kurzschluss, Ausfall der Netzspannung oder Handauslösung, muss die Auslösevorrichtung die angeschlossene Feststellvorrichtung sicher und unverzüglich auslösen, spannungslos schalten.
- Schaltet die zugeordnete Meldergruppe oder ein Melder dieser Gruppe ab, muss dies zur Auslösung der Feststellvorrichtung führen. Das Abschalten der weiteren Brandmelder oder der Meldergruppe, die eine zusätzliche Auslösung bewirken, muss nicht zur Auslösung der Feststellanlage führen.

- Die Feststellanlage braucht bei Störungen der BMA, die keinen Funktionsverlust der FSA zur Folge haben, nicht ausgelöst werden.

Zum Schließen der Öffnungen in den Brandwänden nach Verkaufsstättenverordnung (z. B. § 6 (4) 1 VkV Bayern) in Kaufhäusern und Einkaufzentren kommen, z. B. als feuerbeständige, dicht- und selbstschließende Abschlüsse, bauaufsichtlich zugelassene Feuerschutzrolltore zum Einsatz (**Bild 2.77** und **Bild 2.78**).

Bild 2.77 Feuerschutzrolltor im Kaufhaus
Quelle: Effertz Tore GmbH, Mönchengladbach [6]

Bild 2.78 Feuerschutzrolltor im Einkaufzentrum
Quelle: Effertz Tore GmbH, Mönchengladbach [6]

Gibt es Fahrtreppenabschlüsse gemäß Verkaufsstättenverordnung?

Öffnungen für Fahrtreppen (umgangssprachlich Rolltreppen) werden in den Brandwänden von Einkaufzentren (**Bild 2.79**) mit feuerbeständigen dicht- und selbstschließenden Abschlüssen ausgestattet. Beispiele sind in **Bild 2.80** und **Bild 2.81** dargestellt.

Bild 2.79 Offener Fahrtreppenabschluss im Einkaufzentrum
Quelle: Effertz Tore GmbH, Mönchengladbach [6]

Bild 2.80 Geschlossener Fahrtreppenabschluss im Einkaufzentrum
Quelle: Effertz Tore GmbH, Mönchengladbach [6]

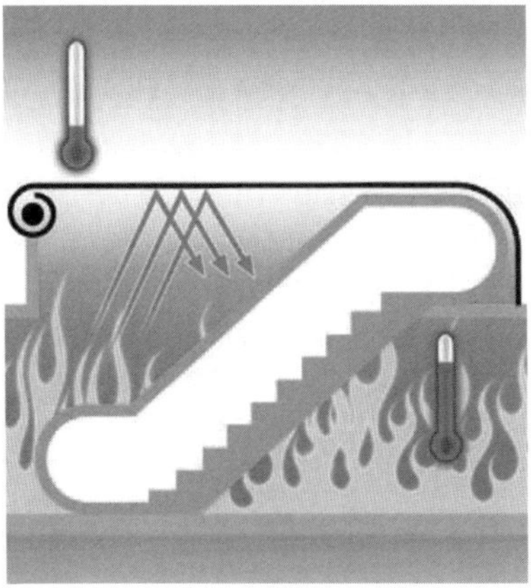

Bild 2.81 Schematische Darstellung eines geschlossenen Fahrtreppenabschlusses
Quelle: Effertz Tore GmbH, Mönchengladbach [6]

2.6.2.7 Sicherheitsbeleuchtung [1]

Wird in Verkaufsstätten eine Sicherheitsbeleuchtung nach der VkV gefordert?

Verkaufsstätten müssen nach § 18 VkV eine Sicherheitsbeleuchtung haben.

Die schaltungstechnischen Forderungen sind in **Bild 2.82** dargestellt.

Erläuterungen zur technischen Ausführung der Sicherheitsbeleuchtung finden sich in Kapitel 1.8.2 „Anlagentechnischer Brandschutz" in diesem Buch.

Verordnung über den Bau und Betrieb von Verkaufsstätten
(Verkaufsstättenverordnung – VkV) Sicherheitsbeleuchtung

Ort, Lage | elektrotechnische Anlage | schaltungstechnische Forderungen

§ 18 Sicherheitsbeleuchtung Verkaufsstätten → müssen → *eine Sicherheitsbeleuchtung haben* → *eine Sicherheitsbeleuchtung haben*

1. in Verkaufsräumen,
2. in Rettungswegen,
3. in Arbeits- und Pausenräumen,
4. in Toilettenräumen,
5. in elektrischen Betriebsräumen und Räumen für haustechnische Anlagen,
6. für Hinweisschilder auf Ausgänge und für Stufenbeleuchtung.

Bild 2.82 Sicherheitsbeleuchtung in der Verkaufsstättenverordnung

2.6.2.8 Sicherheitsstromversorgungsanlagen

Werden in Verkaufsstätten Sicherheitsstromversorgungsanlagen nach VkV verlangt?

Sicherheitsstromversorgungsanlagen werden für Verkaufsstätten in § 21 der VkV gefordert.

Die schaltungstechnischen Zusammenhänge zeigt **Bild 2.83**.

Erläuterungen zur technischen Ausführung von Sicherheitsstromversorgungsanlagen finden sich in Kapitel 1.8.2 „Anlagentechnischer Brandschutz“ in diesem Buch.

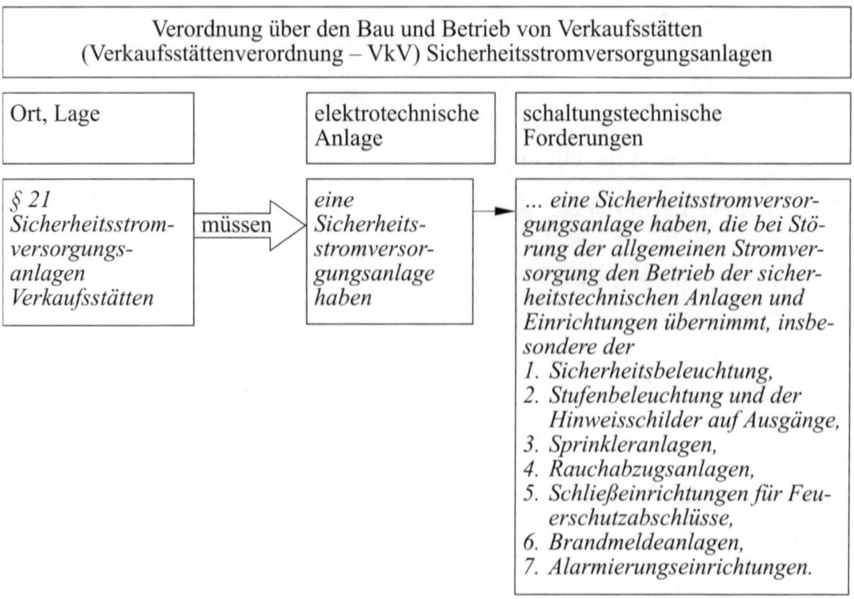

Bild 2.83 Sicherheitsstromversorgungsanlagen in der Verkaufsstättenverordnung

2.6.3 Verkaufsstättenverordnung (VkV) im Ländervergleich [7]

Für die Bundesländer Baden-Württemberg (BW), Berlin (Bln), Brandenburg (Bbg), Nordrhein-Westfalen (NRW), Rheinland-Pfalz (Rh-Pf), Sachsen-Anhalt (Sachs-Anh), Schleswig-Holstein (Schl-H), Thüringen (Thür) gibt es zu diesen Themen auch Verordnungen. In der nachstehenden **Tabelle 2.22** werden die einzelnen Verordnungen miteinander verglichen.

Bundesland	Überschrift der Verordnung (VO)	Wesentlicher Inhalt der Verordnung (VO)
Baden-Württemberg, BW	Verordnung über den Bau und Betrieb von Verkaufsstätten, Verkaufsstätten-Verordnung (VkVO)	offen
Bayern, Bay	Verordnung über den Bau und Betrieb von Verkaufsstätten, Verkaufsstätten-Verordnung (VkV)	Geltung für Verkaufsstätten > 2 000 m^2, umfassende Bauvorschriften für alle Bauteile, daneben Betriebsvorschriften zur Gefahrenverhütung, verantwortliche Personen, zusätzliche Bauvorlagen, turnusmäßige Prüfungen durch Sachverständige für Sicherheitstechnik, weitergehende Anforderungen des Brandschutzes bei $l_H > 8$ m
Brandenburg, Bbg	Verordnung über den Bau und Betrieb von Verkaufsstätten (BbgVBAuV)	wie Bay
Berlin, Bln	Verordnung über den Bau und Betrieb von Verkaufsstätten (VkVO)	wie Bay
Nordrhein-Westfalen, NRW	Verordnung über den Bau und Betrieb von Verkaufsstätten	> 2 000 m^2, Bau- und Betriebsvorschriften, Stellplätze für Behinderte (≥ 3 %), regelmäßige Prüfungen
Rheinland-Pfalz, Rh-Pf	Verordnung über den Bau und Betrieb von Verkaufsstätten (VkVO)	nicht belegt
Sachsen-Anhalt, Sachs-Anh	Richtlinie über den Bau von Verkaufsstätten	im Wesentlichen wie NRW
Schleswig-Holstein, Schl-H	Verordnung über den Bau und Betrieb von Verkaufsstätten (VkVO)	nicht belegt
Thüringen, Thür	Verordnung über den Bau und Betrieb von Verkaufsstätten (ThürVstVO)	wie Bay

Tabelle 2.22 Verordnungen zu Verkaufsstätten im Ländervergleich [3]

2.6.4 Literatur zu 2.6

[1] Verordnung über den Bau und Betrieb von Verkaufsstätten (Verkaufsstättenverordnung – VkV, Bayern) vom 6. November 1997. BayGVBl. 71 (1997) Nr. 27, S. 751–758. – ISSN 0005-7134

[2] D+H Mechatronic AG, Ammersbek: www.dh-partner.com

[3] Dorma GmbH & Co. KG, Ennepetal: www.dorma.de

[4] Brandschutz-Technik und Rauchabzug GmbH, Hamburg: www.btr-hamburg.de

[5] DIN VDE 0833-2 (**VDE 0833-2**):2009-06 Gefahrenmeldeanlagen für Brand, Einbruch und Überfall – Teil 2: Festlegungen für Brandmeldeanlagen. Berlin · Offenbach: VDE VERLAG

[6] Effertz Tore GmbH, Mönchengladbach: www.effertz.de

[7] *Reichel, G. H.*: 16. Kapitel Untergesetzliche Rechtsnormen und Ordnungswidrigkeiten – Teil 2: Rechtsverordnungen im Ländervergleich, Rn. 123, S. 1 234 in: *Reichel, G. H.* (Hrsg.); *Dageförde, H.-J.*: Handbuch Bauordnungsrecht. München: C. H. Beck, 2004. – ISBN 3-406-50443-416

2.7 Verordnung über den Bau und Betrieb von Versammlungsstätten (Versammlungsstättenverordnung – VStättV)

2.7.1 Inhaltsübersicht [1]

Aufgrund des Art. 80 Abs. 1 Satz 1 Nrn. 4 und 6 der Bayerischen Bauordnung (BayBO) in der Fassung der Bekanntmachung vom 14. August 2007 (GVBl. S. 588, BayRS 2132-1-I) und Art. 38 Abs. 1 Nrn. 2 bis 4 und Abs. 3 des Gesetzes über das Landesstrafrecht und das Verordnungsrecht auf dem Gebiet der öffentlichen Sicherheit und Ordnung – Landesstraf- und Verordnungsgesetz – LStVG – (BayRS 2011-2-I), zuletzt geändert durch § 2 des Gesetzes vom 27. Dezember 2004 (GVBl. S. 540), erlässt das Bayerische Staatsministerium des Innern die Verordnung über den Bau und Betrieb von Versammlungsstätten (Versammlungsstättenverordnung – VStättV).[4]

Wie ist die Versammlungsstättenverordnung strukturiert?

Die Verordnung besteht aus dem Inhaltsverzeichnis und sieben Teilen (**Tabelle 2.23**).

Teil 1	Teil 2	Teil 3	Teil 4	Teil 5	Teil 6	Teil 7
Allgemeine Vorschriften	Allgemeine Bauvor-schriften	Besondere Bauvor-schriften	Betriebs-vorschriften	Zusätzliche Bauvorlagen	Bestehende Versamm-lungsstätten	Schluss-vorschriften

Tabelle 2.23 Teile der VStättV

Was beinhalten die sieben Teile der VStättV?

Die gesetzlichen Regelungen sind in Paragrafen enthalten. Die nachfolgenden Übersichten zeigen dies: Im Teil 1 „Allgemeine Vorschriften" sind folgende Paragrafen enthalten (**Tabelle 2.24**).

Der Teil 2 „Allgemeine Bauvorschriften" gliedert sich in fünf Abschnitte (**Tabelle 2.25**).

4 Die Verpflichtungen aus der Richtlinie 98/34/EG des Europäischen Parlaments und des Rates vom 22. Juni 1998 über ein Informationsverfahren auf dem Gebiet der Normen und technischen Vorschriften (ABl. EG Nr. L 204 S. 37), zuletzt geändert durch die Richtlinie 98/48/EG des Europäischen Parlaments und des Rates vom 20. Juli 1998 (ABl. EG Nr. L 217 S. 18), sind beachtet worden.

Allgemeine Vorschriften
§ 1 Anwendungsbereich
§ 2 Begriffe

Tabelle 2.24 Allgemeine Vorschriften der VStättV

Abschnitt 1 Höhenlage	**Abschnitt 2 Bauteile und Baustoffe**	**Abschnitt 3 Rettungswege**	**Abschnitt 4 Besucherplätze und Einrichtungen für Besucher**	**Abschnitt 5 Technische Anlagen und Einrichtungen, besondere Räume**
§ 3 Versammlungsräume in Kellergeschossen	§ 4 Wände, Decken, Dächer	§ 6 Führung der Rettungswege	§ 10 Bestuhlung, Gänge und Stufengänge	§ 14 Sicherheitsstromversorgungsanlagen, elektrische Anlagen und Blitzschutzanlagen
	§ 5 Dämmstoffe, Unterdecken, Bekleidungen, Bodenbeläge und Sitze	§ 7 Bemessung der Rettungswege	§ 11 Abschrankungen und Schutzvorrichtungen	§ 15 Sicherheitsbeleuchtung
		§ 8 Treppen	§ 12 Toilettenräume	§ 16 Rauchableitung
		§ 9 Türen und Tore	§ 13 Stellplätze für Menschen mit Behinderung	§ 17 Heizungs- und Lüftungsanlagen
				§ 18 Stände und Arbeitsgalerien für Licht-, Ton-, Bild- und Regieanlagen
				§ 19 Feuerlöscheinrichtungen und -anlagen
				§ 20 Brandmelde- und Alarmierungsanlagen, Brandmelder- und Alarmzentrale, Brandfallsteuerung der Aufzüge
				§ 21 Werkstätten, Magazine und Lagerräume

Tabelle 2.25 Teil 2 „Allgemeine Bauvorschriften“

Abschnitt 1 **Großbühnen**	**Abschnitt 2** **Versammlungsstätten mit mehr als 5 000 Besucherplätzen**
§ 22 Bühnenhaus	§ 26 Räume für Lautsprecherzentrale, Polizei, Feuerwehr, Sanitäts- und Rettungsdienst
§ 23 Schutzvorhang	§ 27 Abschrankung und Blockbildung in Sportstadien mit mehr als 10 000 Besucherplätzen
§ 24 Feuerlösch- und Brandmeldeanlagen	§ 28 Wellenbrecher
§ 25 Platz für die Brandsicherheitswache	§ 29 Abschrankung von Stehplätzen vor Szenenflächen
	§ 30 Einfriedungen und Eingänge von Stadionanlagen

Tabelle 2.26 Teil 3 „Besondere Bauvorschriften“

Abschnitt 1 **Rettungswege, Besucherplätze**	**Abschnitt 2** **Brandverhütung**	**Abschnitt 3** **Betrieb technischer Einrichtungen**	**Abschnitt 4** **Verantwortliche Personen, besondere Betriebsvorschriften**
§ 31 Rettungswege, Flächen für die Feuerwehr	§ 33 Vorhänge, Ausstattungen, Requisiten und Ausschmückungen	§ 36 Bedienung und Wartung der technischen Einrichtungen	§ 38 Pflichten der Betreiber, Veranstalter und Beauftragten
§ 32 Besucherplätze nach dem Bestuhlungs- und Rettungswegeplan	§ 34 Aufbewahrung von Ausstattungen, Requisiten, Ausschmückungen und brennbarem Material	§ 37 Laseranlagen	§ 39 Verantwortliche für Veranstaltungstechnik
	§ 35 Rauchen, Verwendung von offenem Feuer und pyrotechnischen Gegenständen		§ 40 Aufgaben und Pflichten der Verantwortlichen für Veranstaltungstechnik, technische Probe
			§ 41 Brandsicherheitswache, Sanitäts- und Rettungsdienst
			§ 42 Brandschutzordnung, Feuerwehrpläne
			§ 43 Sicherheitskonzept, Ordnungsdienst

Tabelle 2.27 Teil 4 „Betriebsvorschriften“

Zusätzliche Bauvorlagen
§ 44 Zusätzliche Bauvorlagen, Bestuhlungs- und Rettungswegeplan
§ 45 Gastspielprüfbuch

Tabelle 2.28 Teil 5 „Zusätzliche Bauvorlagen“

Bestehende Versammlungsstätten	**Schlussvorschriften**
§ 46 Anwendung der Vorschriften auf bestehende Versammlungsstätten	§ 48 Ordnungswidrigkeiten
§ 47 Vorübergehende Verwendung von Räumen	§ 49 Inkrafttreten, Außerkrafttreten, Übergangsregelung

Tabelle 2.29 Teil 6 „Bestehende Versammlungsstätten“ und Teil 7 „Schlussvorschriften“

Der Teil 3 „Besondere Bauvorschriften“ ist in zwei Abschnitte gegliedert (**Tabelle 2.26**).

Der Teil 4 „Betriebsvorschriften“ ist in vier Abschnitte gegliedert (**Tabelle 2.27**).

Der Teil 5 „Zusätzliche Bauvorlagen“ enthält folgende Paragrafen (**Tabelle 2.28**).

Die Teile 6 „Bestehende Versammlungsstätten“ und 7 „Schlussvorschriften“ beinhalten nachstehende Paragrafen (**Tabelle 2.29**).

2.7.2 Technische Anforderungen in Versammlungsstätten [1]

Für welche Versammlungsstätten sind die Vorschriften der Versammlungsstättenverordnung anzuwenden?

Die Vorschriften der Versammlungsstättenverordnung (VStättV) gelten für den Bau und Betrieb von Versammlungsstätten und Stadien. In den jeweiligen Verordnungen der Länder (Tabelle 2.30) wird geregelt, für welche Versammlungsstätten die VStättV anzuwenden ist. Beispielsweise ist in der VStättV Bayern der Anwendungsbereich im § 1, Teil 1 „Allgemeine Vorschriften“ definiert. **Bild 2.84** zeigt die dazu geltenden Regelungen.

Die Anzahl der Besucher als Kriterium für die Anwendung der Versammlungsstättenverordnung wird nach der Versammlungsstättenverordnung getrennt ermittelt für

- Sitzplätze an Tischen,
- Sitzplätze in Reihen und für Stehplätze,
- Stehplätze auf Stufenreihen,
- Ausstellungsräume.

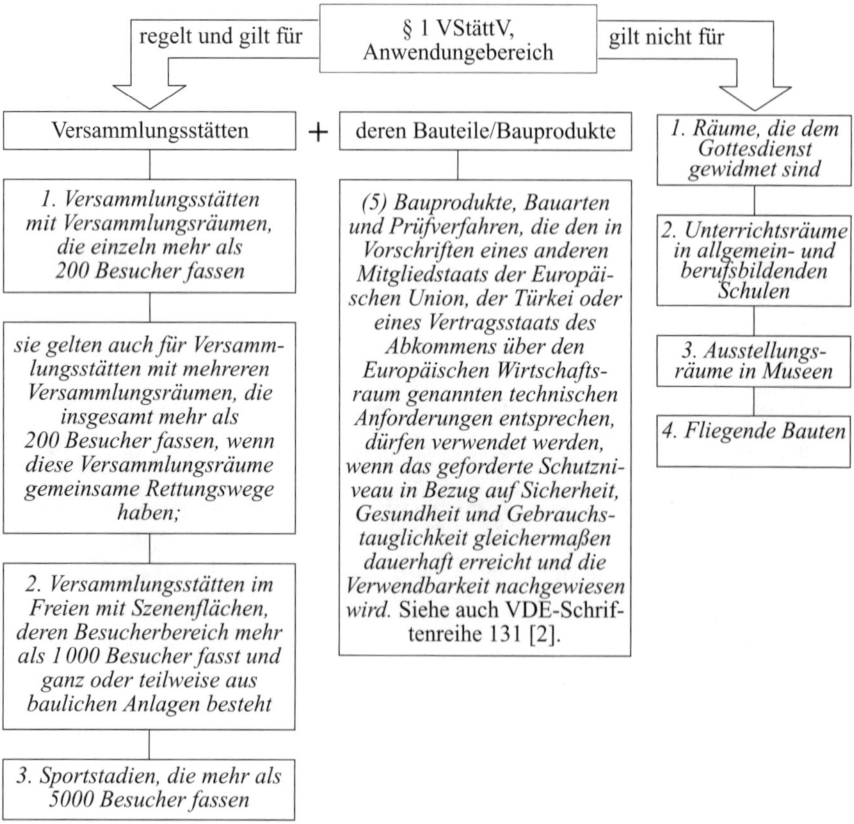

Bild 2.84 Anwendungsbereich der Versammlungsstättenverordnung am Beispiel VStättV Bayern

Im **Bild 2.85** werden die Berechnungsansätze der Versammlungsstättenverordnung dargestellt.

Was sind Versammlungsstätten im Sinne der Versammlungsstättenverordnung?

Nachfolgend werden die Definitionen

- Versammlungsstätten,
- erdgeschossige Versammlungsstätten,
- Versammlungsräume,
- Szenenflächen,
- Zuschauerhaus,
- Bühnenhaus,
- Bühnenöffnung,
- Bühne,

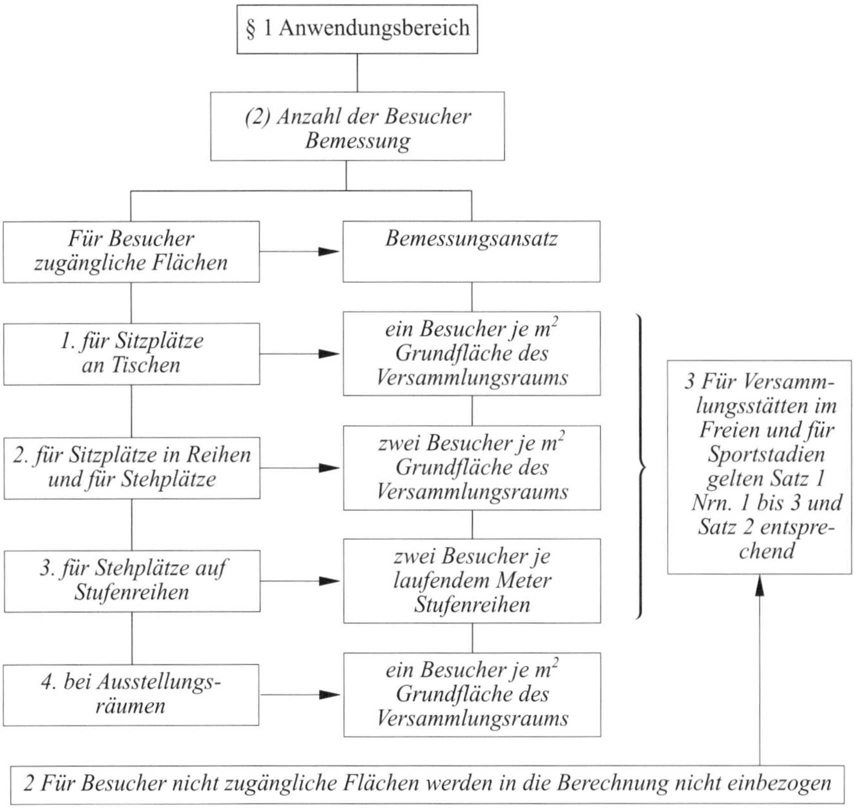

Bild 2.85 Bemessung der Besucherzahl nach Versammlungsstättenverordnung am Beispiel VStättV Bayern

- Großbühne,
- Unterbühne,
- Oberbühne,
- Mehrzweckhallen,
- Studios,
- Foyers,
- Ausstattungen,
- Requisiten,
- Ausschmückungen,
- Sportstadien,
- Tribünen,
- Innenbereich

am Beispiel der Versammlungsstättenverordnung VStättV Bayern, § 2 Begriffe, vorgestellt.

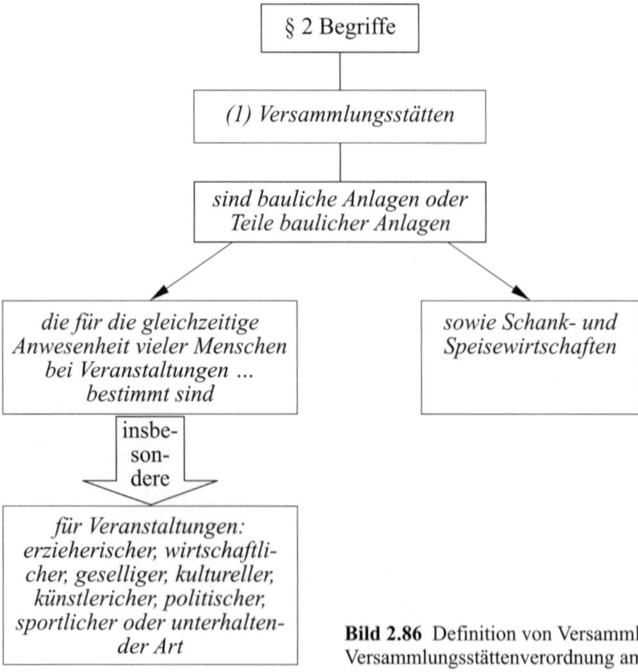

Bild 2.86 Definition von Versammlungsstätten nach Versammlungsstättenverordnung am Beispiel VStättV Bayern

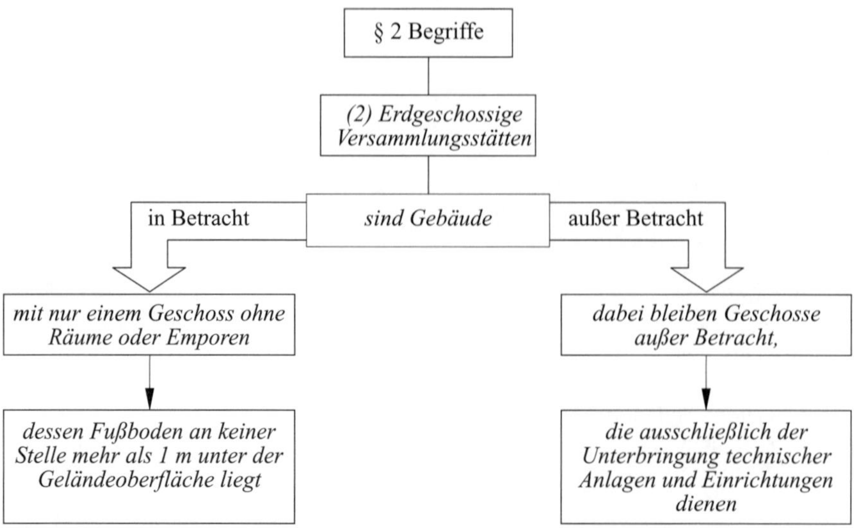

Bild 2.87 Definition erdgeschossige Versammlungsstätten nach Versammlungsstättenverordnung am Beispiel VStättV Bayern

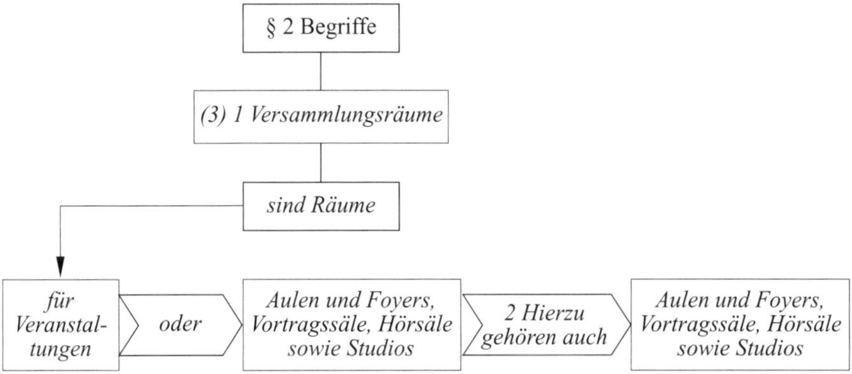

Bild 2.88 Definition Versammlungsräume nach Versammlungsstättenverordnung am Beispiel VStättV Bayern

Bild 2.86 und **Bild 2.87** zeigen die Definitionen für Versammlungsstätten und erdgeschossigen Versammlungsstätten nach Versammlungsstättenverordnung.

Bild 2.88 zeigt, welche Bereiche zu den Versammlungsräumen nach der Versammlungsstättenverordnung zählen.

Die Festlegungen für die Abgrenzungen der Szenenflächen nach Versammlungsstättenverordnung zeigt **Bild 2.89**.

Bild 2.89 Definition von Szenenflächen nach Versammlungsstättenverordnung am Beispiel VStättV Bayern

Die möglichen Bereiche und Bestandteile in Versammlungsstätten mit einem Bühnenhaus sind:

- Zuschauerhaus,
- Bühnenhaus,
- Bühnenöffnung,
- Bühne,
- Großbühne,
- Unterbühne,
- Oberbühne.

Die Beschreibung dieser Bereiche und Bestandteile nach Versammlungsstättenverordnung zeigen **Bild 2.90** und **Bild 2.91**.

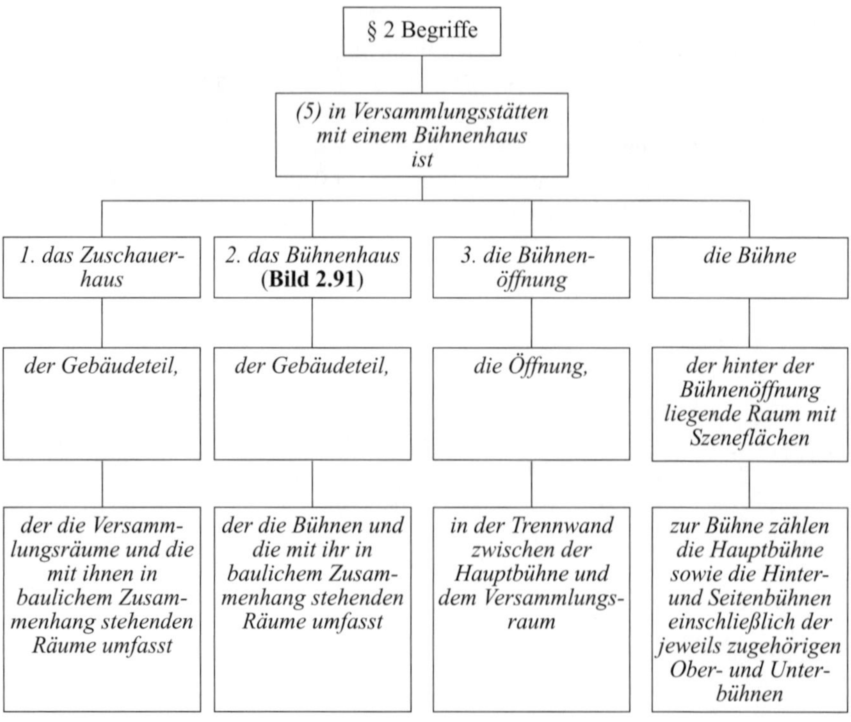

Bild 2.90 Zuschauerhaus, Bühnenhaus, Bühnenöffnung, Bühne nach Versammlungsstättenverordnung am Beispiel VStättV Bayern

Untergeschoss Bühnenhaus Saal 1

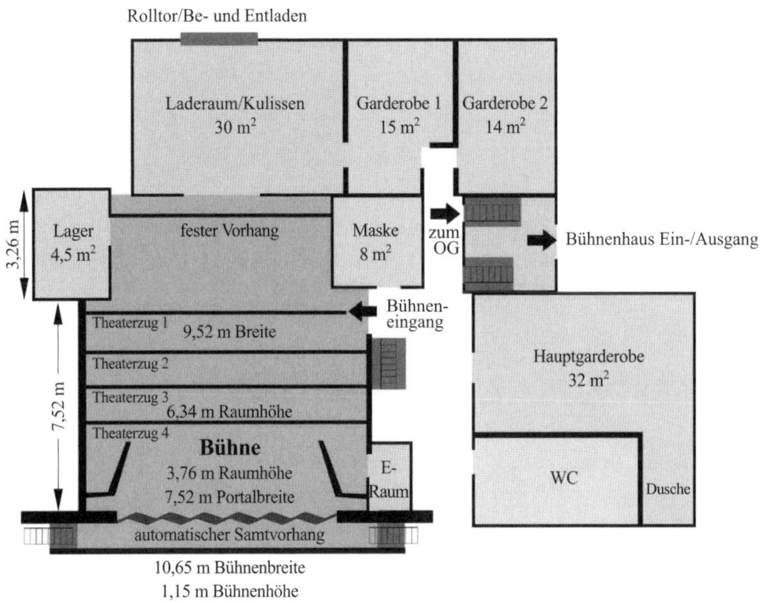

Obergeschoss

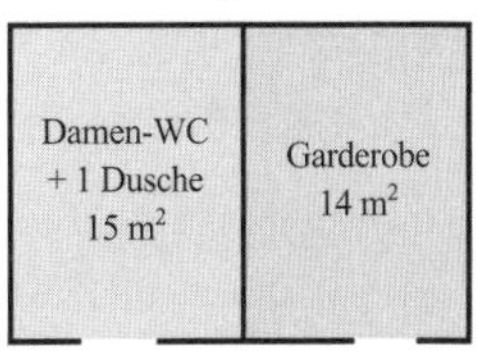

Theaterzüge:
4 mit je 2,5 kN Traglast

Strom an der Büne (E-Raum):
63 A,
32 A

Strom Reserve:
63 A in 10 m Entfernung ab Bühne

Bild 2.91 Beispiel für Aufbau eines Bühnenhauses
Quelle: Stadttheater Heide, www.stadttheater-heide.de

Bild 2.92 zeigt Erläuterungen zu den Bühnenarten gemäß der Versammlungsstättenverordnung.

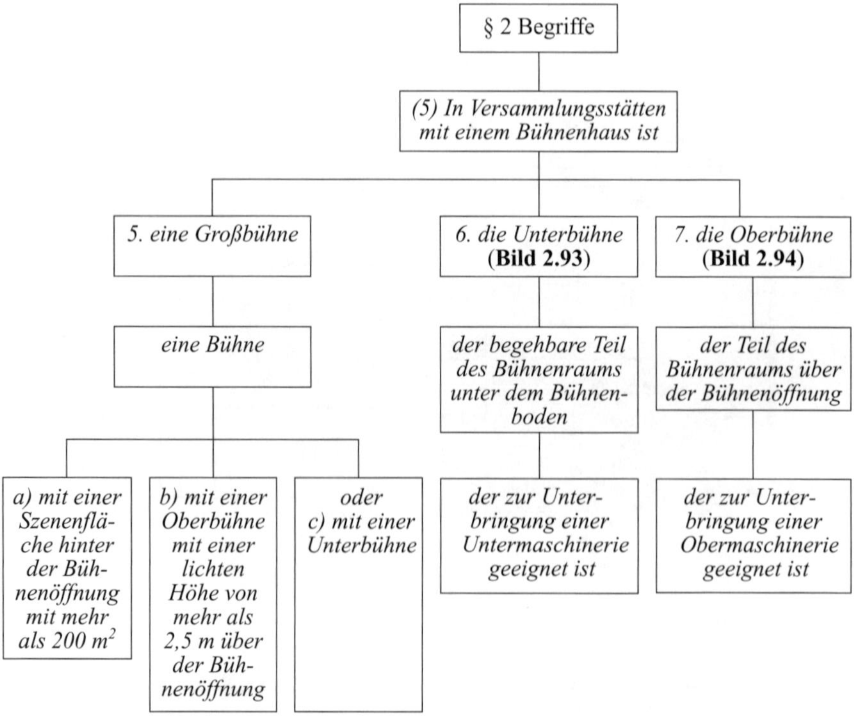

Bild 2.92 Großbühne, Unterbühne, Oberbühne nach Versammlungsstättenverordnung am Beispiel VStättV Bayern

Bild 2.93 Unterbühne Schauspielhaus Köln
Foto: *Elke Wetzig*/CC-BY-SA

Bild 2.94 Oberbühne im Nationaltheater Mannheim
Quelle: Wikipedia-Benutzer: AndreasPraefcke [CC-BY-SA 3.0]

Bild 2.95 und **Bild 2.96** beschreiben und zeigen Mehrzweckhallen nach der Versammlungsstättenverordnung.

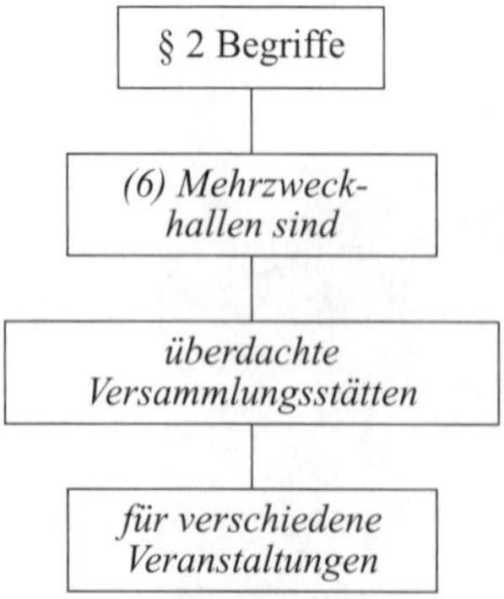

Bild 2.95 Mehrzweckhallen nach Versammlungsstättenverordnung am Beispiel VStättV Bayern

Bild 2.96 Beispiel Mehrzweckhalle – als Ausstellungsraum und Veranstaltungsort genutzte Mehrzweckhalle
Wikipedia-Benutzer: Bauhuis [CC-BY-SA 3.0]

Studios nach Versammlungsstättenverordnung werden in **Bild 2.97** beschrieben und in **Bild 2.98** gezeigt.

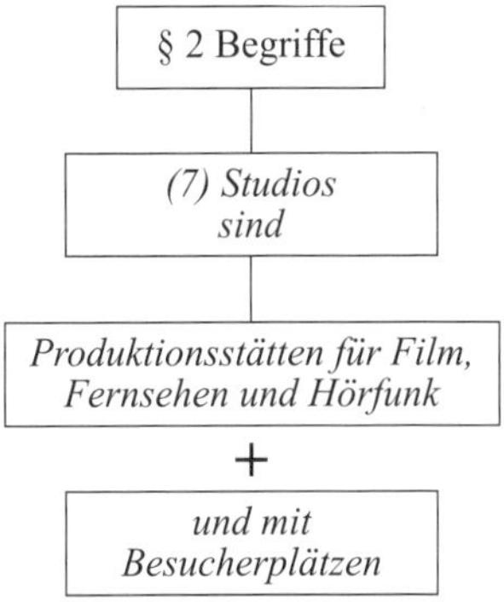

Bild 2.97 Studios nach Versammlungsstättenverordnung am Beispiel VStättV Bayern

Bild 2.98 Hessenschau-Kulisse im Fernsehstudio des Hessischen Rundfunks
Quelle: Wikipedia-Benutzer: Emkaer [CC-BY-SA 3.0]

Die Erläuterung der Versammlungsstättenverordnung zu Foyers zeigt **Bild 2.99**, ein Beispiel zeigt **Bild 2.100**.

Ausstattungen, Requisiten und Ausschmückungen nach Versammlungsstättenverordnung werden in **Bild 2.101** erläutert.

Die Festlegungen zu Sportstadien, Tribünen, Innenbereich nach Versammlungsstättenverordnung sind in **Bild 2.102** dargestellt.

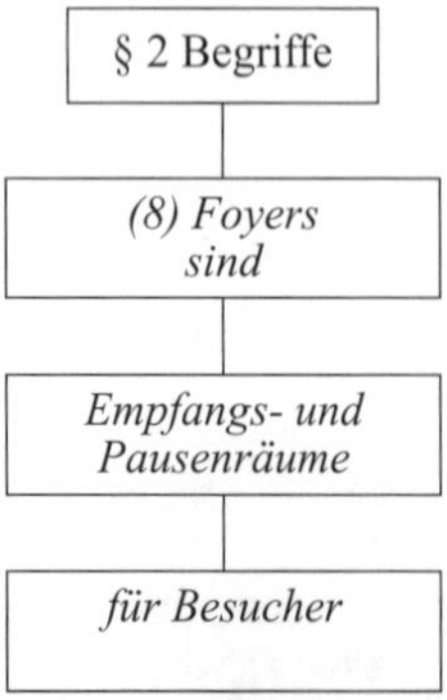

Bild 2.99 Foyers nach Versammlungsstättenverordnung am Beispiel VStättV Bayern

Bild 2.100 Foyer im Volkstheater München
Quelle: Wikipedia-Benutzer: Usien [CC-BY-SA 3.0]

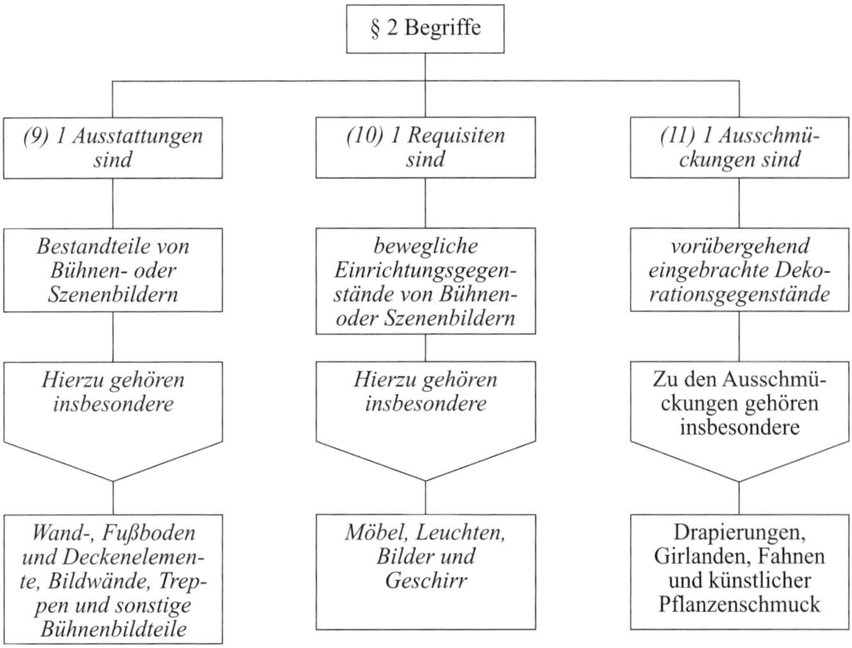

Bild 2.101 Ausstattungen, Requisiten, Ausschmückungen nach Versammlungsstättenverordnung am Beispiel VStättV Bayern

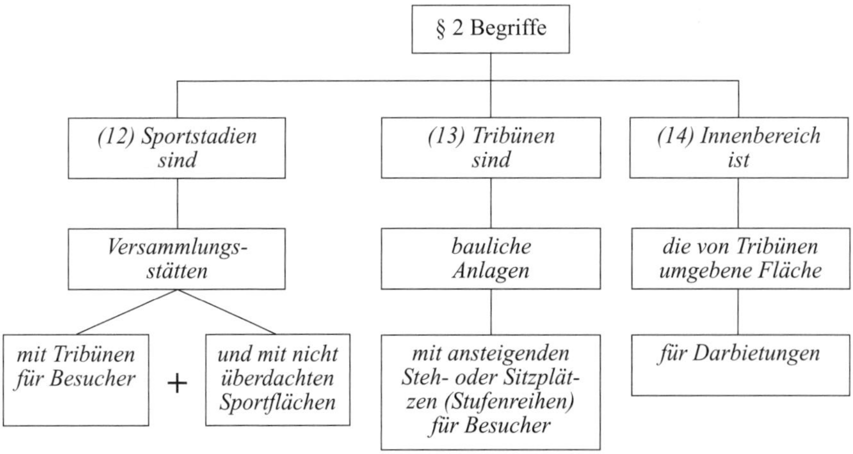

Bild 2.102 Sportstadien, Tribünen, Innenbereich nach Versammlungsstättenverordnung am Beispiel VStättV Bayern

In **Bild 2.103** wird ein Beispiel für eine Tribüne im Stadion gezeigt. Den Innenbereich nach Versammlungsstättenverordnung (z. B. § 2 (14) VStättV Bayern) zeigt **Bild 2.104**.

Bild 2.103 Tribünen für Besucher im Sportstadion
Quelle: *Frank Selle*, www.dorfkicker.de

Bild 2.104 Innenbereich, die von Tribünen umgebene Fläche
Quelle: Wikipedia-Benutzer: Monroe [CC-BY-SA 3.0]

2.7.2.1 Verlegung von Leitungen und Kabeln in Hohlräumen, hinter Unterdecken und Bekleidungen aus brennbaren Baustoffen

Welche Anforderungen werden an die Verlegung von Leitungen und Kabeln in Versammlungsstätten nach der Versammlungsstättenverordnung gestellt?

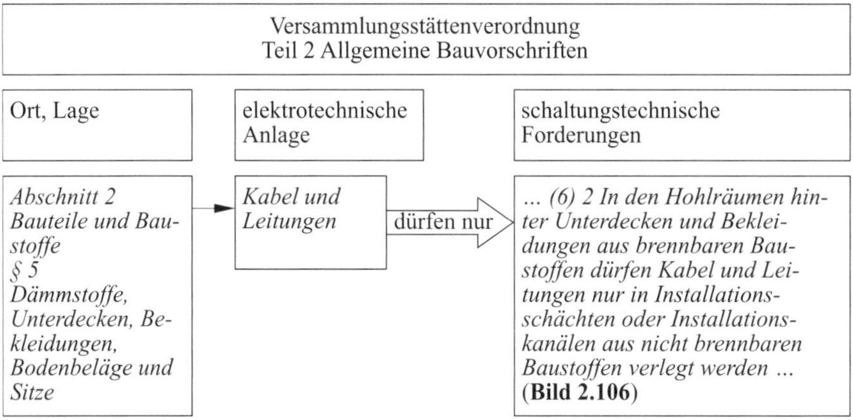

Bild 2.105 Forderungen für und an elektrotechnische Anlagen in Unterdecken, Bekleidungen, Bodenbeläge und Sitze in der Versammlungsstättenverordnung

Bild 2.106 In den Hohlräumen hinter Unterdecken und Bekleidungen aus brennbaren Baustoffen verlegte Leitungen
Quelle: Beck Trockenbau GmbH, Berlin [3]

Im Abschnitt 2 „Allgemeine Bauvorschriften“ in § 5 der Versammlungsstättenverordnung werden die Verlegung von Leitungen und Kabeln in

- Dämmstoffen,
- Unterdecken,
- Bekleidungen,
- Bodenbeläge und Sitze

bei Versammlungsstätten geregelt.

Die schaltungstechnischen Forderungen zeigt **Bild 2.105**.

2.7.2.2 Sicherheitsstromversorgung [1]

Wird für Versammlungsstätten eine Sicherheitsstromversorgung nach der Versammlungsstättenverordnung vorgeschrieben?

Gemäß § 14 im Teil 1 „Allgemeine Vorschriften“ der Versammlungsstättenverordnung müssen Versammlungsstätten eine Sicherheitsstromversorgung haben.

Die schaltungstechnischen Anforderungen für die Sicherheitsstromversorgung zeigt **Bild 2.107**.

Erläuterungen zur technischen Ausführung von Sicherheitsstromversorgungsanlagen finden sich in Kapitel 1.8.2 „Anlagentechnischer Brandschutz“ in diesem Buch.

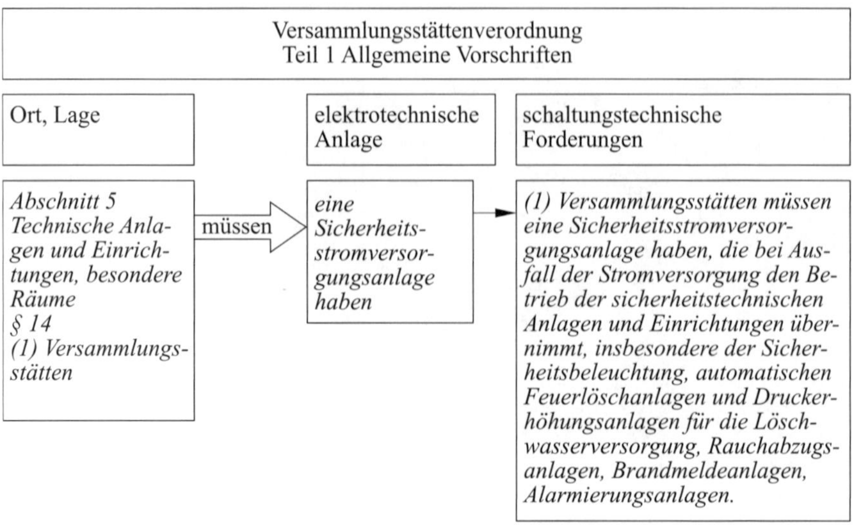

Bild 2.107 Forderungen für und an Sicherheitsstromversorgungsanlage in der Versammlungsstättenverordnung

2.7.2.3 Vorübergehende Verlegung von beweglichen Leitungen und Kabeln in Versammlungsstätten [1]

Welche Anforderungen werden an die vorübergehende Verlegung von beweglichen Leitungen und Kabeln in Versammlungsstätten nach der Versammlungsstättenverordnung gestellt?

Im Teil 2 „Allgemeine Betriebsvorschriften“, in Abschnitt 5 § 14 der Versammlungsstättenverordnung werden zur vorübergehenden Verlegung von beweglichen Kabeln und Leitungen in z. B.

- Mehrzweckhallen,
- Theater und
- Studios

Anforderungen gestellt. Diese sind in **Bild 2.108** dargestellt.

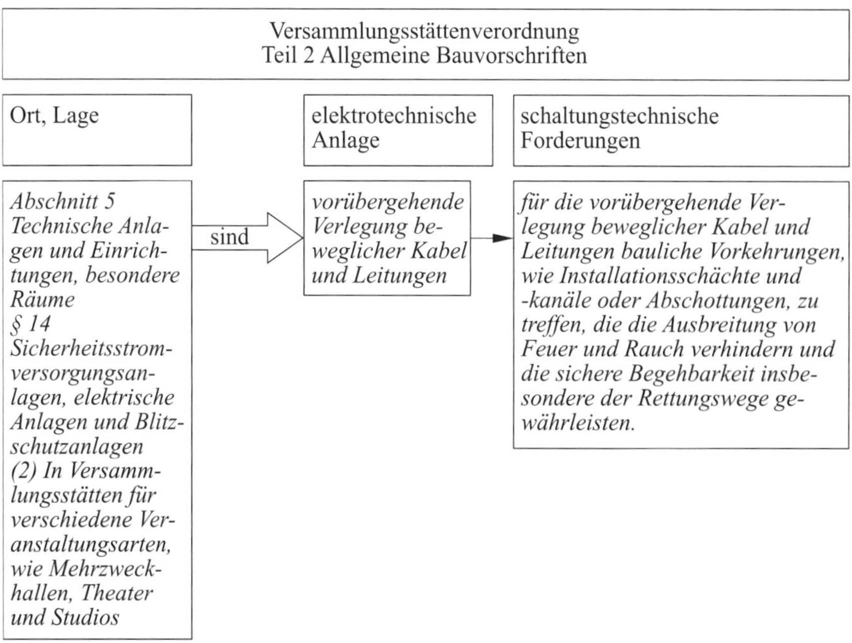

Bild 2.108 Forderungen an vorübergehende Verlegung beweglicher Kabel und Leitungen in der Versammlungsstättenverordnung

2.7.2.4 Zugänglichkeit elektrotechnischer Schaltanlagen für Besucher [1]

Können elektrotechnische Schaltanlagen nach der Versammlungsstättenverordnung für Besucher zugänglich sein?

Die Zugänglichkeit elektrotechnischer Schaltanlagen für Besucher in Versammlungsstätten wird in § 14 Abschnitt 5 im Teil 2 der Versammlungsstättenverordnung geregelt. Die Regelung zeigt **Bild 2.109**.

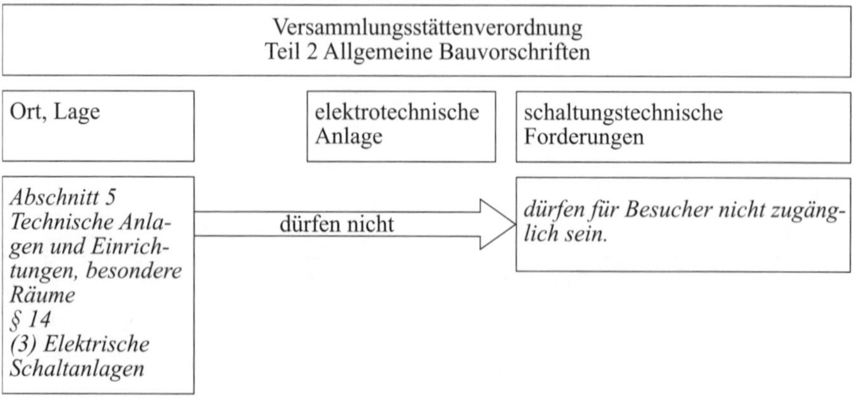

Bild 2.109 Forderungen für und an elektrotechnische Anlagen/Zugänglichkeit in der Versammlungsstättenverordnung

Elektrische Schaltanlagen dürfen für Besucher gemäß Versammlungsstättenverordnung (z. B. § 14 VStättV Bayern) nicht zugänglich sein. **Bild 2.110** zeigt eine Tür zu einem elektrischen Betriebsraum mit entsprechendem Hinweisschild.

Bild 2.110 Tür zu einem elektrischen Betriebsraum

2.7.2.5 Blitzschutzanlagen [1]

Wird für Versammlungsstätten eine Blitzschutzanlage nach der Versammlungsstättenverordnung gefordert?

Für Versammlungsstätten wird in § 14 Abs. 4 im Abschnitt 5 des Teils 2 der Versammlungsstättenverordnung eine Blitzschutzanlage gefordert.

Die schaltungstechnischen Anforderungen zeigt **Bild 2.111**.

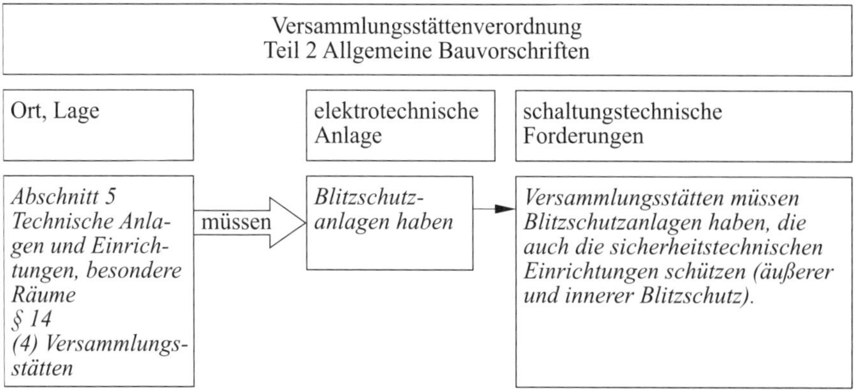

Bild 2.111 Forderungen an den Blitzschutz in der Versammlungsstättenverordnung

2.7.2.6 Sicherheitsbeleuchtung [1]

Wird für Versammlungsstätten eine Sicherheitsbeleuchtung in der Versammlungsstättenverordnung vorgeschrieben?

In der Versammlungsstättenverordnung wird für Versammlungsstätten, die unter diese Verordnung fallen in § 15 des Teils 2 „Allgemeine Bauvorschriften“ eine Sicherheitsbeleuchtung vorschrieben.

Die schaltungstechnischen Anforderungen zeigt **Bild 2.112**.

Erläuterungen zur technischen Ausführung der Sicherheitsbeleuchtung finden sich in Kapitel 1.8.2 „Anlagentechnischer Brandschutz“ in diesem Buch.

Versammlungsstättenverordnung
Teil 2 Allgemeine Bauvorschriften

Ort, Lage		elektrotechnische Anlage	schaltungstechnische Forderungen
§ 15 Sicherheitsbeleuchtung (1) In Versammlungsstätten	muss	*eine Sicherheitsbeleuchtung sein*	*In Versammlungsstätten muss eine Sicherheitsbeleuchtung vorhanden sein, die so beschaffen ist, dass Arbeitsvorgänge auf Bühnen und Szenenflächen sicher abgeschlossen werden können und sich Besucher, Mitwirkende und Betriebsangehörige auch bei vollständigem Versagen der allgemeinen Beleuchtung bis zu öffentlichen Verkehrsflächen hin gut zurechtfinden können.*
§ 15 (2) Eine Sicherheitsbeleuchtung		*muss vorhanden sein in*	*Eine Sicherheitsbeleuchtung muss vorhanden sein in notwendigen Treppenräumen, in Räumen zwischen notwendigen Treppenräumen und Ausgängen ins Freie und in notwendigen Fluren, in Versammlungsräumen sowie in allen übrigen Räumen für Besucher. Für Bühnen und Szenenflächen, in den Räumen für Mitwirkende und Beschäftigte mit mehr als 20 m² Grundfläche, ausgenommen Büroräume, in elektrischen Betriebsräumen, in Räumen für haustechnische Anlagen sowie in Scheinwerfer- und Bildwerferräumen, in Versammlungsstätten im Freien und Sportstadien, die während der Dunkelheit benutzt werden, für Sicherheitszeichen von Ausgängen und Rettungswegen, für Stufenbeleuchtungen.*

Bild 2.112 Forderungen an die Sicherheitsbeleuchtung in der Versammlungsstättenverordnung

2.7.2.7 Feuerlöscheinrichtungen und -anlagen [1]

Für welche Bereiche werden automatische Feuerlöscheinrichtungen und -anlagen durch die Versammlungsstättenverordnung für Versammlungsstätten vorgeschrieben?

In § 19 des Teils 2 „Allgemeine Bauvorschriften“ sind die Forderungen für automatische Feuerlöscheinrichtungen und -anlagen enthalten.

In **Bild 2.113** werden die Bereiche und schaltungstechnischen Forderungen gezeigt.

Erläuterungen zur technischen Ausführung von automatischen Feuerlöscheinrichtungen (Sprinkleranlagen) finden sich in Kapitel 1.8.2 „Anlagentechnischer Brandschutz“ in diesem Buch.

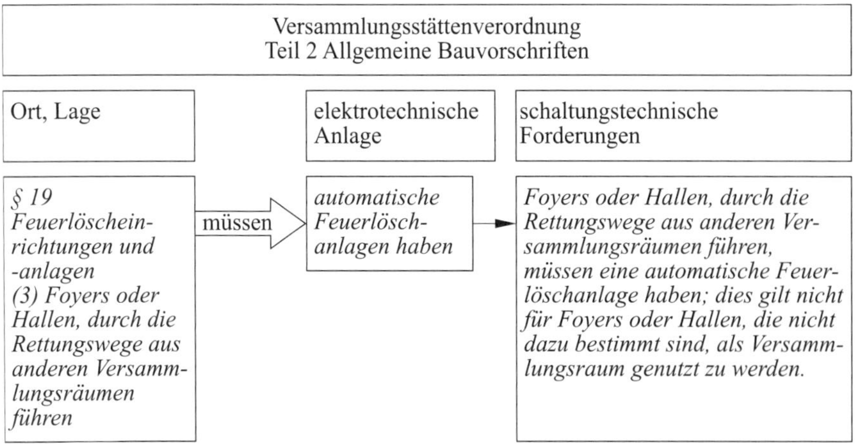

Bild 2.113 Forderungen an Feuerlöscheinrichtungen und -anlagen in der Versammlungsstättenverordnung

Bild 2.114 Foyer mit automatischer Feuerlöscheinrichtung
Quelle: Wikipedia-Benutzer: Terence Ong. [CC-BY-SA 3.0]

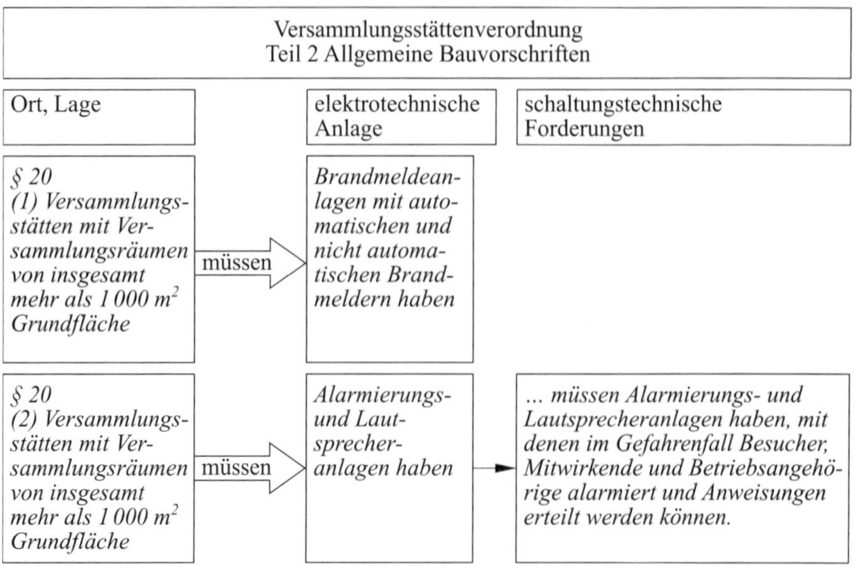

Bild 2.115 Forderungen für und an elektrotechnische Anlagen/Brandmeldeanlagen, Lautsprecher und Alarmierungseinrichtungen, Brandfallsteuerung in der Versammlungsstättenverordnung

2.7.2.8 Alarmierungen im Brand- und Gefahrfall [1]

Werden Anlagen zur Alarmierung im Brand- und Gefahrfall in Versammlungsstätten nach der Versammlungsstättenverordnung gefordert?

In § 20 des Teils 2 „Allgemeine Bauvorschriften“ werden

- Brandmeldeanlagen mit automatischen und nicht automatischen Brandmeldern,
- Alarmierungs- und Lautsprecheranlagen,
- Aufzüge mit einer Brandfallsteuerung

gefordert.

Die schaltungstechnischen Zusammenhänge sind in **Bild 2.115** und **Bild 2.116** dargestellt.

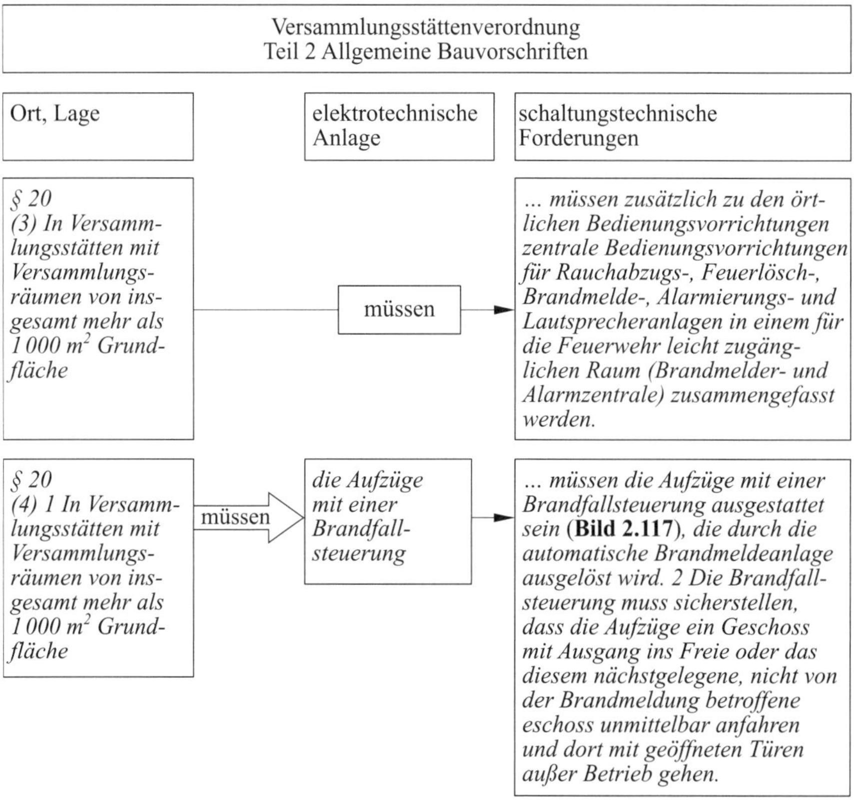

Bild 2.116 Forderungen an Brandmeldeanlagen, Lautsprecher und Alarmierungseinrichtungen in der Versammlungsstättenverordnung

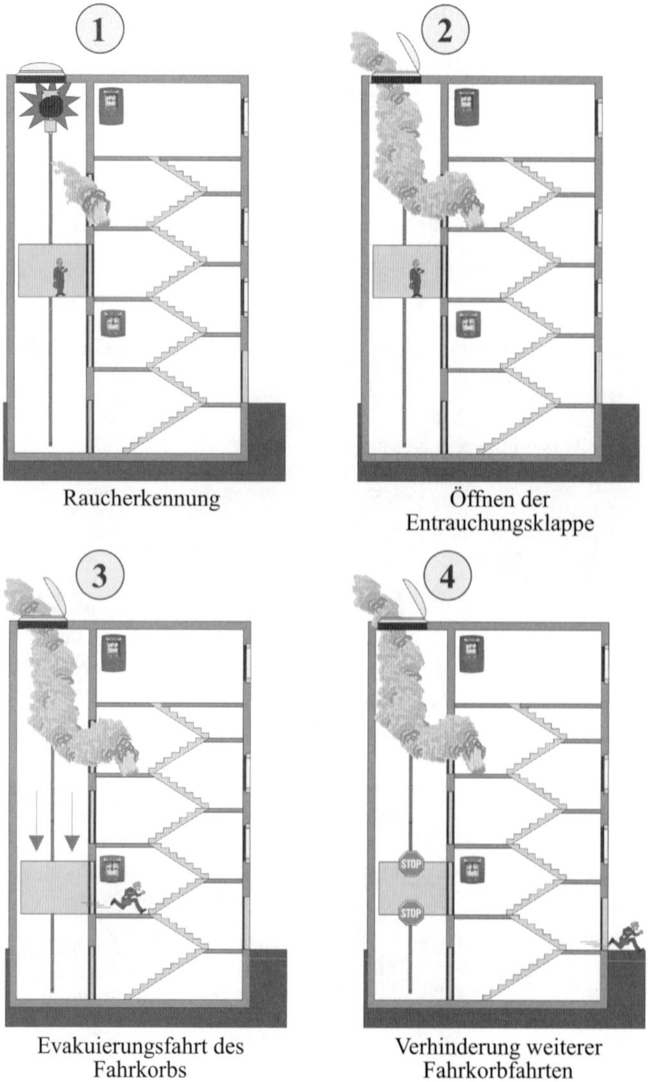

Bild 2.117 Beispiel für eine Brandfallsteuerung mit Ausgang ins Freie
Quelle: D+H Mechatronic AG, Ammersbek [4]

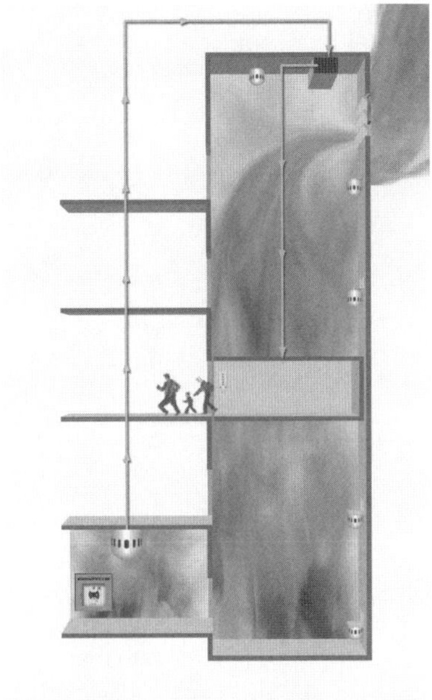

Bild 2.118 Beispiel für eine Brandfallsteuerung mit Ausgang in das nächstgelegene, nicht von der Brandmeldung betroffene Geschoss
Quelle: Brandschutz-Technik und Rauchabzug GmbH, Hamburg [5]

Erläuterungen zur technischen Ausführung von Sprachalarmierungsanlagen im Brandfall finden sich in Kapitel 1.8.2 „Anlagentechnischer Brandschutz" in diesem Buch.

Nach Versammlungsstättenverordnung (z. B. § 20 VStättV Bayern) müssen die Aufzüge mit einer Brandfallsteuerung ausgestattet sein, die durch die automatische Brandmeldeanlage ausgelöst wird. Die Brandfallsteuerung muss sicherstellen, dass die Aufzüge ein Geschoss mit Ausgang ins Freie (Bild 2.117) oder das diesem nächstgelegene, nicht von der Brandmeldung betroffene Geschoss (**Bild 2.118**) unmittelbar anfahren und dort mit geöffneten Türen außer Betrieb gehen.

Für eine Aufzugsschacht-Entrauchung zeigt **Bild 2.119** ein Rauchansaugsystem in Verbindung mit einer elektromotorischen Rauchabzugsvorrichtung, das die schnelle Entrauchung im Brandfall sicherstellt.

2.7.2.9 Technische Einrichtungen bei Großbühnen [1]

Welche Forderungen werden an technische Einrichtungen bei Großbühnen nach der Versammlungsstättenverordnung gestellt?

In § 22 des Teils 3 „Besondere Bauvorschriften" sind die Forderungen an Einrichtungen für Großbühnen enthalten. Diese sind in **Bild 2.120** dargestellt.

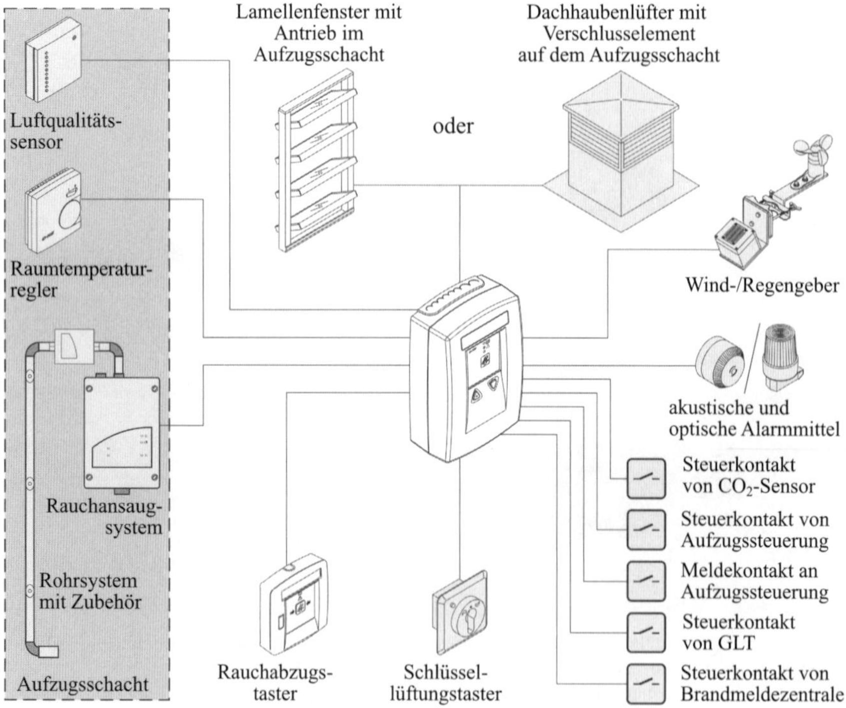

Bild 2.119 System zur Aufzugsschacht-Entrauchung Lift Smoke Control LSC-Basic
Quelle: D+H Mechatronic AG, Ammersbek [4]

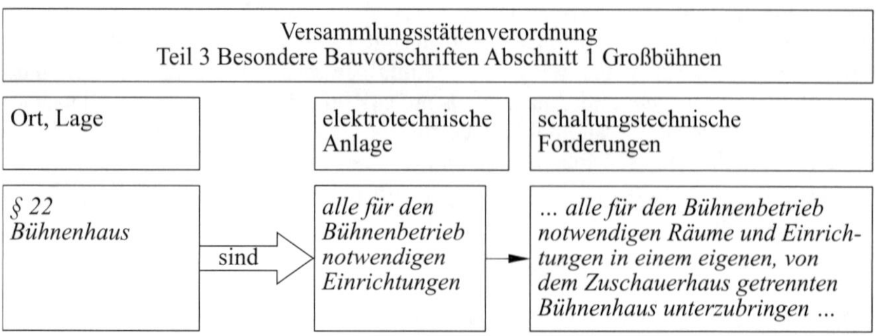

Bild 2.120 Forderungen für und an elektrotechnische Anlagen bei Großbühnen in der Versammlungsstättenverordnung

2.7.2.10 Alarmierung und Brandbekämpfung bei Großbühnen [1]

Welche Anlagen zur Alarmierung im Brandfall und zur Brandbekämpfung werden für Großbühnen in der Versammlungsstättenverordnung gefordert?

Im § 24 in Abschnitt 1 des Teils 3 „Besondere Bauvorschriften“ werden für Großbühnen

- automatische Sprühwasserlöschanlagen,
- Brandmeldeanlagen mit automatischen und nicht automatischen Brandmeldern

gefordert.

Die schaltungstechnischen Anforderungen sind in **Bild 2.121** dargestellt.

Großbühnen müssen gemäß Versammlungsstättenverordnung (z. B. § 24 VStättV Bayern) automatische Sprühwasserlöschanlagen haben. **Bild 2.122** zeigt beispielhaft ein Übersichtsschema für eine Löschanlage mit einer Sprühwasserlöschanlage.

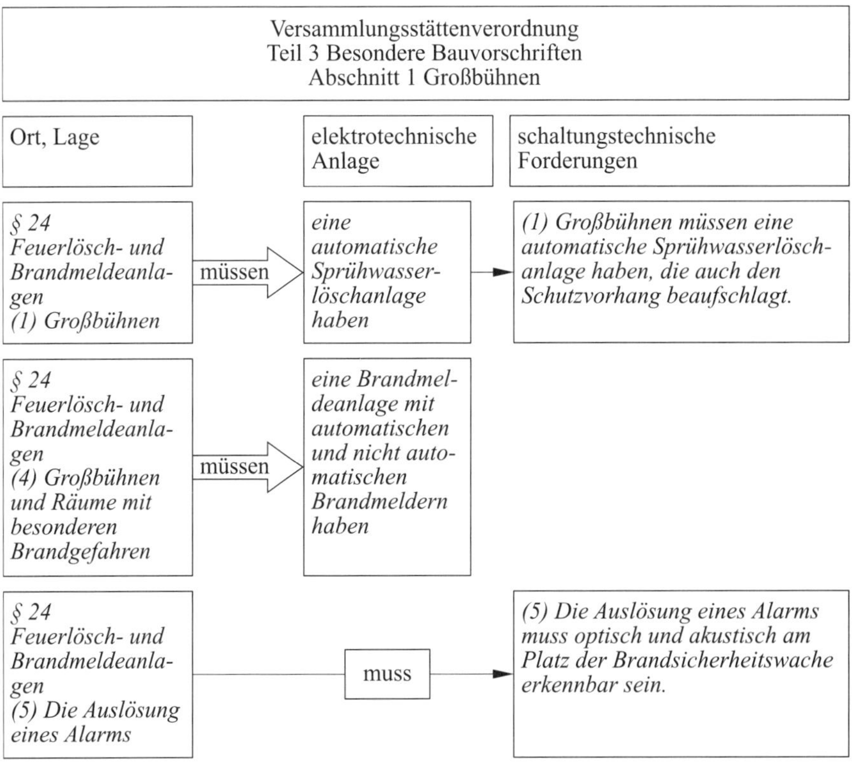

Bild 2.121 Forderungen an die Alarmierung und Brandbekämpfung bei Großbühnen in der Versammlungsstättenverordnung

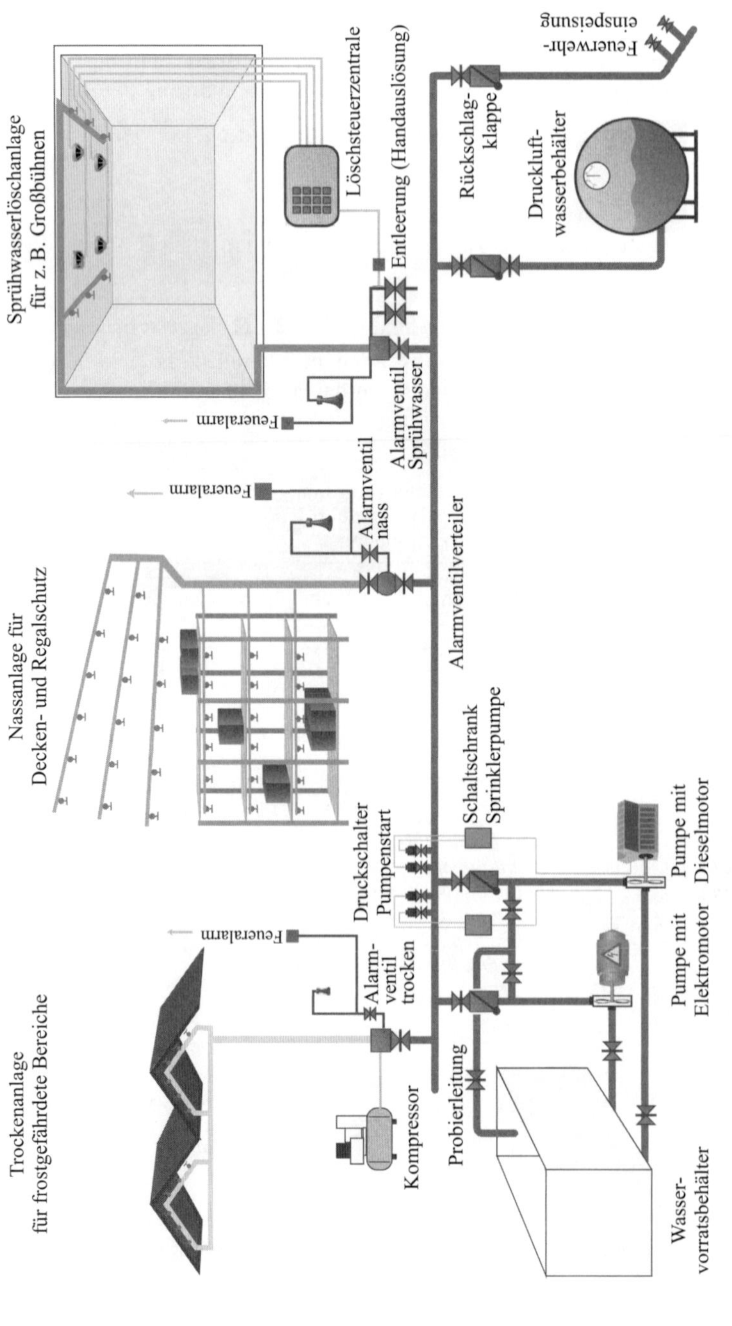

Bild 2.122 Schema einer Löschanlage mit Sprühwasserlöschanlage, z. B. Großbühnen
Quelle: Calanbau Brandschutzanlagen GmbH, Sarstedt [6]

2.7.2.11 Lautsprecheranlagen bei Versammlungsstätten mit mehr als 5 000 Besucherplätzen [1]

Welche Anforderungen werden an die Lautsprecheranlagen bei Versammlungsstätten mit mehr als 5 000 Besucherplätzen in der Versammlungsstättenverordnung gestellt?

Zu den Versammlungsstätten mit mehr als 5 000 Besucherplätzen zählen u. a.

- Mehrzweckhallen,
- Sportstadien.

In § 26 im Teil 3 „Besondere Bauvorschriften" werden die besonderen Anforderungen an die Lautsprecheranlagen solcher Versammlungsstätten geregelt. In **Bild 2.123** werden die schaltungstechnischen Zusammenhänge gezeigt.

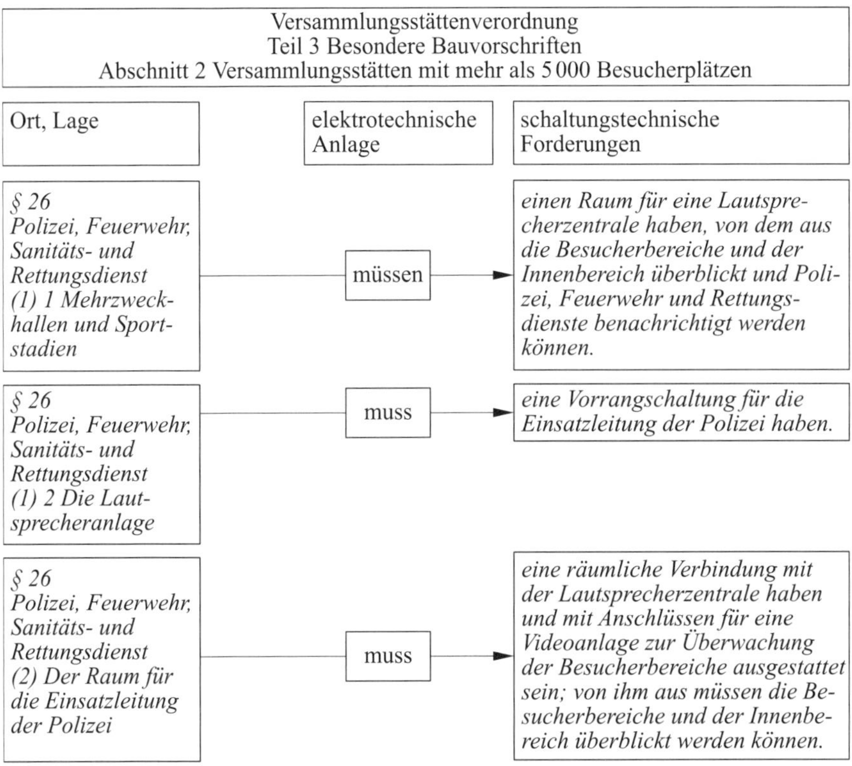

Bild 2.123 Forderungen für und an elektrotechnische Anlagen in der Versammlungsstättenverordnung für Versammlungsstätten mit mehr als 5 000 Besucherplätzen

2.7.2.12 Technische Forderungen an den Schutzvorhang bei Großbühnen [1]

Welche technischen Forderungen werden an den Schutzvorhang bei Großbühnen nach der Versammlungsstättenverordnung gestellt?

In § 23 des Teils 3 „Besondere Bauvorschriften" sind technische Anforderungen an den Schutzvorhang bei Großbühnen festgelegt.

Bild 2.124 zeigt die technischen Zusammenhänge.

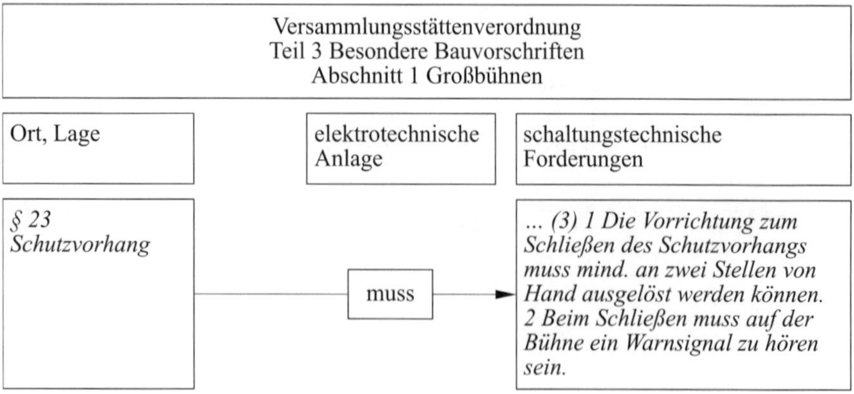

Bild 2.124 Forderungen für und an elektrotechnische Anlagen/Großbühnen in der Versammlungsstättenverordnung

Einen Schutzvorhang für eine Großbühne gemäß Versammlungsstättenverordnung (z. B. § 23 VStättV Bayern) zeigt **Bild 2.125**.

Nach Versammlungsstättenverordnung (z. B. § 23 (1) 1 VStättV Bayern) muss die Bühnenöffnung von Großbühnen gegen den Versammlungsraum durch einen Vorhang aus nicht brennbarem Material dicht geschlossen werden können (Schutzvorhang).

Bild 2.126 zeigt beispielhaft die schematische Darstellung eines Feuerschutzvorhangs. Die brandschutztechnischen Anforderungen an die Wärmebeständigkeit werden im Einzelfall durch das Brandschutzkonzept und die anzuwendenden Vorschriften bestimmt.

Bild 2.125 Schutzvorhang in der Semperoper
Quelle: Wikipedia-Benutzer: Gryffindor [CC-BY-SA 3.0]

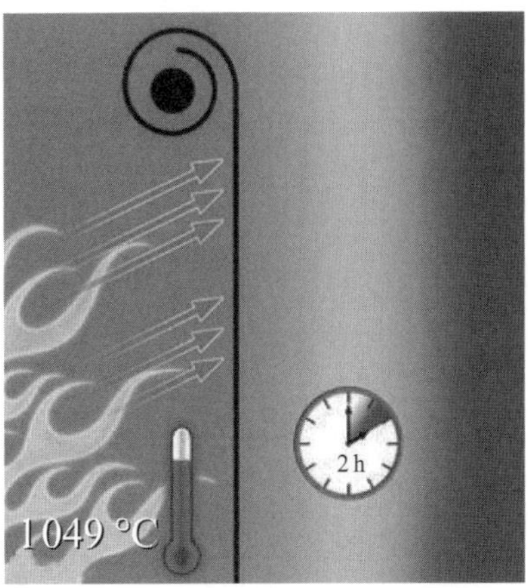

Bild 2.126 Beispiel für schematische Darstellung eines Feuerschutzvorhangs
Quelle: Effertz Tore GmbH, Mönchengladbach [7]

2.7.3 Versammlungsstättenverordnung (VStättV) im Ländervergleich [8]

Tabelle 2.30 zeigt Bundesländer, in denen es Regelungen über Versammlungsstätten gibt, mit Verordnungstitel und einer groben Inhaltsangabe.

Bundesland	Überschrift der Verordnung (VO)	Wesentlicher Inhalt der Verordnung (VO)
Baden-Württemberg, BW	Verordnung über Versammlungsstätten (VersammlungsstättenVO – VStättVO)	offen
Bayern, Bay	Verordnung über den Bau und Betrieb von Versammlungsstätten (Versammlungsstättenverordnung – VStättV)	allgemeine Vorschriften, allgemeine Bauvorschriften, besondere Bauvorschriften, Betriebsvorschriften, zusätzliche Bauvorlagen, bestehende Versammlungsstätten
Berlin, Bln	Verordnung über Versammlungsstätten (VstättVO)	wie Bay, zusätzlich Geltung für fliegende Bauten
Mecklenburg-Vorpommern, M-V	VO über den Bau und Betrieb von Versammlungsstätten	nicht belegt
Nordrhein-Westfalen, NRW	VO über den Bau und Betrieb von Versammlungsstätten (VstättVO)	Bauvorschriften für Bauteile und Baustoffe, Rettungswege, Besucherplätze, technische Einrichtungen, Großbühnen, Großversammlungsstätten, Betriebsvorschriften, Gastspielprüfbuch, regelmäßige Prüfungen
Sachsen, Sachs	Versammlungsstättenrichtlinie (Vers-BauR)	wie Bay, „auf der Grundlage einer VersVO“
Sachsen-Anhalt, Sachs-Anh	Richtlinie über den Bau und Betrieb von Versammlungsstätten	wie Bay

Tabelle 2.30 Verordnungen und Richtlinien zu Versammlungsstätten im Ländervergleich [8]

2.7.4 Literatur zu 2.7

[1] Landesverordnung über den Bau und Betrieb von Versammlungsstätten (Versammlungsstättenverordnung – VStättV, Bayern)[5] vom 2. November 2007. BayGVBl. 81 (2007) Nr. 25, S. 736–766. – ISSN 0005-7134

[2] *Jackisch, J.*: Elektrische Anlagen und Bauordnungsrecht. VDE-Schriftenreihe 131. Berlin · Offenbach: VDE VERLAG, 2014. – ISBN 978-3-8007-3563-1, ISSN 0506-6719

[3] Beck Trockenbau GmbH, Berlin: www.beck-trockenbau.de

[4] D+H Mechatronic AG, Ammersbek: www.dh-partner.com

[5] Brandschutz-Technik und Rauchabzug GmbH, Hamburg: www.btr-hamburg.de

[6] Calanbau Brandschutz GmbH, Sarstedt: www.fire-protection-solutions.com

[7] Effertz Tore GmbH, Mönchengladbach: www.effertz.de

[8] *Reichel, G. H.*: 16. Kapitel Untergesetzliche Rechtsnormen und Ordnungswidrigkeiten – Teil 2: Rechtsverordnungen im Ländervergleich, Rn. 133, S. 1 247 in: *Reichel, G. H.* (Hrsg.); *Dageförde, H.-J.*: Handbuch Bauordnungsrecht. München: C. H. Beck, 2004. – ISBN 3-406-50443-4

[5] Die Verpflichtungen aus der Richtlinie 98/34/EG des Europäischen Parlaments und des Rates vom 22. Juni 1998 über ein Informationsverfahren auf dem Gebiet der Normen und technischen Vorschriften (ABl. EG Nr. L 204 S. 37), zuletzt geändert durch die Richtlinie 98/48/EG des Europäischen Parlaments und des Rates vom 20. Juli 1998 (ABl. EG Nr. L 217 S. 18), sind beachtet worden.

Abkürzungen

BauGB	Baugesetzbuch
BauVorlV	Bauvorlagenverordnung
BayBO	Bayerische Bauordnung
BMA	Brandmeldeanlage
BMZ	Brandmeldezentrale
CO	Kohlenmonoxid
CO_2	Kohlendioxid
DIBt	Deutsches Institut für Bautechnik
DS	Drucksensor
EnWG	Energiewirtschaftsgesetz
EV	Energieversorgungseinrichtung
FBF	Feuerwehrbedienfeld
FeuV	Feuerungsverordnung
FSA	Feuerschutzabschluss
FTS	Freilauftürschließer
GaStellV	Garagenstellplatzverordnung
GLT	Gebäudeleittechnik
HOAI	Honorarordnung für Architekten und Ingenieure
HHR	Hochhausrichtlinie
JK	Jalousieklappe
KRM	Kanalrauchmelder
MBO	Musterbauordnung
LV	Leistungsverzeichnis
O.K.F.F.	Oberkante Fertigfußboden
RDA	Rauchdruckanlage
RWA	Rauch- und Wärmeabzugsanlage
SAA	Sprachalarmanlage
SAZ	Sprachalarmzentrale
SM	Stellmotor
T30	feuerhemmende Tür der Feuerwiderstandsklasse 30
VDE	Verband der Elektrotechnik Elektronik und Informationstechnik e. V.
VkV	Verkaufsstättenverordnung
VStättV	Versammlungsstättenverordnung
ZLT	zentrale Leittechnik

Stichwortverzeichnis

VDE
VERLAG
Technik. Wissen. Weiterwissen.
DIN VDE 0100
Schutzmaßnahmen
Normen
Andreas Rosa
VDE VERLAG
Projektierung von Ersatzstromaggregaten
VDE-Schriftenreihe Normen verständlich
Errichten und Betreiben von Stromerzeugungsaggregaten nach
DIN VDE 0100-551
DIN VDE 0100-560
DIN VDE 0100-710
DIN VDE 0100-718
DIN 6280
VDE-AR-N 4105
VDN-, BDEW-Richtlinien
baurechtlichen Regelungen wie EltBauVO, LAR usw.
2. Auflage
122
Mit Technikwissen sichergehen:
Praxisgerechte Projektierungshilfe unter Berücksichtigung der unterschiedlichsten Normen und Gesetze
Anhand praktischer Beispiele und Messungen an realen Anlagen werden die gestellten Anforderungen begründet.
2. Auflage 2013
216 Seiten
32,– €
Preisänderungen und Irrtümer vorbehalten.
Bestellen Sie jetzt: (030) 34 80 01-222 oder www.vde-verlag.de/140352